广西壮族自治区"十四五"职业教育规划教材　　　　　　　　护理专业双元育人教材

婴幼儿安全照护

INFANT AND TODDLER SAFETY CARE

主　编　徐　航　廖喜琳
副主编　周艳琼　谈柔辰　陈艳芳　张　韵　杨颖蕾
编　者（按姓氏拼音排序）

班冬玲（广西重阳城幼儿园）
陈　静（广西中医药大学第一附属医院）
陈艳芳（广西中医药大学高等职业技术学院、广西中医学校）
何翠红（广西中医药大学第一附属医院）
黄　燕（广西重阳城幼儿园）
孔　婧（广西中医药大学高等职业技术学院、广西中医学校）
李丽丽（广西重阳城幼儿园）
廖喜琳（广西中医药大学高等职业技术学院、广西中医学校）
林　琴（广西国际壮医医院）
刘　盈（广西中医药大学高等职业技术学院、广西中医学校）
龙桂婵（广西中医药大学高等职业技术学院、广西中医学校）
莫　宁（广西重阳城幼儿园）
蒲　莹（广西中医药大学高等职业技术学院、广西中医学校）
任洁娜（广西中医药大学高等职业技术学院、广西中医学校）
阮超明（广西中医药大学第一附属医院）
苏　红（广西重阳城幼儿园）
谈柔辰（广西重阳城幼儿园）
韦艳芳（广西中医药大学高等职业技术学院、广西中医学校）
吴　双（广西中医药大学高等职业技术学院、广西中医学校）
吴卫群（广西中医药大学高等职业技术学院、广西中医学校）
谢冬艳（广西重阳城幼儿园）
徐　航（广西中医药大学高等职业技术学院、广西中医学校）
阳绿清（广西中医药大学高等职业技术学院、广西中医学校）
杨颖蕾（广西中医药大学高等职业技术学院、广西中医学校）
叶　欣（广西中医药大学高等职业技术学院、广西中医学校）
张　韵（广西中医药大学高等职业技术学院、广西中医学校）
周艳琼（广西中医药大学第一附属医院）
朱子烨（广西中医药大学高等职业技术学院、广西中医学校）

复旦大学出版社

内容简介

本教材以 0~3 岁婴幼儿生活照料、保健护理、中医特色护理等为主要内容，由职业院校教学名师、托幼机构和临床护理专家按照国家职业技能标准规范编写，从多个角度帮助学生理解和掌握婴幼儿照护的专业技能和质量要求。全书分 8 个项目，包括职业认知、生长发育、生活照料、日常保健、早期发展、环境创设、安全保护、婴幼儿中医特色保健等，涵盖了婴幼儿照护初级、中级 41 个任务。本教材既可作为护理、婴幼儿托育专业教学用书，也可作为培训、考证、鉴定和认证机构的专业教材，也适合作为大众科普读物。

本套教材配备相关的课件，欢迎教师完整填写学校信息来函免费获取：xdxtzfudan@163.com。

前言 Preface

为贯彻落实《中共中央、国务院关于优化生育政策促进人口长期均衡发展的决定》《国务院办公厅关于促进3岁以下婴幼儿照护服务发展的指导意见》(国办发〔2019〕15号)和《健康儿童行动提升计划(2021—2025年)》(国卫妇幼发〔2021〕33号),提升儿童健康水平,促进儿童早期发展,加强婴幼儿养育照护指导,强化医疗机构通过养育风险筛查与咨询指导、父母课堂、亲子活动、随访等形式,指导家庭养育人掌握科学育儿理念和知识,提高婴幼儿健康养育照护能力和水平,明确要求职业院校要根据需求积极开设婴幼儿照护相关专业,加快培养婴幼儿照护相关专业人才。

职业院校是技术技能人才培养的主阵地,"幼儿照护"列入教育部"1+X"职业技能证书试点,体现了国家扶持社会服务紧缺领域发展导向,抓住了婴幼儿照护领域专业人才紧缺的行业热点。为有效引导学生关注婴幼儿照护服务业对人才的迫切需求,努力学习掌握婴幼儿照护服务相关职业技能,服务中国婴幼儿照护服务业,编者组织学校、附属医院及托幼机构的专家和老师们认真总结临床和教学经验,按照国家职业技能标准规范共同编写《婴幼儿安全照护》这本校企合作联合开发教材,突出呈现幼儿照护行业企业的最新知识和技能。本教材以婴幼儿安全照护的实际工作任务为依据,共8个项目,涵盖了职业认知、生长发育、生活照料、日常保健、早期发展、环境创设、安全保护以及婴幼儿中医特色保健,每个任务设置"学习目标""案例导入""任务描述""任务分析""问题分析""措施分析""任务评价""知识点小结"和"测一测"等环节,以案例引发学生思考,促进学生动手操作,在"干"中学,在"用"中练,更贴合婴幼儿安全照护实践,突出实用性和实践性。其中,"任务分析"主要是对该任务的内容进行简明扼要的归纳总结,并结合"案例导入"展开分析,不仅有利于学生加深对教材知识点的理解和掌握,并且有利于逐步提升学生理论与实践相结合的实践能力,为今后的实习和工作打下良好的基础,在"措施分析"和"任务评价"中,内容编排图文并茂,步骤清晰,有利于加强学生的理解和记忆。每个任务末设置"测一测",帮助学生梳理和总结本任务内容,以达到复习和巩固知识的目的。本教材的编写是在各位编者共同努力、精诚合作的基础上顺利完成的,也得到了广西中医药大学第一附属医院、广西国际壮医医院、广西重阳城幼儿园等多家单位的大力支持,在此深表谢意和敬意！由于时间和水平有限,书中不足之处恳请各院校师生、读者和护理同仁批评指正。本教材适用于护理、婴幼儿托育专业教学用书,也可作为培训、考证、鉴定和认证机构的专业教材,也适合作为大众科普读物。

编者

2023 年 5 月

目录 Contents

项目一 职业认知 ... 1-1

任务一　婴幼儿照护特点和理念认知 ... 1-2
任务二　婴幼儿喂养、护理、疾病保育常识认知 ... 1-8
任务三　素质要求认知 ... 1-15

项目二 生长发育 ... 2-1

任务一　体格发育认知 ... 2-2
任务二　感知觉、运动和语言发育认知 ... 2-9

项目三 生活照料 ... 3-1

任务一　婴儿喂养 ... 3-2
任务二　婴儿食物转换 ... 3-8
任务三　婴儿沐浴、抚触与衣着照料 ... 3-15
任务四　婴儿日常生活照料 ... 3-29
任务五　幼儿进餐照护 ... 3-36
任务六　幼儿漱洗、护肤霜涂抹及指甲修剪 ... 3-44
任务七　二便观察与照料 ... 3-57
任务八　睡眠照料 ... 3-62
任务九　幼儿出行照护 ... 3-69
任务十　幼儿物品清洁 ... 3-75

项目四　日常保健　4—1

任务一　生命体征观察与异常体征识别 …………………………… 4－2
任务二　婴幼儿高热惊厥识别与处理 ……………………………… 4－11
任务三　婴幼儿腹泻识别与处理 …………………………………… 4－18
任务四　常见幼儿传染病防护 ……………………………………… 4－30
任务五　幼儿心理保健 ……………………………………………… 4－51

项目五　早期发展　5—1

任务一　幼儿动作发展与指导 ……………………………………… 5－2
任务二　幼儿语言能力发展与指导 ………………………………… 5－7
任务三　幼儿认知发展与指导 ……………………………………… 5－13
任务四　幼儿社会性发展与指导 …………………………………… 5－18
任务五　亲子活动设计与指导 ……………………………………… 5－23
任务六　幼儿常见心理问题疏导与预防 …………………………… 5－28
任务七　家庭照护指导 ……………………………………………… 5－33

项目六　环境创设　6—1

任务一　婴幼儿照护服务机构环境创设 …………………………… 6－2
任务二　家庭环境创设指导 ………………………………………… 6－15

项目七　安全保护　7—1

任务一　婴幼儿安全保护基本知识学习 …………………………… 7－2
任务二　幼儿外伤初步处理 ………………………………………… 7－8
任务三　幼儿烫伤初步处理 ………………………………………… 7－14
任务四　气管异物初步处理 ………………………………………… 7－20
任务五　幼儿关节脱位初步处理 …………………………………… 7－27
任务六　幼儿骨折初步判断及固定 ………………………………… 7－33
任务七　幼儿动物咬伤初步急救 …………………………………… 7－39
任务八　幼儿蜂蜇和隐翅虫蜇伤后处理 …………………………… 7－44

项目八 婴幼儿中医特色保健 8-1

　　任务一　小儿推拿特定穴位 8-2
　　任务二　小儿推拿常用手法 8-9
　　任务三　小儿穴位敷贴 8-13
　　任务四　小儿中药泡洗技术 8-18

参考文献 1

婴幼儿安全照护

项目一
职业认知

婴幼儿安全照护

任务一　婴幼儿照护特点和理念认知

学习目标

1. 素质目标　为婴幼儿提供良好的养育照护和健康管理,有助于婴幼儿在生理、心理和社会能力等方面得到全面发展。
2. 知识目标　了解婴幼儿照护的特点;充分认识健康养育照护的重要意义。
3. 能力目标　树立科学的育儿理念,掌握科学育儿知识和技能。

案例导入

西西,男,2岁半。因家长平时工作较忙,很少能陪伴照护西西,现在发现西西不爱讲话,只爱用动作比画,家长心里非常着急,想送西西去婴幼儿照护服务机构。作为照护员,你应该怎么和西西家长讲述婴幼儿照护的特点及如何指导家长引导幼儿开口表达?

任务描述

1. 家长明确理解婴幼儿照护的特点。
2. 正确指导家长开展活动,提高婴幼儿语言表达能力。

学习内容

婴幼儿照护服务的供给问题是典型的民生问题,关系到每个公民的健康福祉。婴幼儿照护服务供给问题和儿童与妇女、家庭与国家、政府与社会息息相关。从"全面二孩"政策的推进,再到2021年决定实施三孩生育政策,民众对婴幼儿照护服务的需求在持续增加,婴幼儿照护服务供需矛盾也日益凸显,"幼有所育"在党的二十大中得到了前所未有的关注。婴幼儿照护服务已经从传统的家庭领域问题变为社会问题,并纳入国家发展议程中。

一、婴幼儿照护的特点

(一)照护目标

(1)提供关爱并适合婴幼儿需求的日常生活照护。
(2)引导其身体活动。
(3)保持环境和个人卫生并采取积极有效的预防保健和医疗措施。

(4) 进行生长发育监测和定期健康检查以及做好照护培训等,达到保障和促进婴幼儿身心健康与发展的目标。

(二) 照护建议

1. **生活起居** 根据不同月龄婴幼儿的生理、心理特点,对其生活的主要内容,如睡眠、进餐、活动、如厕等进行合理安排,以保证其生活的规律性和稳定性,同时培养婴幼儿良好的生活习惯和生活方式。

2. **身体活动** 身体活动和体格锻炼不仅有益婴幼儿的体格健康,更有助于其运动和认知发展。建议1岁以内的婴儿以各种方式进行身体活动,尤其鼓励地板上的玩耍互动。活动中注意婴幼儿精神状态、出汗量和对身体活动的反应,活动后及时更衣,注意观察其精神、食欲、睡眠等状况。

3. **疾病预防** 促进性和预防性措施是保障健康的基本措施。"三浴(阳光、空气、温水)"锻炼,对增强婴幼儿体质简单易行。做好照护者、家庭和托育机构个人和环境卫生,保证整洁的环境、清洁的水源、干净的日常生活用品及玩具,尤其注意手卫生,以减少感染风险。

4. **健康监测** 在专业机构定期进行健康检查,应用生长监测图监测婴幼儿体重与身长的增长情况以及发育里程碑指标;评估婴幼儿的营养状况,体格生长和神经认知,情绪、行为发展,了解影响其生长发育的风险性因素和保护性因素;早期筛查及时发现偏离和疾病,提供早期干预和医疗服务,同时指导家庭、社区和照护服务机构提供有利于儿童发展的养育照护。建议按照国家基本公共卫生服务《0～6岁儿童健康管理服务规范》要求进行新生儿访视和健康检查,按照全国儿童保健服务技术规范实施生长发育监测,心理行为,听力、视力和口腔保健,接受早产儿/高危儿和营养性疾病如消瘦、生长迟缓、缺铁性贫血以及肥胖等的随访和管理,同时提供积极的照护服务和全日健康观察,对喂养、睡眠、排便等养育照护相关问题及时予以干预和矫正。

5. **照护培训** 培训有助于提高照护者的养育照护知识和技能,为婴幼儿提供温暖的、具有支持性的、能敏感地发现婴幼儿需求的,并能及时对婴幼儿做出回应的良好养育照护环境。

二、婴幼儿照护的基本理念

理念是行动的先导,科学的养育照护理念是促进婴幼儿健康成长的重要保障。儿童保健人员要指导养育人充分认识健康养育照护的重要意义,树立科学的育儿理念,掌握科学育儿的知识和技能。

(一) 重视早期全面发展

0～3岁为婴幼儿期。婴幼儿早期发展是指儿童在这个时期生理、心理和社会能力方面得到全面发展,具体体现在儿童的体格、运动、认知、语言、情感和社会适应能力等各方面的发展。早期发展对婴幼儿的成长具有重要意义,养育人要关注婴幼儿的全面发展。

(二) 遵循生长发育规律和特点

养育照护中养育人要遵循婴幼儿生长发育的规律,尊重个体特点和差异,不盲目攀比,避免揠苗助长。要做好定期健康监测,及时关注婴幼儿生长发育异常表现,做到早发现、早诊断、早干预。

（三）给予恰当积极的回应

养育人要了解各年龄段婴幼儿身心发展特点，在养育照护中应关注婴幼儿的表情、声音、动作和情绪等表现，理解其所发出的信号和表达的需求，及时给予恰当、积极的回应。

（四）培养自主和自我调节能力

婴幼儿的自理能力和良好的行为习惯是在日常生活中逐步养成的。在保证安全的前提下，养育人要为婴幼儿提供自由玩耍的机会，鼓励儿童自由探索，引导婴幼儿发展解决问题的能力和创造力。

（五）注重亲子陪伴和交流玩耍

婴幼儿在与养育人的亲密相处中逐渐认识自我、建立自信、培养情感和拓展能力。交流和玩耍是亲子陪伴的重要内容，也是养育照护中促进婴幼儿早期发展的核心措施。

（六）将早期学习融入养育照护全过程

在日常养育过程中，婴幼儿通过模仿、重复、尝试等，发展运动、认知、语言、情感和社会适应等各方面能力。养育人要将早期学习融入婴幼儿养育照护的每个环节，充分利用家庭和社会资源，为婴幼儿提供丰富的早期学习机会。

（七）努力创建良好的家庭环境

家庭是婴幼儿早期成长和发展的重要环境。要构建温馨、和睦的家庭氛围，给儿童展现快乐、积极的生活态度，培养积极、乐观的品格。同时，要为婴幼儿提供整洁、安全、有趣的活动空间，有适合其年龄的玩具、图书和生活用品。

（八）认真学习提高养育素养

养育人要学习婴幼儿生长发育知识，掌握养育照护和健康管理的各种技能和方法，不断提高科学育儿的能力，在养育的实践中，与婴幼儿同步成长。

养育人的身心健康会影响养育照护过程，从而对婴幼儿的健康和发展产生重要影响。养育人应主动关注自身健康，保持健康生活方式，提高生活质量，定期体检，及时发现和缓解养育焦虑，保持身心健康。

 问题分析

案例中，西西的情况可能是因为家长陪伴照护不到位而出现的语言情感发展相对迟缓。作为照护员需正确指导家长，并适当开展一些活动提高幼儿语言表达能力。

1. 评估

（1）儿童年龄、意识及合作程度。

（2）环境干净、整洁、安全，温湿度适宜。

（3）操作者洗手。

2. 计划　预期目标：幼儿能顺利完成活动，积极参与，尝试多用语言进行表达。

措施分析

根据西西的年龄、意识及合作程度选择合适的活动方法,帮助西西开口表达。

任务评价

幼儿语言表达能力活动评分标准详见表1-1-1。

表1-1-1 幼儿语言表达能力活动评分标准(100分)

考核内容		考核要点	分值	说明要点	评分要求	扣分	得分
评估 (15分)	照护者	着装整齐,适宜组织活动;普通话标准	2	着装整齐,修剪指甲,普通话标准,适宜组织活动	不规范、不标准扣1~2分		
	环境	干净、整洁、安全、温湿度适宜	2		未评估扣2分,不完整扣1~2分		
		创设适宜的活动环境	2		未评估扣2分,不适宜扣1~2分		
	物品	具体活动实施相关的玩教具及材料准备齐全、干净、无毒、无害	5	用物准备齐全	未评估扣5分,不完整扣1~5分		
	幼儿	精神状况良好,情绪稳定	2	幼儿精神状况良好	未评估扣2分,不完整扣1~2分		
		经验准备	2	幼儿对妈妈熟悉	未评估扣2分,不完整扣1~2分		
计划 (5分)	预期目标	口述相关领域的情感、认知、技能三维目标	5	1. 幼儿能顺利完成各项活动 2. 幼儿能积极参与活动	未口述目标扣5分,不完整扣1~5分		
实施 (70分)	活动要求	1. 能准确把握活动方案的意图,完成教学任务,达成教学目标	10	"西西好,今天我们一起来听首儿歌,请仔细听噢"(播放儿歌《夸妈妈》)	未达成扣10分		
		2. 教学思路清晰,各环节过渡自然,时间分配合理	15	"西西在这首歌里听到了什么词呢?对了,是'妈妈'"	依欠缺程度扣3~15分		
		3. 教学语言简洁流畅,用语准确,有启	15	"我的妈妈是一个老师,这是她平时上班的照片""西	不合适扣1~15分		

续 表

考核内容	考核要点	分值	说明要点	评分要求	扣分	得分
	发性和感染力,有利于激发幼儿主动学习的兴趣		西可以说说你的妈妈是做什么的吗"			
	4. 操作时动作规范	10	"这里有几张图片,西西可以选出和你妈妈平时着装最像的一张吗?做得真不错"	不合适扣1~10分		
	5. 教态自然大方,生动活泼,有亲和力	4	"西西喜不喜欢自己的妈妈呢?有什么想对妈妈说的吗"	不规范扣1~4分		
	6. 活动过程中具有一定的安全意识	4	"那等晚上回家西西可以把这些话告诉妈妈噢。只有你说出来妈妈才能更好地感受到呢"	欠缺扣1~4分		
	7. 流畅地组织、完成活动	2	"来,我们试着一起把对妈妈的喜爱说出来。妈妈我爱你"	不流畅扣1~2分		
活动评价	1. 记录课堂中每个幼儿的表现并进行评估	4	西西今天的表现很棒!能配合老师完成活动,语言发音准确,虽然一开始有些害羞,但在老师鼓励后还是能很好用语言表达对妈妈的喜爱	未完成扣4分,不完整扣1~4分		
	2. 与家长沟通幼儿表现,并进行指导	4	家长平时在家也要注重亲子陪伴,多一起交流玩耍,对西西的早期学习有所帮助,努力创造一个良好的家庭环境	未完成扣4分,不完整扣1~4分		
整理	整理用物,安排幼儿休息	2		无整理扣2分,整理不到位扣1~2分		
评价(10分)	1. 活动实施过程中态度亲切,动作轻柔,有耐心,关爱幼儿	5		依欠缺程度扣1~5分		
	2. 与幼儿有良好的互动,能给予及时的肯定和鼓励	5		没有互动扣5分,互动不恰当扣1~5分		
总分		100				

知识点小结

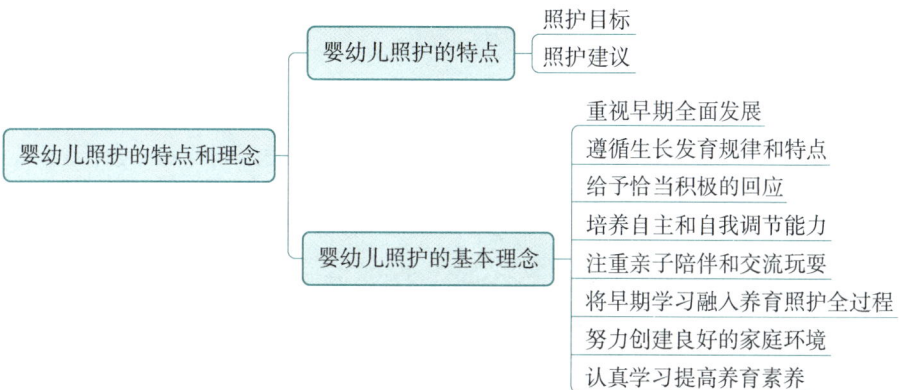

测一测

请扫二维码。

测试题

（廖喜琳）

婴幼儿安全照护

任务二　婴幼儿喂养、护理、疾病保育常识认知

学习目标

1. 素质目标　树立照护员热爱本职工作的责任心,形成良好的职业素养。
2. 知识目标　能准确说出婴幼儿喂养常识;能正确说出婴幼儿护理保育常识;能正确说出婴幼儿疾病保育常识。
3. 能力目标　能正确设计婴幼儿膳食配置;能合理安排婴幼儿预防接种。

案例导入

苗苗,2岁,女。妈妈带她到某妇幼保健院进行体格检查。经检查发现苗苗仅有20斤,体重偏轻。家长非常困惑应该如何进行科学喂养及合理膳食?因体质偏弱容易患病,应该如何进行预防接种?

任务描述

1. 指导家长进行婴幼儿喂养。
2. 指导家长正确进行婴幼儿护理保育。
3. 指导家长熟记婴幼儿疾病保育常识。

学习内容

一、婴幼儿喂养保育常识

(一) 目的和意义

充足的营养和良好的喂养是促进婴幼儿体格生长、机体功能成熟及大脑发育的保障。养成良好的饮食习惯,是培养婴幼儿健康生活方式的重要内容,为成年期健康生活方式奠定基础。

(二) 保育要点

1. 母乳喂养

(1) 母乳喂养优点:母乳含有丰富的营养素、免疫活性物质和水分,能够满足0～6个月婴儿生长发育所需的全部营养,有助于婴儿大脑发育,降低罹患感冒、肺炎、腹泻等疾病的风险,减少成年后肥胖、糖尿病、心脑血管疾病等慢性病的发生,增进亲子关系,还可以减少母亲产后出血、乳腺癌、卵巢癌的发病风险。

(2) 母乳喂养方法：出生后尽早进行皮肤接触，早吸吮、早开奶。6个月内的婴儿提倡纯母乳喂养，不需要添加水和其他食物。做到母婴同室、按需哺乳，每日8~10次以上，使婴儿摄入足量乳汁。

2. 微量营养素的补充

(1) 足月儿出生后数日内开始，在医生指导下每天补充维生素D 400国际单位，促进生长发育。纯母乳喂养的足月儿或以母乳喂养为主的足月儿4~6月龄时可根据需要适当补铁，以预防缺铁性贫血的发生。

(2) 早产或低出生体重儿一般出生后数日内开始，在医生指导下，每天补充维生素D 800~1 000国际单位，3个月后改为每天400国际单位；出生后2~4周开始，按2mg/(kg·d)补充铁元素。上述补充量包括配方奶及母乳强化剂中的含量。酌情补充钙、维生素A等营养素。

3. 辅食添加

(1) 添加时间：婴儿6个月起应添加辅食。在合理添加辅食基础上，可继续母乳喂养至2岁及以上。早产儿在校正胎龄4~6月时应添加辅食。

(2) 添加原则：每次只添加一种新的食物，由少量到多量、由一种到多种，引导婴儿逐步适应。从一种富含铁的泥糊状食物开始，逐渐增加食物种类，逐渐过渡到半固体或固体食物。每引入一种新的食物，适应2~3天后再添加新的食物。

(3) 辅食种类：制作辅食的食物包括谷薯类、豆类及坚果类、动物性食物（鱼、禽、肉及内脏）、蛋、含维生素A丰富的蔬果、其他蔬果、奶类及奶制品等7类。添加辅食种类每日不少于4种，并且至少应包括1种动物性食物、1种蔬菜和1种谷薯类食物。6~12月龄阶段的辅食添加对婴儿生长发育尤为重要，要特别注意添加的频次和种类。婴幼儿辅食添加频次、种类不足，将明显影响生长发育，导致贫血、低体重、生长迟缓、智力发育落后等健康问题。6~9月龄婴儿，每天需要添加辅食1~2次。9~12月龄婴儿，每天添加辅食增为2~3次。

(4) 合理制作：婴幼儿辅食应单独制作，选用新鲜、优质、无污染的食材和清洁的水制作。烹调宜用蒸、煮、炖、煨等方式，食材要完全去除硬皮、骨、刺、核等，豆类或坚果要充分磨碎。1岁以内婴儿辅食应保持原味，不加盐、糖和调味品，1岁以后辅食要少盐、少糖。鼓励幼儿尝试多样化食物，避免食用经过腌制、卤制、烧烤的食物，以及重油、甜腻、辛辣刺激的重口味食物。

4. 培养良好的饮食习惯　1岁以后，幼儿逐步过渡到独立进食，照护人要为幼儿营造轻松愉快的进食环境，引导而不强迫幼儿进食。安排幼儿与家人一起就餐，并鼓励自主进食。关注幼儿发出的饥饿和饱足信号，及时做出回应。不以食物作为奖励和惩罚手段。幼儿进餐时不观看电视、手机等电子产品，每次进餐时间控制在20分钟左右，最长不宜超过30分钟，并逐渐养成定时进餐和良好的饮食习惯。

二、婴幼儿护理保育常识

(一) 目的和意义

良好的日常生活照护是促进婴幼儿生长发育的基本保障，是养育人实践回应性照护的重要体现，也是建立亲子关系的重要纽带。指导养育人重视对婴幼儿的生活照护，创设良好

的居家环境,掌握日常护理和推拿保健技巧,培养婴幼儿健康的生活方式,养成良好的生活作息习惯。

(二) 保育要点

1. 居家环境

(1) 家庭氛围:营造温馨、和谐、愉快的家庭氛围。

(2) 家庭设施:居家环境要整洁、舒适。

(3) 儿童空间:家庭中设置相对固定和安全的婴幼儿活动区域,空间和设施要符合婴幼儿的特点和发育水平。

2. 日常护理

(1) 衣着护理:为婴幼儿提供合格、舒适、清洁、安全的衣物。穿衣或换尿布时,注意观察婴幼儿的反应,通过表情、语言等给予回应和互动,逐步引导婴儿学会主动配合和自主穿衣。

(2) 盥洗护理:重视婴幼儿个人卫生,经常为婴幼儿洗澡,且养育人应全程在场。借助唱儿歌、讲故事等方式为婴幼儿示范正确的洗手、洗脸、刷牙等盥洗方法,引导和鼓励幼儿自己动手。

(3) 大小便护理:关注婴幼儿大小便前的动作和表情,掌握其时间规律,固定大小便场所,逐步培养幼儿表达大小便的方式,2岁后逐渐减少白天使用尿布的时间。

3. 推拿保健 指导养育人学会使用摩腹、捏脊等婴幼儿常见推拿保健方法,对婴幼儿进行日常推拿保健,增强婴幼儿体质。

4. 睡眠照护

(1) 睡眠环境:卧室应安静、空气新鲜,室内温度20~25℃为宜。白天不必过度遮蔽光线,夜晚睡后熄灯。卧室不宜放置电视等视屏类产品。

(2) 睡眠时间:保证婴幼儿的充足睡眠,每天总睡眠时间在婴儿期为12~17小时,幼儿期为10~14小时。婴幼儿夜间睡眠时间应达到8小时以上。

(3) 入睡方式:培养婴幼儿自主入睡习惯,敏感识别婴幼儿睡眠信号,及时让其独立入睡,避免养成抱睡、摇睡、含乳头睡等不良入睡习惯。

三、婴幼儿疾病保育常识

(一) 目的和意义

定期接受健康检查、及时接种疫苗是预防婴幼儿常见健康问题的必要策略,也是婴幼儿健康成长的重要保障。通过指导,使养育人了解、辨识婴幼儿常见的健康问题,掌握相应的家庭护理技能。

(二) 保育要点

1. 高危儿家庭护理 对存在健康风险因素的高危儿,如早产儿、出生低体重儿、有出生并发症的新生儿等,要指导养育人及时就诊,在医生指导下进行家庭干预和护理。

2. 营养性疾病的防控

(1) 缺铁性贫血:婴儿6月龄起,要及时添加富含铁的食物,以预防缺铁性贫血。发生缺铁性贫血应按医嘱及时补充铁剂。

(2) 营养不良:要合理添加辅食,保障婴幼儿生长所需能量、蛋白质及其他营养素。连续 2 次体重增长不良或营养改善 3~6 个月后身长仍增长不良者,需到专科门诊进行会诊治疗。强化儿童营养与喂养指导,提倡吃动并重,预防和减少儿童超重和肥胖。

(3) 维生素 D 缺乏性佝偻病:发病高峰在 3~18 月龄。婴幼儿出生数日后即可开始补充维生素 D,尽早进行户外活动,充分暴露身体部位,可预防佝偻病发生。发生维生素 D 缺乏性佝偻病应按医嘱治疗。

3. 传染病的预防与家庭护理　幼儿急疹、风疹、手足口病、水痘、流感等为婴幼儿常见传染病。养育人应及时为婴幼儿接种疫苗,保持室内空气流通,注意个人卫生,积极进行运动锻炼,传染病流行期间不去人多聚集的地方,预防传染病的发生。婴幼儿患病期间要遵医嘱进行治疗,做好隔离和环境物品的清洁消毒,注意休息和营养,做好口腔、皮肤等的护理。

4. 危重症识别　婴幼儿如出现以下症状建议立即就诊。
(1) 精神状态较平时差,进食量明显减少,不能喝水或吃奶。
(2) 抽搐或囟门凸起。
(3) 频繁呕吐。
(4) 呼吸加快(1 分钟计数呼吸次数,<2 月龄超过 60 次、2~12 月龄超过 50 次、2~3 岁超过 40 次)。
(5) 鼻翼扇动、胸凹陷等呼吸困难,呼吸暂停伴发绀。
(6) 腹泻水样大便持续 2~3 天,大便带血,小便明显减少或无尿。
(7) 眼窝凹陷或囟门凹陷,皮肤缺乏弹性,哭时泪少。
(8) 脐部脓性分泌物多,脐周皮肤发红和肿胀。
(9) 新生儿皮肤严重黄染(手掌或足底)、皮肤脓疱。
(10) 眼或耳部有脓性分泌物。

问题分析

案例中苗苗的喂养不合理,导致体质偏弱,体重偏轻。
1. 评估
(1) 婴幼儿年龄、病情、意识、体位及合作程度。
(2) 环境干净、整洁、安全,温湿度适宜。
(3) 操作者洗手。
2. 计划　预期目标如下:
(1) 口述婴幼儿喂养常识。
(2) 口述婴幼儿疾病保育常识。

措施分析

根据苗苗的年龄、病情、意识、体位及合作程度设计合理的喂养方式和疾病保育计划。

任务实施

一、根据幼儿年龄、体重合理配置膳食

营养素的需求如下：

（1）宏量营养素：蛋白质、脂类和碳水化合物，因为需要量多，在膳食中所占的比重大，称为宏量营养素。

（2）微量营养素：维生素和矿物质因需要相对较少，在膳食中所占比重也较少，称为微量营养素。

1）维生素：维生素包括脂溶性维生素和水溶性维生素。脂溶性维生素有维生素 A、维生素 D、维生素 E、维生素 K，排泄较慢，缺乏时症状出现较迟，易蓄积发生中毒。水溶性维生素包括 B 族维生素、维生素 C，排泄迅速，需每日供给，缺乏时很快出现症状。维生素 A、维生素 B、维生素 C 和维生素 D 是幼儿容易缺乏的维生素。

2）矿物质：矿物质包括常量元素和微量元素。常量元素有钙、钠、磷、钾等，微量元素有碘、锌、铜、铁、镁等。

二、预防接种

根据幼儿年龄特点，合理安排预防接种。

任务评价

婴幼儿喂养护理疾病评分标准详见表 1-2-1。

表 1-2-1　婴幼儿喂养护理疾病评分标准（100 分）

考核内容		考核要点	分值	评分要求	扣分	得分
评估 （15 分）	幼儿	生命体征正常、意识状态	4	未评估扣 4 分，评估不全扣 1 分		
		有无进食喜欢看电视，边吃边玩，进食速度慢	4	未评估扣 4 分，评估不全扣 1 分		
	环境	干净、整洁、安全，温湿度适宜	4	未评估扣 4 分，评估不全扣 1 分		
	照护者	着装整齐、洗手	1	不规范扣 1 分		
	物品	用物准备齐全：幼儿餐具 2 套（小碗、勺子、水杯）、幼儿餐椅 1 把、围兜、手帕、记录本、签字笔	2	少一项扣 0.5 分		

续 表

考核内容		考核要点	分值	评分要求	扣分	得分
计划(5分)	预期目标	口述目标：①对幼儿及其家长顺利完成餐前教育；②培养幼儿良好的进餐习惯	5	未口述扣5分		
实施(60分)	进餐前准备	指导幼儿七步洗手法洗净双手	5	未指导扣3分		
		指导幼儿戴好围嘴、自己坐在椅子上	4	未指导扣4分		
	进餐训练	指导幼儿注意饮食卫生和就餐礼貌	9	未指导扣9分，指导不全扣2分		
		训练幼儿自主使用餐具进餐	9	未指导扣9分，指导不全扣2分		
		合理控制进餐时间，每次20～30分钟	9	未指导扣9分，指导不全扣2分		
		进食速度要适当，避免边吃边玩、边看电视，不追逐喂养	9	未指导扣9分，指导不全扣2分		
		进食总量要适度，避免过度喂养、强迫喂养	6	未指导扣3分，指导不全扣1分		
		进餐结束，引导幼儿一起收拾餐具，将桌椅摆回原处	4	未指导扣4分		
	整理记录	整理用物	3	未整理扣2分		
		洗手	1	未洗手扣1分		
		记录幼儿进餐时间、进餐量、进餐习惯等情况	1	未记录扣1分		
评价(20分)		仪态规范，指导内容熟练	5			
		指导过程中态度和蔼，语言清晰，语速适中，面带微笑，关爱儿童	10			
		与家属沟通有效，取得合作	5			
总分			100			

知识点小结

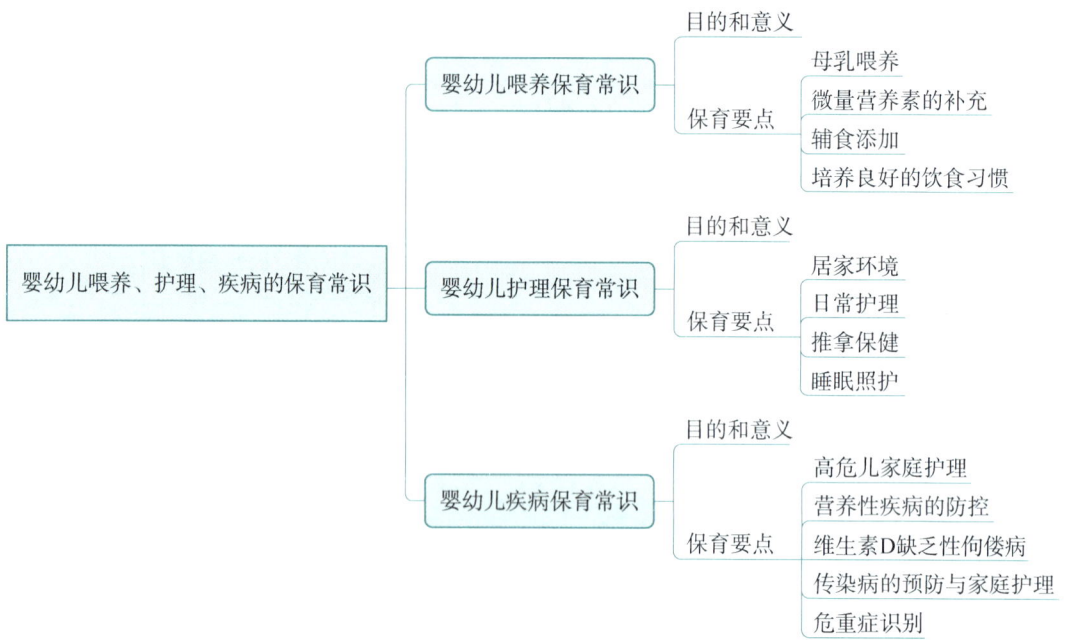

测一测

请扫二维码。

测试题

（徐　航）

任务三　素质要求认知

学习目标

1. **素质目标**　热爱婴幼儿,爱岗敬业,掌握婴幼儿照护人员的职业道德、职业素养以及礼仪规范等。
2. **知识目标**　能准确说出婴幼儿照护人员职业道德的内涵;能准确说出婴幼儿照护人员的职业素养。
3. **能力目标**　能具备婴幼儿照护人员应具有的素质;能具备婴幼儿照护人员的礼仪规范。

案例导入

李阿姨是飞飞家从保姆中心新聘请的照护员,负责照护 2 岁的飞飞。刚来 1 个月,飞飞妈妈发现李阿姨在一些语言谈吐上显得较为粗俗。但是短时间内找不到新的照护员,飞飞妈妈该怎么办?照护员应该具备哪些素质条件?

任务描述

培养婴幼儿照护人员职业道德的内涵、职业素养、素质以及礼仪规范。

学习内容

一、婴幼儿照护人员职业道德的内涵

婴幼儿照护人员职业道德是指婴幼儿照护人员在一定的职业道德知识、意志、信念支配下自觉遵循的行为准则和规范。婴幼儿照护人员的职业道德行为是一种自觉的活动,是在长期的职业劳动中日积月累形成的,是按照职业道德规范要求并有意识培养的结果。所以,婴幼儿照护人员的职业道德行为不是与生俱来的,而是经过培养和训练形成的一种良好的职业行为习惯。只有具备了良好的职业道德行为习惯,才能将职业准则和规范落实到实际的职业活动中,才能做到知行统一,从而形成高尚的职业道德品质和先进的职业道德意识。

二、婴幼儿照护人员的职业素养

（一）婴幼儿照护人员对自身要求需要注意的问题

（1）婴幼儿照护人员要礼貌用语、语言规范。

（2）婴幼儿照护人员要细致认真，服务周到。

（3）婴幼儿照护人员严禁使用家长电话。

（4）婴幼儿照护人员要自带水杯喝水。

（5）婴幼儿照护人员不准随意拿或向家长索要任何物品或小费等。

（6）婴幼儿照护人员不准损坏家长物品，如有损坏，应照价赔偿。

（二）婴幼儿照护人员在处理与家长的关系时需要注意的问题

（1）婴幼儿照护人员要引导家长参与并配合婴幼儿照护人员的指导训练工作。

（2）婴幼儿照护人员要劝导家长给婴幼儿一个无烟的环境。

（3）若家长的育儿观念与婴幼儿照护人员的育儿观念不一致时，婴幼儿照护人员要注意引导，不可否定或指责家长。

（4）婴幼儿照护人员工作的过程中，不允许与家长聊天及做任何无意义的事。

三、婴幼儿照护人员应具有的素质

（一）婴幼儿照护人员要有"四心"

1. 爱心　爱心是从事婴幼儿照护这一职业的前提，是一种职业的责任感、使命感。

2. 耐心　耐心是与孩子相处的必备条件。

3. 细心　在与孩子相处的过程中，通过观察孩子的表现发现问题。婴幼儿照护者要仔细分析原因，孩子哭闹到底是孩子不适应还是身体不舒服。

4. 恒心　发现问题后要寻找解决方法。在培育孩子的过程中，要考虑到孩子的吃喝拉撒各个方面。孩子身体出现问题，需要望、闻、问，要不怕脏和累，要找出原因并解决问题，要有恒心。这也是婴幼儿照护人员与保姆、育婴师、儿科医生、幼儿教师等职业的差别。

（二）婴幼儿照护人员知识面必须广

一名合格的婴幼儿照护人员需要了解的知识很多，包括幼儿教育、幼儿心理学、医疗保健、运动学、饮食营养等知识。

（三）婴幼儿照护人员要懂得尊重

婴幼儿照护人员要尊重家长和孩子，同时也要指导父母尊重孩子。婴幼儿照护人员要在细节中体现对幼儿和幼儿家长的尊重，例如要注意自身的形象，自身要有良好的卫生习惯，照护婴幼儿前先洗手。

（四）婴幼儿照护人员要有敏锐的洞察力

作为一名优秀的婴幼儿照护人员要有敏锐的洞察力，要观察幼儿的细微表现，从幼儿的行为表现中找到背后的原因，知道背后的道理，从而尽快尽早解决幼儿存在的问题。作为婴幼儿照护人员要能够敏感地捕捉到幼儿的行为表现，进行有针对性的教育。

四、婴幼儿照护人员的礼仪规范

(一)婴幼儿照护人员的着装

1. **着装要与工作角色相适应** 幼儿照护人员在服装选择上首先要考虑与自己的工作角色相适应。

这就要求幼儿照护人员的服饰应体现出轻松、和谐、舒适,应选择方便行动的便装,不宜选择过于坚挺刻板、过于繁杂累赘、过于亮丽新颖、时髦超前、追随流行趋势而不适宜劳作的服饰或与工作角色不相适应的服饰。

2. **着装与自身的条件相适应** 人们追求服饰美,就是要借服装之美装扮自己,通过服装的款式、色泽、质地等因素使个体形象较为和谐完美。

3. **着装要清洁整齐** 工作时最好穿相应防护服装。讲卫生、爱清洁不但包括把环境里里外外收拾得干干净净,也要求工作人员把自己打扮得清清爽爽,所以幼儿照护人员着装最基本的要求就是清洁整齐。

4. **着装应该分季节、时间** 夏季以轻柔、凉爽、简洁为着装格调,服饰色彩和款式的选择要充分考虑他人在视觉、心理上的感受,让人感觉轻快、凉爽。

5. **着装应该分场合** 着装要适合所在的地区、城市,符合当地的习俗禁忌。穿衣要与特定的场合和氛围以及参与者的身份匹配,实现人景相融的最佳效应。

6. **着装忌讳** 幼儿照护人员穿着不能过于随便,要注意形象,同时还要考虑工作的性质。

(1) 过于紧身、包裹躯体、突出自身线条的服装不宜穿。

(2) 过于单薄,明显透出内衣的服装不宜穿。

(3) 过于暴露肢体,如低胸、超短裙、露肚脐的服装不宜穿。

(4) 不能只穿一件薄衣而不穿内衣。

(5) 要了解衣服的穿法,例如穿裙装就不要在裙子下摆露出秋裤等。

(二)幼儿照护人员的化妆

职场中的妆容蕴含和传达一定的信息,妆容应与工作内容和职场气氛相吻合,否则会适得其反,甚至影响工作。注意事项例如:一忌浓妆艳抹;二是不宜留长指甲、涂指甲油;三是化妆应分时间,工作时间最好不化妆或者化淡妆;四是化妆应分场合。

(三)幼儿照护人员的交谈

1. **交谈时的表情和动作** 与人谈话时眼睛注视对方不宜超过谈话时间的三分之二,并且要注意注视的部位,例如注视额头上,属于公务型注视;注视眼睛上,属于关注型注视;注视眼睛至唇部,属于社交型注视;注视眼睛到胸部,属于亲密型注视。因此对不同的情况要注视对方的不同的部位。不能斜视和俯视,要保持微笑,这样可以在大家的心中留下好的印象,也可以产生自信。另外,要尽量避免不必要的身体动作。

2. **注意掌握谈话的技巧** 当谈话者超过 3 人时,应不时同其他人都说上几句话,要善于聆听。如果你想对别人的谈话进行补充或发表自己的意见,要等别人把话说完再补充意见。

问题分析

案例中李阿姨在婴幼儿照护工作中存在言行比较粗俗,没有履行婴幼儿照护人员应具有的素质及相关礼仪规范。

1. 评估

飞飞是2岁的幼儿,照护员应采取正确的言语表达方式。

2. 计划　预期目标如下:

(1) 口述婴幼儿照护人员应具有的素质。

(2) 口述婴幼儿照护人员的礼仪规范。

措施分析

根据婴幼儿照护人员目前存在的言语粗俗问题制订改善计划。

任务实施

一、婴幼儿照护人员应具有的素质(口述)

(一) 身体素质

(1) 婴幼儿照护工作之前必须进行体检。

(2) 患有肝炎、肺结核、性病、脚气等传染病或者是传染病的病原携带者不能从事婴幼儿照护工作。

(3) 患有严重的心脑血管疾病,癫痫或肢体残疾、行动不便者也不能胜任此项工作。

(二) 文化素质

(1) 婴幼儿照护员要具有一定的文化素质,应具有初中(或相当于初中)以上的文化水平。

(2) 照护员要具有一定的文化素养,以帮助幼儿发育智力。同时能协助家长做好日常的照护工作。

(三) 心理素质

照护员要具备诚实、善良、热情、开朗的良好品质和健康的心理素质。

(四) 仪容仪表、言行举止

(1) 照护员必须注意自己仪容仪表和言行举止,正确处理与婴幼儿家长和邻里关系。

(2) 着装要整齐、清洁、自然大方、美观;不要穿透明或过于紧身的衣服;不要穿低胸的衣服和超短裙、露脐装等过于艳丽的奇装异服;不要浓妆艳抹,不佩戴过多的饰物;鞋子可选不带高跟的布鞋或球鞋,便于快速反应,应对突发事件。

(3) 雇主家庭可按年龄、辈分称呼其家庭成员;自觉运用日常礼貌用语,如:"您好""请您帮忙""谢谢""请问""再见"等;说话诚实,不随意乱说话或插话。

(4) 姿态、表情和手势应落落大方,不卑不亢,要努力改正不良的姿态或行为习惯。

(5) 具备良好个人卫生习惯,勤洗澡、勤洗手、勤洗头、勤理发、勤剪指甲。

二、婴幼儿照护人员的礼仪规范(口述)

(一) 着装

着装整洁干净,不要过于鲜艳,不穿裙子、短裤、吊带等过于暴露或不利于活动的服装。最好穿职业装,不化妆,不佩戴首饰物。接触婴幼儿的服饰选择纯棉的材质。

服饰要求:一忌过露;二忌过透;三忌过短;四忌过紧。

(二) 语言

语言温和、礼貌,音量适中,使用规范语言及专业术语。多听、多问,少用"我"字、少反驳。

(三) 卫生

保持口腔卫生,防止口中有异味,讲话时不要随意地做手势,不要用手指别人。与他人交流前不要食用葱、蒜、韭菜等有刺激性气味的食物,勤洗澡勤换衣,头发要适时梳起,发型要大方得体。指甲要勤剪,保持清洁。

(四) 头发

头发要整齐,前不过眉,后不过肩,散发及过肩长应绑扎和妥善固定。发饰以素雅、大方为主色调,染发严禁染成鲜艳的色彩,避免烫成夸张的发式。短发要定期修剪,干净,整洁,长不过肩。面容要求:轻描淡写,不化浓妆。

任务评价

幼儿照护核心技能考评标准(初级)详见表1-3-1。

表1-3-1 幼儿照护核心技能考评标准(初级)

序号	模块	核心技能名称	技能编号
1	模块一: 安全防护	烫伤初步处理	J-1
2		外伤出血初步处理	J-2
3		溺水的紧急处理	J-3
4		海姆立克急救技术	J-4
5	模块二: 生活照护	七步洗手法	J-5
6		脱穿衣物指导	J-6
7		幼儿沐浴	J-7
8		儿童推车使用	J-8
9	模块三: 日常保健	体格生长的测量	J-9
10		测量体温	J-10

续 表

序号	模块	核心技能名称	技能编号
11	模块四：早期发展	粗大动作发展活动的实施	J-11
12		精细动作发展活动的实施	J-12
13		认知发展活动的实施	J-13
14		语言发展活动的实施	J-14
15		社会性发展活动的实施	J-15
16		幼儿故事讲述	J-16
17		歌曲与律动	J-17

幼儿照护核心技能考评标准(中级)详见表1-3-2。

表1-3-2　幼儿照护核心技能考评标准(中级)

序号	模块	核心技能名称	技能编号
1	模块一：安全防护	误食幼儿的现场救护	Z-1
2		四肢骨折幼儿的现场救护	Z-2
3		头皮血肿幼儿的现场救护	Z-3
4		毒蜂蜇伤幼儿的现场救护	Z-4
5		触电幼儿的现场救护	Z-5
6	模块二：生活照护	幼儿水杯饮水指导	Z-6
7		幼儿刷牙指导	Z-7
8		幼儿进餐指导	Z-8
9		幼儿如厕指导	Z-9
10		幼儿遗尿现象的干预	Z-10
11	模块三：日常保健	生命体征的测量	Z-11
12		热性惊厥患儿的急救处理	Z-12
13		幼儿冷水浴锻炼	Z-13
14		心肺复苏技术	Z-14
15	模块四：早期发展	大动作发展活动的设计与实施	Z-15
16		精细动作发展活动的设计与实施	Z-16
17		认知发展活动的设计与实施	Z-17
18		语言发展活动的设计与实施	Z-18
19		社会性发展活动的设计与实施	Z-19
20		亲子活动的设计与实施	Z-20
21		活动室区域创设	Z-21

知识点小结

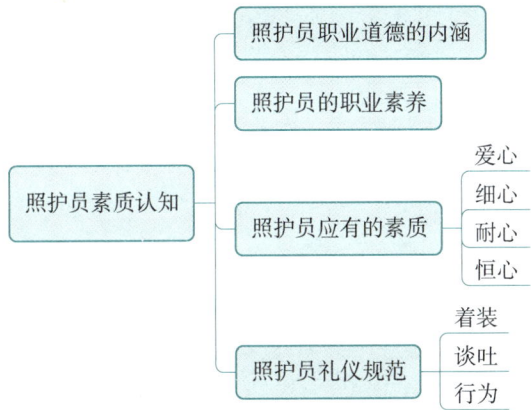

测一测

请扫二维码。

测试题

（林　琴）

婴幼儿安全照护

项目二
生长发育

任务一　体格发育认知

> **学习目标**
>
> 1. **素质目标**　能在为婴幼儿测量体重、身高、头围和胸围的过程中关爱婴幼儿,具备高度责任感和拥有良好的沟通能力。
> 2. **知识目标**　能掌握体格生长的常用指标及其意义;能应用体重、身高公式计算婴幼儿的体重及身高。
> 3. **能力目标**　能按照测量体重、身高、头围和胸围操作规程的要求规范操作;能针对测量结果对幼儿生长发育进行评估。

案例导入

壮壮今天1周岁了,妈妈带他到医院儿保科咨询,想了解壮壮现在的生长发育情况。
问题:照护员应该怎样给壮壮测量体重、身高、头围和胸围?

任务描述

现需要为1岁的壮壮进行体格生长发育的评估,包括测量婴儿的体重、身高、头围和胸围的发育参数等。

学习内容

婴幼儿体格生长的速度既要受到遗传等先天因素的影响,也要受后天的营养、环境、疾病等因素的影响,定期进行体格测量可尽早发现问题,及时寻找原因并去除不良因素,从而能更好地为婴幼儿的健康成长保驾护航。

一、幼儿体格生长发育的专用指标

反映幼儿体格生长发育的专用指标有体重、身高(长)、头围、胸围、骨骼等。

(一) 体重

体重是身体各器官系统和体液重量的总和,是反映儿童体格生长发展与近期营养状况的指标,临床给药输液也常根据体重计算用量。

1. **体重增长规律**　不同年龄阶段幼儿的体重增长有不同的规律,年龄愈小,体重增长愈快。新生儿出生体重一般为3 kg(2.5～4 kg),男孩略重于女孩。新生儿出生后2～3天内

因进食少、胎脂脱落、体内水分丢失以及胎便排出等原因,可出现生理性体重下降,其下降范围为出生时体重的3%~9%。若超过10%应考虑是否病理性体重下降,就要查找原因。在出生后7~10天体重应恢复到出生时的体重水平,早产儿恢复得较慢。新生儿满月时体重应比出生时增加1~1.5 kg。

婴儿期是体重增长的第一个高峰期,体重增长较快,出生后3~4个月时的体重约为出生体重的2倍。出生前3个月体重的增长约等于后9个月体重的增长,即12月龄时婴儿体重约为出生时的3倍(10 kg)。

幼儿出生后第二年,体重增长速度减慢,全年增加2.5 kg左右。2岁后幼儿的体重每年增长4倍(12~13 kg)。2岁后到青春前期幼儿的体重稳步增长,年增长为2 kg左右。

2. 体重计算公式

3~12月龄幼儿:体重(kg) = [年龄(月) + 9]/2

1~6岁:体重(kg) = 年龄(岁)×2 + 8

3. 体重测量　婴幼儿测量体重的常用工具是磅秤或电子秤。测量前应让幼儿排空大小便,脱去外衣、鞋袜,站或坐在放平的磅秤中央,不可摇动或接触其他物体,准确读出测量数值,以千克(kg)为单位,记录到小数点后两位。体重指标能较灵敏地反映近期的营养状况,如体重增长过快有营养过剩发生肥胖的可能,当体重增长缓慢或不足时,可能发生营养不良,应查找原因。

(二) 身高(身长)

身高是从头顶至足底的垂直长度,代表头、脊柱及下肢长的总和。

1. 身高增长规律　3岁以下仰位测量称身长,3岁以后站立位测量称身高。正常足月新生儿出生时身长约50 cm,前半年平均每月增长2.5 cm,后半年平均每月增长1.5 cm,第1年身长约增长25 cm,第2年约增长10 cm。一般1岁时达75 cm,2岁时87 cm,2岁后到12岁前(青春期前)平均每年约增加67 cm,青春期身高加速增长。

2. 身高计算　为了便于临床应用,可按以下公式粗略推算儿童平均身高。

2~6岁:身高(cm) = 年龄(岁)×7 + 75

7~10岁身高(cm) = 年龄(岁)×6 + 80

10岁以后为青春发育阶段,受内分泌影响,身高增长较快(是体格增长的第二个高峰),且存在较大的个体差异,不再按上述公式计算。

3. 身高测量　3岁以下幼儿用量板卧位测量身长,3岁以上的幼儿用身高计进行测量。卧位测量时要注意脱去鞋袜、衣帽,仰卧固定头部使其接触头板,测量者握住幼儿的两膝关节,使两下肢伸直,移动足板接触两侧足跟部,准确读出小数点后一位测量数值,以厘米(cm)为单位。立位测量要求幼儿两眼正视前方,胸部稍挺起,两臂自然下垂,脚跟靠拢,脚尖分开约60°,脚跟、臀部和两肩胛角3个点同时靠着立柱。测量者手扶滑测板使之轻轻向下滑动,直到滑测板与幼儿的头顶部紧密接触,读取滑测板底面指示在立柱上的数字,以厘米为单位,记录到小数点后一位。身高(身长)指标与骨发育有关,能反映长期营养状况。

(三) 头围

头围是经眉弓上方、枕后结节绕头一周的长度,反映脑和颅骨的发育状况。是评价脑发育的指标之一。

1. 头围发育的规律

(1) 新生儿出生时头围平均为 34 cm。

(2) 婴儿期前半年头围增长最快，为 9~10 cm，后半年增加 3 cm，因此，全年头围增长 12 cm，1 岁时的头围为 46 cm。

(3) 出生后第二年，头围增长约为 2 cm，2 岁时头围平均为 48 cm，5 岁时为 50 cm，15 岁时为 53~54 cm，与成人接近。

2. 头围测量　幼儿取坐位或立位均可，将软尺零点固定于头部右侧眉弓上缘处，软尺紧贴皮肤向后经枕骨粗隆最高处及左侧眉弓上缘，然后回至零点，对长发者应将头发在软尺经过处向上下分开，使软尺紧贴头皮，读至 0.1 cm。头围若小于同年龄儿童的均值减 2 个标准差，则应进一步检查，是否为脑发育不全、智力低下、头小畸形等疾病。头围过大常见于脑积水、佝偻病等。

(四) 胸围

胸围是沿乳头下缘水平经肩胛角下缘绕胸一周的长度。可反映胸廓骨骼、肺、肌肉和皮下脂肪的发育状况。

1. 胸围发育的规律　新生儿出生时胸围平均为 32 cm，比头围小 1~2 cm。

第一年胸围增长最快，主要是横径增加，到 1 岁时胸围与头围几乎相等。12~21 个月时胸围逐渐超过头围，胸围与头围相等时的月龄为头胸围交叉时间。

1 岁至青春前期胸围超过头围的厘米数约等于幼儿的年龄（岁）减 1。

2. 胸围测量　测量胸围时，3 岁以下的幼儿应取卧位。3 岁以上的幼儿应取立位，均不能取坐位。测量时，两手自然下垂或平放，用右手拇指将软尺零点固定在受试者右侧胸前乳头下缘，向后经两肩胛骨下缘，经身体左侧回至身体前部的左侧乳头下缘，再回至零点，取平静呼气、吸气时的中间读数，记录至 0.1 cm。临床上胸围交叉延迟说明幼儿胸廓发育异常、幼儿营养状况较差，如佝偻病时头围增大，胸廓发育异常。

 问题分析

1. 测量　根据要求，给壮壮进行测量。
2. 评价　根据测量结果，做好相关体格生长发育的评价。

 措施分析

根据壮壮的年龄、意识、合作程度选择合适的测量方法。

任务实施

一、评估

(1) 评估婴儿的休息活动、年龄及配合度及营养状况，确认幼儿进食的时间。

(2) 评估环境温度。

二、操作准备

1. 工作人员准备　着装整齐、清洁双手。
2. 物品准备　婴儿模型、测量板、体重秤、软皮尺、免洗手消毒液,冬天可预先称重婴儿待更换的衣物及尿片。
3. 环境准备　关好门窗,调节室温。

三、实施

1. 测量体重
(1)(口述)婴儿尽量空腹,排空大小便,尽量穿单衣裤。
(2)(操作)将婴儿平稳地仰卧于体重计中央,读取数值精确到小数点后两位。体重连续测3次,取两个相近数的平均值。
2. 测量身长
(1)(口述)脱去婴儿鞋袜。
(2)(操作)让婴儿仰卧,双眼直视正上方,头和肩胛间、臀、双足跟贴紧测量板。双膝压平。读取婴儿头顶垂直沿线的数值到小数点后一位。身长连续测3遍,取两个相近数的平均值。
3. 测量头围
(1)(口述)头围是沿着眉间点至枕后点(后脑勺最突出处)再至眉间点起点的围长,是围绕头部一周的测量长度。
(2)(操作)帮婴儿脱帽,用软尺测量头围,注意测量时软尺紧贴皮肤(头发过多将其拨开),不能打折,读数至0.1 cm。
4. 测量胸围
(1)(口述)胸围是双侧乳头往双侧肩胛骨绕胸部一周的长度。
(2)(操作)用左手拇指固定软尺一端于幼儿乳头下缘,右手拉软尺绕经右侧后背,经过两侧肩胛骨下角再经左侧而回到零点。注意前后左右要对称。软尺应紧贴皮肤,在平静呼、吸气时测量,读数至0.1 cm。
5. 操作结束整理　(操作)将婴儿放置原位,盖好被子;整理测量用具;洗手。

任务评价

测量身高体重头围和胸围操作流程评分标准详见表2-1-1。

婴幼儿安全照护

表 2-1-1 测量身高体重头围和胸围操作流程评分标准

程序	考核内容	考核要点	分值	说明要点	评分标准	扣分	得分
操作前准备(15分)	自身准备	1. 仪表端庄,着装整洁 2. 洗手,戴口罩	4		每有一项未口述或口述不正确,扣2分,最多扣4分		
	设备物品	婴儿模型、测量板、软皮尺、体重计、大毛巾、免洗消毒液	5		每少口述(操作)一项,扣1分,最多扣5分		
	操作准备	1. 评估婴儿的休息活动、年龄及配合程度,确认幼儿进食的时间和环境温度 2. 冬天可预先称重婴儿待更换的衣物及尿片 3. 环境:关好门窗,调节室温	6	"宝宝真可爱,来让阿姨抱抱,一会阿姨要给宝宝称体重,量身高,要听话"(口述)	每有一项未口述(操作)或口述(操作)不正确,扣2分,共6分		
操作流程(70分)	操作步骤	1. 测量体重 (1)(口述)婴儿尽量空腹,排空大小便,尽量穿单衣裤 (2)(操作)将婴儿平稳地仰卧于体重计中央,读取数值精确到小数点后两位。体重连续测3次,取两个相近数的平均值	20	"阿姨现在给宝宝称体重,宝宝不要调皮,要听话,不要乱动"(口述)	每有一项未口述(操作)或口述(操作)不正确,扣10分,共20分		
		2. 测量身长 (1)(口述)脱去婴儿鞋袜 (2)(操作)让婴儿仰卧,双眼直视正上方,头和肩胛间、臀、双足跟贴紧测量板。双膝压平。读取婴儿头顶垂直沿线的数值到小数点后一位。身长连续测3遍,取两个相近数的平均值	20	"阿姨现在给宝宝量身高,宝宝要听话,不要乱动,保持平躺"(口述)	每有一项未口述(操作)或口述(操作)不正确,扣10分,共20分		
		3. 测量头围 (1)(口述)头围是沿着眉间点至枕后点(后脑勺最突出处)再至眉间点起点的围长,是围绕头部一周的测量长度 (2)(操作)帮婴儿脱帽,用软尺测量头围 (3)(操作)注意测量时软尺紧贴皮肤(头发过多将其拨开),不能打折,读数至0.1cm	15	"阿姨现在要看看宝宝的小脑袋有多大,宝宝要听话,不要乱动"(口述)	每有一项未口述(操作)或口述(操作)不正确,扣5分,共15分		
		4. 测量胸围 (1)(口述)胸围是双侧乳头往双侧肩胛骨绕胸部一周的长度 (2)(操作)用左手拇指固定软尺一端于幼儿乳头下缘,右手拉软尺绕经右侧后背,经过两侧	15	"阿姨现在要看看宝宝的小身板有多大,宝宝要听话,不要乱动"(口述)	每有一项未口述(操作)或口述(操作)不正确,扣5分,共15分		

项目二 生长发育

续 表

程序	考核内容	考核要点	分值	说明要点	评分标准	扣分	得分
操作后评价(15分)		肩胛骨下角再经左侧而回到零点。注意前后左右要对称（3）（操作）软尺应紧贴皮肤，在平静呼、吸气时测量，读数至0.1 cm					
	操作结束整理	按消毒技术规范要求分类整理使用后物品	2	"宝宝真听话，阿姨完成宝宝的身体测量了，宝宝很健康"（口述）	一处不符合要求，扣1分		
	操作人员要求	1. 普通话标准 2. 声音清晰响亮 3. 仪态大方 4. 操作前与新生儿亲切交流	8		每有一项未达标，扣2分，最多扣8分		
	理论提问	1. 各年龄身高体重估算公式 2. 各年龄头围、胸围正常值	3		一项内容回答不全或回答错误，扣1分		
	时间要求	10分钟	2		超时扣2分		
总分			100				

知识点小结

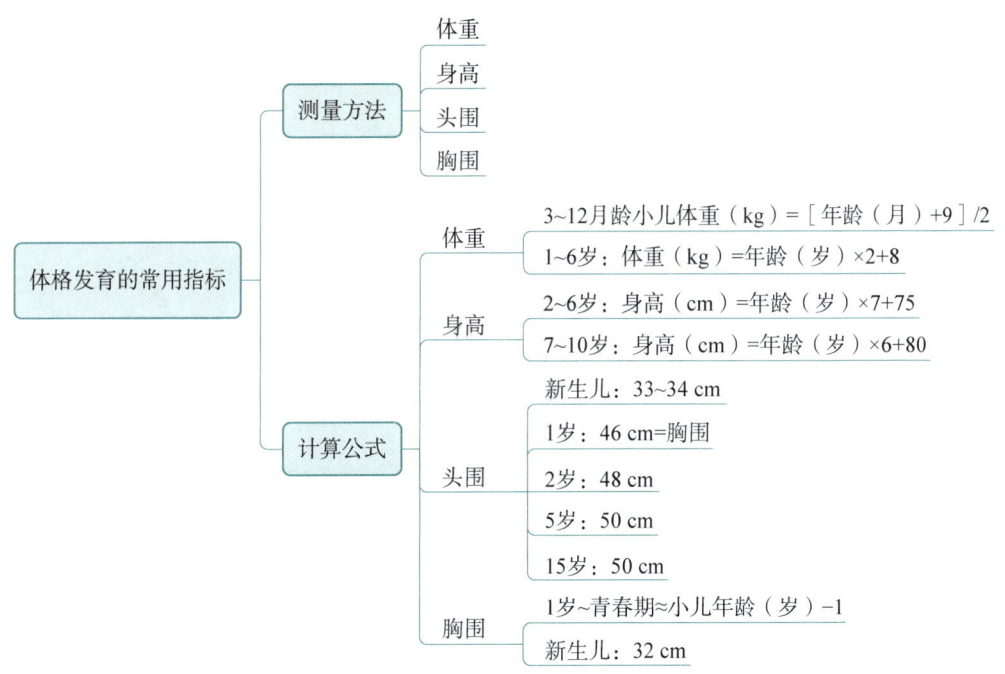

体格发育的常用指标

- 测量方法
  - 体重
  - 身高
  - 头围
  - 胸围
- 计算公式
  - 体重
    - 3~12月龄小儿体重（kg）=［年龄（月）+9］/2
    - 1~6岁：体重（kg）=年龄（岁）×2+8
  - 身高
    - 2~6岁：身高（cm）=年龄（岁）×7+75
    - 7~10岁：身高（cm）=年龄（岁）×6+80
  - 头围
    - 新生儿：33~34 cm
    - 1岁：46 cm=胸围
    - 2岁：48 cm
    - 5岁：50 cm
    - 15岁：50 cm
  - 胸围
    - 1岁~青春期≈小儿年龄（岁）-1
    - 新生儿：32 cm

婴幼儿安全照护

测一测

请扫二维码。

测试题

（徐 航）

项目二 生长发育

任务二 感知觉、运动和语言发育认知

学习目标

1. 素质目标　具有高度责任感和良好亲和力,能在日常关心爱护幼儿。
2. 知识目标　能说出感知觉、运动和语言的发育规律。
3. 能力目标　能正确评价幼儿感知觉、运动和语言的发育。

案例导入

然然是个刚满 2 岁的小女孩,平时在家里自由自在,有时能安静看图画,有时又爱光脚到处跑,可以自己扶栏杆上楼梯,也能听懂家长简单的吩咐。她最喜欢的游戏是往容器里扔小球,每次玩完都会和家长分享"我今天玩球球"等,家里氛围十分轻松。但今天家长外出闲谈时听说小区有个同龄孩子已经能熟读《三字经》,甚至还会背诗,于是家长开始考虑起然然的相关发育情况。

任务描述

1. 让然然家长熟悉幼儿感知觉、运动和语言的发育规律。
2. 指导然然家长对幼儿感知觉、运动和语言发育进行评价。

学习内容

一、幼儿感知觉、运动和语言发育有何规律

（一）感知觉发育

幼儿感知觉发育是形成注意、记忆、想象和思维等心理过程的物质基础。感觉是反映当前客观事物个别属性的认识过程。知觉是反映当前客观事物整体的认识过程,是在感觉的基础上产生的,是多种感觉相互联系和综合活动的结果,通常将感觉和知觉联系起来称为感知觉。

1. 视觉

（1）新生儿出生时已有视觉感知功能,对光有反应,强光照射时可引起闭目。

（2）2 个月开始能协调地注视明亮、活动的物体,此时多给他们看彩色鲜艳的玩具,可促进视觉的发展。

2-9

(3) 3个月可追随活动的玩具和人。

(4) 5个月已能看自己的手,能注视物体,开始认识母亲。

(5) 5~7个月出现手眼协调,能寻找跌落的球或木块。

(6) 7~11个月已有视觉深度,能看到小物体。

(7) 11~18个月已能区别各种形状,对图片感兴趣。

(8) 2~3岁能注视小物体及图画,可维持30秒。

(9) 3~4岁可临摹几何图形,视力为对数视力表4.8~5.0(小数记录为0.7~1.0)。

(10) 5岁能区别各种颜色;6岁时幼儿的视力为对数视力表5.0(小数记录为1.0)。

2. 听觉

(1) 新生儿出生后3~7天,听觉发育已相当良好,对声音可有呼吸节律减慢等反应。

(2) 1个月能分辨"吧"和"啪"的声音;3个月出现头转向声源(定向反应)。

(3) 6个月能区别父母的声音,叫名字已有应答表示,能欣赏玩具发出的声音。

(4) 8个月时眼及头能转向声源,能确定声音来自何处,能区别语言的意义。

(5) 10个月两眼能迅速看向声源。

(6) 1岁时能听懂自己的名字。

(7) 2岁时能听懂简单的吩咐,能区别不同高低的声音。

(8) 3岁后可精细地区别不同的声音。

(9) 4岁听觉发育完善。

幼儿听觉的发育与幼儿的语言发展有密切关系,因此应经常和幼儿说话,可通过听音乐、多玩有声音的玩具来训练幼儿的听力。同时应从新生儿开始进行定期的听力筛查,及早发现幼儿听觉的异常,及时治疗,以免影响婴幼儿言语的发育。

3. 其他感觉

(1) 新生儿的味觉发育已很完善,对不同的味道可产生不同的反应,婴幼儿的味觉更灵敏,对食物的任何改变都会出现非常敏锐的反应。

(2) 新生儿的嗅觉发育成熟,闻到乳汁的香味,会积极寻找乳头。

(3) 7~8个月时能分辨出芳香的刺激。新生儿已有痛觉存在,但不敏感。新生儿的触觉很灵敏,尤其口周、眼、手掌、足底等部位的皮肤触觉更为灵敏,如轻微刺激口周围皮肤时,可引起张口及吸吮动作。

(4) 7个月时对刺激有定位能力,如刺激身体某一部位时,幼儿可以用手准确地抚摸被刺激的部位。

(5) 新生儿的温度觉也较灵敏,对冷的刺激比对热的刺激更能引起明显的反应,寒冷可使新生儿啼哭不安,保暖后即安静下来。

4. 知觉发育　知觉为人对事物各种属性的综合反映。知觉的发育与听、视、触等感觉的发育密切相关。

(1) 出生后5~6个月时婴儿已有手眼协调动作,通过看、摸、闻、咬、敲击等逐步了解物体各方面的属性,其后随着语言的发展,知觉开始在语言的调节下进行。

(2) 1岁开始有空间和时间知觉的萌芽。

(3) 3岁能辨上下。

(4) 4岁能辨前后。
(5) 5岁开始辨别以自身为中心的左右。
(6) 4~5岁时已有时间的概念,能区别早上、晚上、今天、明天、昨天。
(7) 5~6岁时逐渐掌握周内时序、四季等概念。

(二) 运动发育

婴幼儿早期动作的发展主要分为大动作发展和精细动作发展。大动作发展主要是指婴幼儿对自己身体动作的控制,如爬行、站立、行走等。精细动作的发展指手臂和手指的动作,如抓握、伸手取物、扣纽扣、绘画和书写等。

1. 大动作的发展　随着大脑皮质功能逐渐发育以及神经髓鞘的形成,婴幼儿动作由上而下、由近及远、由不协调到协调、由粗糙到精细发育渐趋完善。粗大动作一般指的是牵涉大肌肉群的活动,包括抬头、翻身、坐、爬、立、走、跑、跳、攀登、平衡、投掷等方面。

(1) 婴幼儿头部动作的发展:头部动作是婴幼儿最早发展、完成也较早的动作。头部动作的发展顺序大体如下:出生时,仰卧头会左右转动,俯卧会抬头片刻,这时如果不用手托着婴儿的头,他的头就会垂下来。婴儿1个月左右,头部仍不能主动抬起来;2个月的婴儿,抱着时头能竖直,但还是摇摆不稳;3个月的婴儿,头能竖直而且平稳;4个月的婴儿,头部能平稳竖直,俯卧时能抬头,抱着时头部能保持平稳。

(2) 婴幼儿爬行动作的发展:婴儿在7个月左右出现爬行的动作。当爬行动作出现后,婴儿的生活就发生了显著的变化,他们的活动范围扩大,可以将自己移动到希望到的地方。婴儿的爬行分为腹地爬行和手膝爬行两种。一般来说,婴儿初学爬行时表现出腹地爬行,即腹部着地,手伸向前方,利用手臂的力量拖动身体前进,腿几乎没有发挥作用。随着婴儿手部和腿部力量的增加,他们逐渐由腹地爬行转变成手膝爬行,即腹部离地,依靠手和膝盖前进。大概10个月时,婴儿在爬行中能同时移动胳膊和腿,以保持身体平衡。

(3) 婴幼儿行走动作的发展:1岁左右,婴幼儿开始独立行走。此时婴幼儿的动作表现为步子很小,两腿分得很开,头伸向前方,手臂抬到较高的位置摆动,跟跟跄跄向前冲。3岁时,儿童可以沿着直线走或者奔跑,但奔跑时有时无法自如地转弯或停止,可以双脚离地跳,但跳的时候只能越过很小的物体。4岁儿童可以跳跃、单脚跳等。随着年龄的增长,儿童在走、跑、跳等动作技能方面表现得更加成熟。

2. 精细动作的发展　精细动作是指个体主要凭借手以及手指等部位的小肌肉或小肌肉群的运动,在感知觉、注意等多方面心理活动的配合下完成特定的任务。精细动作在婴儿探索和适应环境中起十分重要的作用。

(1) 手的抓取和抓握:在精细动作的发展中,最重要的是手的抓取和抓握。抓握动作的发展,以眼睛注视物体和手抓握物体动作的协调,以及五指分工为特点。新生儿具有先天的抓握反射,这为其控制物体提供了基础。婴儿出生后大约6个月时,正式的抓握动作才开始发展。4~6个月的婴儿出现了自主的尺骨抓握,表现为手指对着手掌闭合,类似握紧拳头的动作,显得十分笨拙。

慢慢地,婴儿能够将物体从一只手交换到另一只手上。这时,手眼协调开始发生,婴儿能在看到物体后用手抓住它。8个月左右,尺骨抓握逐渐被错式抓握取代,表现为婴儿使用拇指和食指进行抓握。例如,1岁左右的婴儿能捡起小豆子、抓小虫子等。大约18个月,儿童能将 2～3 件东西搭叠起来,能推拉玩具,会同时使用 4 个手指和拇指,抓握动作得到充分发展。2 岁左右的儿童,能用手一页一页地翻书。2.5 岁左右的儿童,手与手指的动作相当协调,手指活动自如,会用手指拿筷子、拿笔。3 岁时,儿童能用手拿笔画圆圈,能自己解开和扣上纽扣。

（2）手部精细动作各阶段发展:婴幼儿手部的精细动作,一般由全手掌动作向多个手指动作发展,继而从多个手指动作向几个手指动作发展,经历混乱无意识到逐渐手眼协调灵活控制的过程,详见表 2-2-1。

表 2-2-1　手部精细动作各阶段发展表

动作发展	动作特征	年龄定位
动作混乱阶段	动作没有条理,只是胡乱摆动,常紧握小手	1 个月以内
无意触摸阶段	手偶尔碰到物体就会去抚摸,特点是手只会沿着物体的边缘移动而不会抓握,是纯粹的无意动作	2～3 个月
无意抓握阶段	东西放在婴儿手掌上,他会去抓握,甚至能抓在手里摇晃,但这并不是他有意地操控,只是手的偶然挥动	3～4 个月
手眼协调	手眼不协调的抓握之后会慢慢发展出手眼的协调,表现为:①能够按照视线去抓住所见的东西;②动作有了简单的目的和方向;③动作虽然有目标,但还伴随着许多不相干的动作;④当手里拿着一样东西时,如果见到另外一样东西,就会把手里的东西丢掉,去拿别的东西	4～6 个月
手的动作日益灵活丰富	6 个月之后,婴儿手的动作日益灵活起来,表现为:①6 个月以后学会双手配合,能够把一只手里拿着的东西放到另一只手里;②五指分工逐渐灵活,7 个月左右婴儿大拇指的动作和其他手指动作逐渐分化;③喜欢摆弄物体,把东西搬来搬去,敲打,摇晃;④喜欢重复动作	6～12 个月
使用工具	1 岁后幼儿逐渐能准确拿各种东西;1 岁半左右的幼儿,已不再是随意敲敲打打,而是根据物体的特性来使用;2 岁以后,幼儿能够自己用小毛巾洗脸,拿起笔来画画	1～3 岁

总的来说,婴幼儿动作的发展一方面受到生理因素的制约,一方面也受到环境的影响,并遵循着从上到下、从大到小、由近及远、从无意到有意、从整体到局部的客观发展规律。

（三）语言发育

语言是人类所特有的一种高级神经活动,听觉器官、发音器官和大脑功能正常与否均会影响语言的发育。语言发育与后天的教养也有密切关系,经常与周围成人进行语言交流,能促进幼儿语言的发育。语言的发育包括发音、理解和表达 3 个阶段。

1. 发音阶段

（1）新生儿出生时的哭叫即已开始发音。

（2）2～3 个月的婴儿已能发出喉音,尤其是在逗他时,能发出"啊""呻"等声音。

（3）6～7 个月会无意识地发出"爸爸""妈妈"之类的声音。

2. 理解阶段

（1）在幼儿学会说话之前,得先理解成人的语言。

(2) 9个月的婴儿开始能将"音"和具体事物联系起来,听懂成人简单的词意,对成人的要求有一定反应,如成人说"欢迎""再见"时,幼儿会做出相应的手势。

(3) 说"灯"时会用手指或用眼看电灯,表示已完全能理解成人的语言。

3. 表达阶段

(1) 在理解语言的基础上,逐渐学会发出有意义的语音。

(2) 9~12个月以后,能发出单词重音,如"爸爸""妈妈""打打"等。

(3) 12个月能听懂几个字组成的词,包括自己的名字。

(4) 2岁能说2~3个字构成的句子。

(5) 3~4岁能说歌谣、能唱歌。

(6) 5岁开始识字。

(7) 6~7岁能讲故事。

二、怎样评价幼儿感知觉、运动和语言发育

幼儿感知觉、运动、语言的发育外加心理过程等均是其心理发育水平的一种体现,我们可通过一些测验来对这些能力和性格特点进行检查。丹佛发育筛查测验(Denver Development Screen Test,DDST)是儿童保健工作中最常使用的一种发育筛查方法,适用于0~6岁的儿童。该测验方法容易掌握,操作时间短,判断结果和解释方便。如结果异常或可疑者则应进一步至专业机构做诊断性测验。

诊断性测验多用格塞尔发展诊断测验量表,适用0~6岁儿童,为国际公认的经典发展诊断量表,测验内容分5个领域:①适应性行为;②大运动;③精细动作④语言;⑤个人—社交。测验结果以发育商(Development Quotient,DQ)表示。格塞尔发展诊断量表在国际上享有盛名,制订一个新的婴幼儿智力量表经常以它作为效标量表。

问题分析

"案例导入"中然然可以安静看图画,也能听懂家长简单的吩咐,表明其视觉、听觉良好,感知觉发育正常;会光脚跑,可以自己扶栏杆上楼梯,爱往容器里扔小球,表明其大运动和精细运动发育良好;每次玩完游戏能说出"我今天玩球球"等短句,表明其语言发育正常。综上所述,初步判断然然无发育迟缓表现,整体发育良好,可进一步进行DDST量表测试,核实确认。

1. 评估

(1) 幼儿生命体征正常、意识清楚,精神状况良好、情绪稳定。

(2) 环境干净、整洁、安全,温湿度适宜。

2. 计划 预期目标如下:

(1) 口述幼儿感知觉、运动和语言的发育规律。

(2) 正确利用DDST完成对幼儿感知觉、运动和语言发育的评价。

措施分析

"案例导入"中然然初步判断无发育迟缓表现,现进一步进行 DDST 量表测试核实确认。

任务实施

一、实施

1. 口述目的
(1) 筛查临床上无症状而在发育上可能有问题的幼儿。
(2) 对怀疑有问题的幼儿予以证实与否定。
(3) 对有高危因素的幼儿进行发育监测。

2. 准备用物　准备测试工具有:红色绒线球(直径为 10 cm)、小糖丸、细柄拨浪鼓、正方形积木(每边长 2.5 cm,共 11 块,其中红色 8 块,蓝、黄、绿各 1 块)、无色透明玻璃小瓶 1 个(瓶口直径 1.5 cm)、小铃 1 个、花皮球 2 个(直径 7 cm 和 10 cm)、红铅笔、DDST 发育筛查表。

3. 测试内容　测试内容共有 104 个项目,分为 4 个测试能区。精细动作与适应性能区有 30 个测验项目,测试幼儿眼手协调运动功能;大运动能区有 31 个测验项目,测验幼儿大运动发育情况;语言能区有 20 个测验项目,测试幼儿对言语的接受和表达功能;此外个人-社会能区有 23 个测试项目,主要测验幼儿的人际关系和自我帮助行为。

4. 测验步骤
(1) 填写 DDST 发育筛查表上规定的一般项目,计算出幼儿的实际年龄并在筛查表上画出年龄线。用测查日期减出生日期即得出实际年龄,以岁、月、日记录。
(2) 测查时先从年龄线左侧并最靠近年龄线的 3 个项目开始,再向右侧测查年龄线上的所有项目,如均通过,则再测查年龄线右侧的项目,直到有 3 个项目不通过为止。每个项目可重复 3 次。
(3) 每测查完 1 个项目应将测查结果记录在该项目的横线前端,测查结果可分为 P、F、R、N。其中 P 表示通过,F 表示失败,R 表示不合作,N 表示无机会完成。年龄线左侧的"F"表示该项目发育迟缓,用红笔醒目地标出。
(4) 计算出年龄线左侧和年龄线上为"F"的项目数,进行结果评定。

5. 结果判断　分异常、可疑、无法判断、正常 4 种。
(1) 异常有 2 个判断标准
1) 2 个或更多能区有 2 项或更多的发育迟缓。
2) 1 个能区有 2 项或更多的发育迟缓,同时另有 1 个或 1 个以上能区有 1 项迟缓和该能区年龄线上的项目均为"F"。
(2) 可疑有 2 个判断标准
1) 1 个能区有 2 项或 2 项以上的发育迟缓。
2) 1 个或 1 个以上能区有 1 项发育迟缓,同时该能区年龄线上的项目均为"F"。

3）如测验结果为"N"的项目太多，则为无法判断。
4）无以上情况者均为正常。

二、整理记录

（1）整理用物，清洁环境。
（2）洗手。
（3）记录。

 任务评价

幼儿发育评价实施评分标准详见表2-2-2。

表2-2-2 幼儿发育评价实施评分标准表

考核内容		考核要点	分值	说明要点	评分要求	扣分	得分
评估 (15分)	照护者	着装整齐	2	着装整齐，修剪指甲	不规范、不标准扣1~2分		
	环境	干净、整洁、安全、温湿度适宜	2		未评估扣2分，不完整扣1~2分		
		创设适宜的测试环境	2		未评估扣2分，不适宜扣1~2分		
	物品	红色绒线球（直径为10cm）、小糖丸、细柄拨浪鼓、正方形积木（每边长2.5cm，共11块，其中红色8块，蓝、黄、绿各1块）、无色透明玻璃小瓶1个（瓶口直径1.5cm）、小铃1个、花皮球2个（直径7cm和10cm）、红铅笔、DDST发育筛查表	5	用物准备齐全，干净、无毒、无害	未准备齐全扣5分，不完整扣1~5分		
	幼儿	精神状况良好，情绪稳定	4	幼儿整体精神状况良好，情绪稳定	未评估扣4分，不完整扣1~4分		
计划 (5分)	预期目标	口述目标：①筛查临床上无症状而在发育上可能有问题的幼儿；②对怀疑有问题的幼儿予以证实与否定；③对有高危因素的幼儿进行发育监测	5		未口述目标扣5分，不完整扣1~5分		

续 表

考核内容		考核要点	分值	说明要点	评分要求	扣分	得分
实施（70分）	测试步骤	1. 填写 DDST 发育筛查表上规定的一般项目,计算出幼儿的实际年龄并在筛查表上画出年龄线	10	用测查日期减出生日期即得出实际年龄,以岁、月、日记录	未达成扣 10 分		
		2. 测查时先从年龄线左侧并最靠近年龄线的 3 个项目开始,再向右侧测查年龄线上的所有项目,如均通过,则再测查年龄线右侧的项目,直到有 3 个项目不通过为止。每个项目可重复 3 次	15		依欠缺程度扣 3～15 分		
		3. 每测查完 1 个项目应将测查结果记录在该项目的横线前端,测查结果可分为 P、F、R、N。其中 P 表示通过,F 表示失败,R 表示不合作,N 表示无机会完成。年龄线左侧的"F"表示该项目发育迟缓,用红笔醒目地标出	15		不合适扣 1～15 分		
		4. 计算出年龄线左侧和年龄线上为"F"的项目数,进行结果评定	10		不合适扣 1～10 分		
		5. 结果判断分异常、可疑、无法判断、正常 4 种	10		判断错误扣 10 分,判断不规范扣 1～10 分		
	结果告知	1. 正确记录幼儿测试情况	4		未完成扣 4 分,不完整扣 1～4 分		
		2. 与家长沟通幼儿测试结果,并进行指导	4	"幼儿测试结果是正常的,不用担心,可适当进行相关活动促进幼儿进一步发展"	未完成扣 4 分,不完整扣 1～4 分		
	整理	整理用物,安排幼儿休息	2	"宝宝完成得很好,我们先去休息一下吧"	无整理扣 2 分,整理不到位扣 1～2 分		

续 表

考核内容	考核要点	分值	说明要点	评分要求	扣分	得分
评价(10分)	1. 评价实施过程中态度亲切,动作轻柔,有耐心,关爱幼儿	5		依欠缺程度扣1～5分		
	2. 与幼儿有良好的互动,能给予及时的肯定和鼓励	5		没有互动扣5分,互动不恰当扣1～5分		
总分		100				

幼儿动作发展教育评估评分标准详见表2-2-3。

表2-2-3 幼儿动作发展教育评估评分标准表

考核内容		考核要点	分值	评分要求	扣分	得分
评估(15分)	幼儿	情绪愉快、积极参与	6	未评估扣6分,不完整扣2分		
	环境	干净、整洁、安全、温湿度适宜	3	未评估扣3分,不完整扣1分		
	照护员	着装整齐	3	不规范扣1～2分		
	物品	平衡游戏实施相关玩(教)具及材料准备齐全、干净、无毒、无害	3	不完整扣1分		
计划(5分)	预期目标	口述目标:①目标具体明确,符合幼儿已有经验和发展需要;②突出大动作发展领域活动的特点;③关注幼儿情感、习惯、态度、能力的培养	5	少一项扣2分		
实施(60分)	活动开始	1. 情景设置:新颖、富有童趣	4	不够童趣扣2～3分		
		2. 活动导入:自然、有吸引力	4	不够自然扣1～2分		
	活动过程	3. 教育观念正确,尊重幼儿的认知规律	5	方法不对扣1～3分		
		4. 对教学活动的重点、难点安排频度适量	5	方法不对扣1～3分		
		5. 突出游戏化教学,游戏环节的设计围绕教学目标	10	游戏不突出扣5～8分		
		6. 教师语言亲切规范,富有感染力,讲解清晰	4	不达标扣1～3分		
		7. 教态自然、生动形象	4	不达标扣1～3分		

续 表

考核内容		考核要点	分值	评分要求	扣分	得分
		8. 师幼关系和谐	4	不达标扣 1~3 分		
		9. 幼儿回溯游戏过程	8	不达标扣 3~5 分		
	整理记录	10. 指导家长耐心记录	4	不记录扣 1~3 分		
		11. 家长和孩子总结反馈	4	不达标扣 1~3 分		
		12. 教师肯定性评价	4	不达标扣 1~3 分		
评价(20 分)		1. 教学过程愉快,目标达到	5	不达标扣 1~3 分		
		2. 与家长沟通有效,合作顺畅	5	不达标扣 1~3 分		
		3. 幼儿能积极主动参与活动,乐意表达表现	5	不达标扣 1~3 分		
		4. 操作规范,流程熟练	5	不达标扣 1~3 分		
总分			100			

幼儿语言表达能力评估标准详见表 2-2-4。

表 2-2-4 幼儿语言表达能力评估标准表

考核内容		考核要点	分值	评分要求	扣分	得分
评估(15 分)	幼儿	经验准备,精神状况良好,情绪稳定	6	未评估扣 6 分,不完整扣 2 分		
	环境	干净、整洁、安全、温湿度适宜	3	未评估扣 3 分,不完整扣 1 分		
	照护员	着装整齐,普通话标准	3	不规范扣 1~2 分		
	物品	具体活动实施相关玩(教)具及材料准备齐全、干净、无毒、无害	3	少一个扣 1 分		
计划(5 分)	预期目标	口述目标:活动目标具体明确,符合幼儿已有的经验和发展需要,能体现幼儿的特征	5	少一项扣 2 分		
实施(60 分)	活动开始	1. 情景设置:新颖、富有童趣	4	不够童趣扣 2~3 分		
		2. 活动导入:自然、有吸引力	4	不够自然扣 1~2 分		
	活动过程	3. 尊重幼儿的想法	5	方法不对扣 1~3 分		
		4. 活动重点、难点安排适量	5	方法不对扣 1~3 分		
		5. 教学方法突出游戏特点	10	游戏不突出扣 5~8 分		
		6. 教师语言生动形象	4	不达标扣 1~3 分		
		7. 师幼关系和谐	4	不达标扣 1~3 分		

续 表

考核内容	考核要点	分值	评分要求	扣分	得分
	8. 亲子互动愉快	4	不达标扣1~3分		
	9. 幼儿回溯游戏过程	8	不达标扣3~5分		
整理记录	10. 指导家长耐心记录	4	不记录扣1~3分		
	11. 家长和孩子总结反馈	4	不达标扣1~3分		
	12. 教师肯定性评价	4	不达标扣1~3分		
评价(20分)	教学过程愉快,目标达到	20			
总分		100			

知识点小结

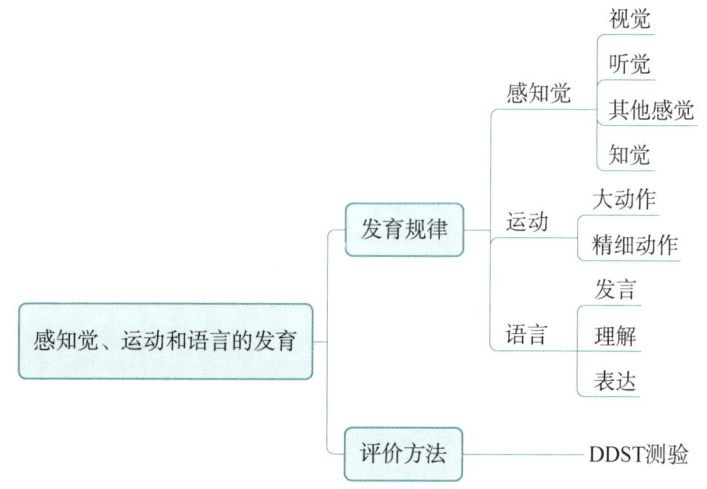

测一测

请扫二维码。

测试题

(朱子烨)

婴幼儿安全照护

项目三
生活照料

任务一　婴儿喂养

> **学习目标**
>
> 1. **素质目标**　培养照护员热爱婴儿，尊重婴儿的职业道德，自觉遵守婴儿照护的有关法律法规和制度，爱岗敬业，终身学习。
> 2. **知识目标**　熟悉婴儿年龄划分阶段及发育的主要特点；熟悉婴儿喂养的不同方式；掌握母乳喂养的优点；掌握不同时期、时段母乳的特点。
> 3. **能力目标**　能根据婴儿月龄及实际情况选择适合喂养方式，并进行科学喂养；掌握针对不同月龄婴儿辅食添加及餐次安排。

案例导入

朵朵，4个月，女婴。此前一直进行纯母乳喂养，后因妈妈身体不适，需服药治疗，所以朵朵喂养方式改变为混合喂养。妈妈痊愈后，发现自身乳量有所减少。最近，父母带朵朵到社区医院体检时医生建议，根据朵朵月龄及生长发育情况，可适时增加朵朵的喂养方式。

任务描述

1. 婴儿年龄划分阶段及发育的主要特点。
2. 母乳喂养的优点。
3. 不同时期、时段母乳的特点。
4. 婴儿喂养的不同方式。

学习内容

一、婴儿发育的年龄划分阶段及主要特点

（一）婴儿发育的年龄划分阶段

0～3岁可以统称为婴幼儿期，其中包括新生儿期（出生至28天）、婴儿期（指0～1岁）和幼儿期（1～3岁）。

（二）婴儿发育阶段的主要特点

1. **年龄越小，生长速度越快**　婴儿期的发育速度是最快的，但生长速度不是直线上升，

而是阶段性的,如新生儿时以天为单位计算,1~3个月时以周为单位计算,4~6个月时以3个月为单位计算,6~12个月时以半年为单位计算。

2. 婴儿生长发育有一定的顺序和方向　生长发育不能越级发展,如婴儿阶段身体和运动功能的发育遵循从上到下的规律。

3. 婴儿时期要完成从自然人到社会人的转变　要从一个毫无生活自理能力的自然人初步转变为能适应社会生活的社会人。

二、母乳喂养的优点及护理措施

(一) 母乳喂养的定义

婴儿6月龄内纯母乳喂养是不添加水、果汁等液体和固体食物的母乳喂养。

(二) 母乳喂养的优点

1. 具有最高的生物利用率　母乳是婴儿生长最理想的天然食品,其所含的各种营养物质最适合婴儿消化吸收,具有最高的生物利用率。

2. 发生腹泻、呼吸道感染的概率小　母乳中含有各种抗体,例如含有溶菌酶、乳铁蛋白、巨细胞、嗜中性粒细胞、T淋巴细胞、B淋巴细胞、补体、抗葡萄球菌因子、双歧因子等抗体。母乳喂养的婴儿发生腹泻、呼吸道感染的概率小,且不易引起过敏。

3. 有助面部发育　婴儿吸吮时的肌肉运动有助面部正常发育。

4. 有利婴儿的大脑发育　母乳中含有婴儿大脑发育所需的氨基酸、必需脂肪酸等,有利婴儿的大脑发育。

5. 有利于促进婴儿心理和社会适应性　哺乳过程中,母亲的声音、心音、气味,母亲肌肤与婴儿的频繁接触,母亲的照料,都有利于增进母子感情以及促进婴儿心理与社会适应性的健康发展。

6. 可促使乳母子宫收缩　母乳卫生、温度适宜、经济方便,母乳喂养还可以促使乳母子宫收缩。

三、不同时期、时段母乳的特点

1. 初乳　指分娩后5天内的母乳。含有大量抗体,能保护婴儿免受可能遇到的细菌和病毒的感染。初乳中的生长因子可以刺激婴儿肠道的发育,并能防止致敏物质吸收,避免过敏反应。初乳中的矿物质、微量元素含量比成熟乳丰富。初乳还附带一种轻泻作用,有助胎粪排出。初乳分泌量虽少,但对新生儿来说已经足够了。

2. 过渡期乳　指分娩后6~10天内的母乳。其营养介于初乳与成熟乳之间。脂肪含量高,适合新生儿体重从生理性下降恢复后的快速生长的需求,而蛋白质及矿物质渐减,可减轻新生儿的肾脏负担。

3. 成熟乳　指分娩10天后的母乳。含脂肪量较高,可供婴儿较多能量以适应这一阶段发育较快的需要。

4. 前奶　指每次哺乳开始时的母乳。外观带绿色水样液体,内含丰富的蛋白质、乳糖、维生素、无机盐和水。

5. 后奶　每次哺乳结束时的母乳。因含较多的脂肪,故外观较前奶白。后奶能量充足,它提供的能量占乳汁总能量的50%以上。

四、婴儿喂养的不同方式

根据婴儿年龄、身体状况、母亲状况等,婴儿喂养可分为纯母乳喂养、混合喂养、人工喂养、添加辅食等方式。

案例中朵朵是4月龄女婴,此前一直纯母乳喂养,但由于妈妈身体原因中断了一段时间纯母乳喂养,改为混合喂养方式。当再次纯母乳喂养时发现,奶量已有所减少且不足以满足朵朵每日所需。医生根据朵朵年龄及身体发育情况建议家长可逐步添加其他食物。

1. 评估

（1）婴儿的年龄,具体身体表现。

（2）环境干净、整洁、安全,温湿度适宜,食材新鲜。

2. 计划　婴儿4月龄,计划添加含铁的婴儿米粉。

根据目前朵朵的情况,照护员应指导家长在混合喂养母乳及婴儿奶粉的同时,适量给朵朵添加辅食。刚开始应少量喂食,观察朵朵对母乳以外食物的喜爱程度及适应情况。

随着婴儿的生长,母乳中的营养不能完全满足婴儿的生长需要,尤其是铁、蛋白质等,为满足婴儿不断增长的营养需求,并为日后断奶和过渡到天然食物做准备,在母乳喂养的基础上,逐渐添加辅食。辅食添加一般遵循以下原则：由少到多,由稀到稠,由粗到细,循序渐进。每次只添加一种新食物,每天添加1～2次,每次1～2勺,连喂2～3天,若无不适反应,可以添加其他食物,在婴儿适应多种食物后,可以混合喂养,逐步达到食物多样化（表3－1－1）。

表3－1－1　不同阶段婴儿的喂养方式

月龄	食物形状	辅食举例	餐数		喂食方式
			主餐	辅餐	
4～6月龄	泥糊状	米粉、肉泥、肝泥、蛋黄	按需母乳喂养	1～2次	用勺喂食
7～9月龄	末状	菠菜猪肝烂粥、西红柿蛋黄颗粒面	按需母乳喂养	2～3次	用勺喂食
10～12月龄	末状过渡到块状、手指食物	厚粥、猪肉胡萝卜丁面条	按需母乳喂养	3～4次	抓食

任务实施

一、观察情况

观察婴幼儿食欲。

二、操作前准备

1. 食材选择　米粉：添加辅食初期选择正规厂家生产的含铁米粉。
2. 用物准备　准备好辅食匙。

三、食物制作介绍

米粉：冲泡米粉时，首先根据婴儿的食量，量取适量的米粉放入碗中，然后再进行冲泡。正常情况下，冲泡米粉用温开水即可，水温要控制在60～70℃；因为过热的水温会影米粉中的营养物质，而过低的水温又容易使米粉冲泡不开，影响婴儿消化。冲泡好的米粉浓稠度适宜，类似于炼乳状，可以流动，但不是很稀，又不是很稠，比较适合婴儿食用。如果婴儿刚刚食用米粉，不太适应米粉的味道，也可以选择用冲泡好的奶粉进一步的冲泡米粉，待婴儿适应以后再改为温开水冲泡米粉。

四、整理记录

（1）整理用物，清洁环境。
（2）洗手。
（3）记录。

任务评价

婴儿喂养方法评分标准详见表3-1-2。

表3-1-2　婴儿喂养方法评分标准（100分）

考核内容		考核要点	分值	评分要求	说明要点	扣分	得分
评估 (15分)	婴儿	身体无不适，精神状态良好	4	未评估扣4分，评估不全扣1分	婴儿精神佳，心情良好，据观察，有进食欲望，适合进行喂食操作		
		心理状态，有无惊恐、害怕、排斥、哭闹	4	未评估扣4分，评估不全扣1分			
	环境	干净、整洁、安全、温湿度适宜	4	未评估扣4分，评估不全扣1分	环境干净整洁、宽敞明亮、温湿度适宜		
	照护者	着装整齐	1	不规范扣1分	洗手、戴口罩。用物已备齐，申请开始操作		
	物品	用物准备齐全	2	少一项扣1分			

续 表

考核内容		考核要点	分值	评分要求	说明要点	扣分	得分
准备 (10分)	用物准备齐全	口述目标:为满足婴儿不断增长的营养需求,我们需要给宝宝增加含铁的营养米粉	10	未口述扣10分	婴儿之前没有尝试过任何辅食,所以我们刚开始就给婴儿少量尝试,大概一两勺		
实施 (60分)	操作步骤	1. 首先要根据婴儿的胃口量,量取适量的米粉放入碗中 2. 冲泡米粉用温开水即可,水温要控制在60~70℃ 3. 冲泡好的米粉浓稠度适宜,类似于炼乳状,可以流动	40	每有一项未口述(操作)或口述(操作)不正确,扣5分,最多扣40分	过热的水温会影响米粉中的营养物质,而过低的水温又容易使米粉冲泡不开,影响孩子消化。所以我们用60~70℃的温开水冲泡。冲泡好的米粉浓稠度适宜,类似于炼乳状,可以流动,但不是很稀,又不是很稠,比较适合婴儿食用		
	操作结束整理	将用过的餐具擦拭、清洗干净,摆放整齐	2	未指导扣2分,指导不全扣1分			
	注意事项	1. 必须适时添加 2. 必须用匙喂食 3. 婴儿不接受时,不能强迫喂食 4. 在婴儿饥饿或心情愉快的情况下喂食,每次喂食时间不超过30分钟 5. 添加新食物的过程中,要观察婴儿消化情况是否有过敏反应 6. 不加任何调味品,保持食品原味。婴儿有非常敏感的味蕾,天然的食物是训练婴儿味觉最好的选择。盐会加重婴儿的肾脏、心脏的负担,1岁以内的婴儿天然食品中存在的钠已经足以满足婴儿的身体所需,不需另外加盐 7. 营造一个良好的进食环境	8	每有一项未口述或口述不正确,扣1分,最多扣8分			
	整理记录	整理用物	6	未整理扣6分			
		洗手	2	未洗手扣2分			
		记录	2	未记录扣2分			

续 表

考核内容	考核要点	分值	评分要求	说明要点	扣分	得分
评价(15分)	仪态规范,操作熟练	5				
	操作过程中态度和蔼,语言清晰,语速适中,面带微笑	5				
	与家属沟通有效,取得合作	5				
总分		100				

知识点小结

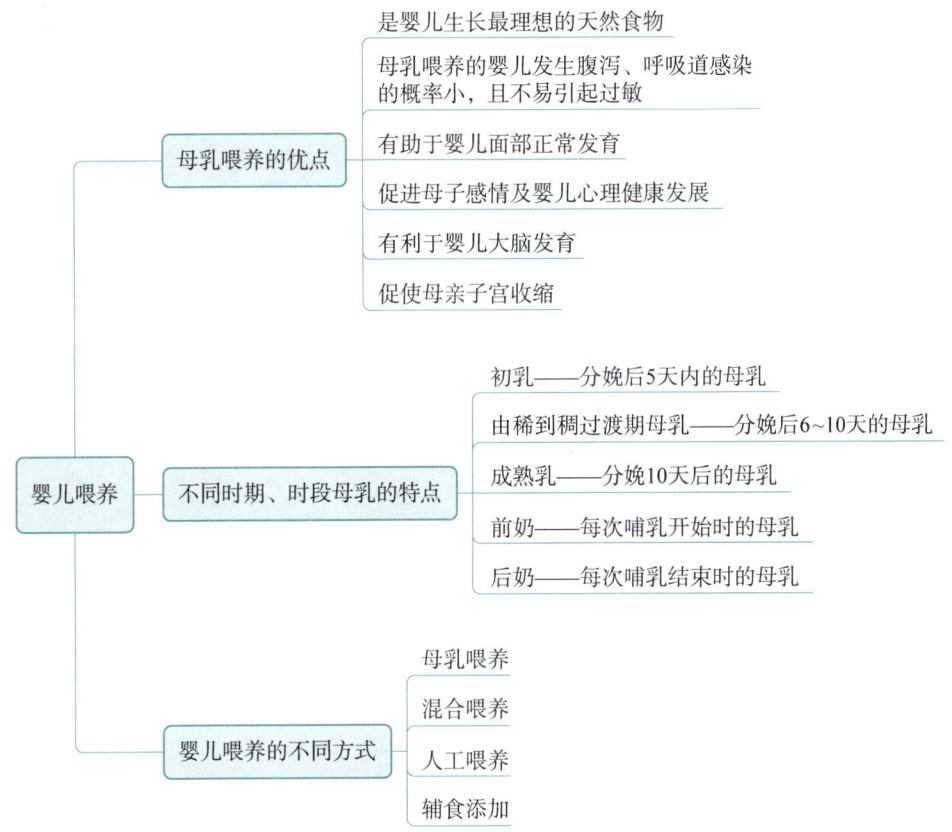

测一测

请扫二维码。

测试题

(叶 欣)

任务二　婴儿食物转换

学习目标

1. 素质目标　培养照护员具有调配婴儿营养与膳食管理的能力。
2. 知识目标　理解婴儿食物转换的作用,掌握引入食物的时间及顺序;理解婴儿的能量消耗和能量需求,掌握婴儿需要的各类营养素的生理功能、缺乏或过量的危害。
3. 能力目标　能根据婴儿月龄及实际情况选择适合转换的膳食并了解其制作流程;能正确处理婴儿食物转换过程中出现的常见问题。

案例导入

豆豆,7个月,男。从出生至今均以纯母乳喂养方式进食以及添加米粉作为辅食。近期,豆豆夜间睡觉会出现不易入睡,睡觉不安稳,半夜还会突然惊醒哭闹,入睡后头部大量出汗。近日,父母带豆豆到社区医院进行例行体检后发现,豆豆有缺钙的症状,社区医生建议回家后,应给豆豆适量增添辅食。

任务描述

1. 婴儿食物转换的作用。
2. 婴儿添加辅食的时间及顺序。
3. 婴儿食物转换的原则。

学习内容

一、婴儿食物转换的作用

（一）补充乳类营养的不足

当婴儿逐渐长大时,乳类中所含的营养素已经不能满足婴儿不断增长的需要。例如,乳中的维生素D含量较低,不能满足婴儿需要,若不及时添加,婴儿易患佝偻病;乳中的铁含量少,从母体中带来的铁在婴儿4~6个月时已耗尽,若不及时添加,婴儿会患缺铁性贫血。

（二）训练咀嚼和吞咽功能

咀嚼、搅拌功能的发育需要适时的生理刺激、训练和培养。适时并及时地转换食物,添加辅食,改变食物的形式,能促进婴儿咀嚼功能和牙齿的发育,帮助婴儿逐渐过渡到幼儿饮食,而且口腔功能的锻炼还有助于语言能力的发育。

(三) 为断母乳做准备

断奶前后必须为婴儿准备好适合不同月龄的转换食物,以防因断奶而造成婴儿营养不良。

二、婴儿添加辅食的时间及顺序

婴儿 4~6 月龄是食物引入的"关键窗口期",不能早于 4 月龄,也不宜迟于 8 月龄,多为 4~6 月龄。此年龄阶段,婴儿体重多超过 6.5~7.0kg,这标志着婴儿消化系统发育已比较成熟,例如消化酶的合成、咀嚼与吞咽功能的发育、牙的萌出等。同时,此年龄阶段已有竖颈、手到口的动作等动作发育,可开始引入真实食物。

三、食物转换的原则

(一) 由少到多
添加辅食从少量开始。

(二) 由稀到稠
添加辅食应从流质开始,再到半流质,逐渐增加稠度,以锻炼婴儿咀嚼和吞咽能力。

(三) 由细到粗
添加辅食应从液体开始,渐渐引入泥糊状食物,再过渡到固体食物进食阶段。

(四) 一次只试加一个品种
添加辅食应先试加一种食物,等婴儿从口感到胃肠道功能都逐渐适应 3~5 天后,再添加另一种。

(五) 患病时暂停添加辅食
新的食物一定要在婴儿健康、消化功能正常时添加,患病时应暂缓食物转换。

问题分析

案例中豆豆是 7 月龄男婴,此前一直纯母乳喂养并且在 6 个月时添加婴儿含铁米粉。目前出现入睡困难,睡不踏实以及夜惊大汗现象,考虑是母乳及辅食中所含的钙已不足以满足豆豆的生长需求导致的,是一种婴儿缺钙的典型表现。

1. 评估
(1) 婴儿的年龄,具体身体表现。
(2) 环境干净、整洁、安全,温湿度适宜,食材新鲜。
(3) 操作者洗手。
2. 计划
(1) 婴儿 7 月龄,典型缺钙表现。
(2) 准备好辅食匙。
(3) 根据婴儿食物转换原则,考虑引入蔬菜泥(菠菜泥)。

措施分析

根据豆豆目前的情况,照护员应指导家长适量给婴儿添加辅食。刚开始应少量喂食,观察婴儿对母乳以外食物的喜爱程度及适应情况。

一、食物转换注意事项

(1) 必须适时添加。
(2) 必须用匙喂食。
(3) 婴儿不接受时,不能强迫喂食。
(4) 在婴儿饥饿或心情愉快的情况下喂食,每次喂食时间不超过 30 分钟。
(5) 添加新事物的过程中,要观察婴儿消化情况是否有过敏反应。
(6) 不加任何调味品,保持食品原味。婴儿有非常敏感的味蕾,天然的食物是训练婴儿味觉最好的选择。盐会加重婴儿的肾脏、心脏的负担,1 岁以内的婴儿天然食品中存在的钠已经足以满足婴儿的身体所需,不需另外加盐。
(7) 营造一个良好的进食环境。

二、食物转换过程中的常见问题及对策

(1) 不吃或挑食:应在婴儿身体健康、心情愉悦并饥饿的状态下进行食物转换,应坚持用专用的辅食匙喂食。新添加的辅食应让婴儿反复尝试,让其有个熟悉的过程,切忌强迫喂食。

(2) 恶心、吐食:食物质地的增加要有一个循序渐进的过程。应坚持每天喂食,让婴儿有更多进行口腔运动的机会,帮助其逐渐学会咀嚼、搅拌、吞咽。刚开始用匙喂时,尽可能地用匙将食物放入婴儿舌头中后部,避免其伸舌反射将食物吐出来。

(3) 食物过敏:婴儿食物过敏的主要原因是进食了某些蛋白质过敏源,从而出现过敏反应。食物过敏可表现为胃肠道、皮肤、呼吸道等症状。胃肠道过敏症状有反复呕吐、食物反流、应激、腹部不适、吸收不良、腹泻、直肠出血等;皮肤过敏症状有荨麻疹、特应性皮炎等;呼吸道过敏症状有鼻充血、打喷嚏、鼻炎、鼻窦炎、哮喘等。当去除膳食中的过敏源食物后,过敏症状和体征即可消失。

任务实施

一、观察情况

观察婴幼儿食欲。

二、操作前准备

1. 食材选择 蔬菜。最好选择有机蔬菜,一般的蔬菜要选择新鲜无害的,不要买颜色异常、性状异常、气味异常的蔬菜。

2. 用物准备　准备好辅食匙。

三、食材的加工要求

蔬菜:烹调蔬菜时最重要的是避免维生素的流失,尤其是避免维生素C的流失。避免流失要注意以下几点:新鲜蔬菜要现购现吃;蔬菜要先洗后切,切好后尽快烹调,不要长时间放置或浸泡于水中。

四、食物制作介绍:菠菜泥

1. 挑选新鲜菠菜　去根留叶,洗净,摘掉根部。
2. 锅中烧开水　将菠菜放入开水中焯一下,去掉菠菜中的草酸。
3. 凉水浸泡　把菠菜叶出锅,然后用凉水拔一下。
4. 挤水分　把菠菜叶挤干水分,备用。
5. 切菜　用刀反复切,直至成泥,或用婴儿辅食研磨碗捣成泥。

五、整理记录

(1) 整理用物,清洁环境。
(2) 洗手。
(3) 记录。

任务评价

婴儿食物转换方法评分标准详见表3-2-1。

表3-2-1　婴儿食物转换方法评分标准(100分)

程序	考核内容	考核要点	分值	沟通要点	评分标准	扣分	得分
操作前准备(20分)	评估(15分)	婴儿　身体无不适,精神状态良好	4	婴儿精神佳,心情良好,据观察,有进食欲望,适合进行喂食操作	未评估扣4分,评估不全扣1分		
		婴儿　心理状态,有无惊恐、害怕、排斥、哭闹	4	无惊恐、害怕、排斥、哭闹,适合进行喂食操作	未评估扣4分,评估不全扣1分		
		环境　干净、整洁、安全、温湿度适宜	4	洗手,戴口罩。用物已备齐,申请开始操作	未评估扣4分,评估不全扣1分		
		照护者　着装整齐	1	婴儿之前已尝试过米粉,适应情况良好,可进一步添加辅食	不规范扣1分		
		物品　用物准备齐全	2		少一项扣1分		

3—11

续 表

程序	考核内容	考核要点	分值	沟通要点	评分标准	扣分	得分
准备(5分)	用物准备齐全	口述目标:宝宝近期出现了缺钙的现象,我们通过食补的方式,给宝宝进行补钙	5		未口述扣5分		
操作流程(60分)	实施(60分)	操作步骤	1. 挑选新鲜菠菜:去根留叶,洗净,摘掉根部 2. 锅中烧开水:将菠菜放入开水中焯一下,去掉菠菜中的草酸 3. 凉水浸泡:把菠菜叶出锅,然后用凉水拔一下 4. 挤水分:把菠菜叶挤干水分,备用 5. 切菜:用刀反复切,直至成泥。或用婴儿辅食研磨碗捣成泥	30		每有一项未口述(操作)或口述(操作)不正确,扣5分,最多扣30分		
		刀工火候装碗要求	1. 刀工精巧细腻;菠菜泥研磨精细 2. 火候适中;无焦糊、不熟或过火现象 3. 装碗摆放美观;数量适中、备好专用辅食匙	15				
		操作结束整理	将用过的灶具、炊具、餐具擦拭、清洗干净,摆放整齐	2		未指导扣2分,指导不全扣1分		
		注意事项	1. 必须适时添加 2. 必须用匙喂食 3. 婴儿不接受时,不能强迫喂食 4. 在婴儿饥饿或心情愉快的情况下喂食,每次喂食时间不超过30分钟 5. 添加新事物的过程中,要观察婴儿消化情况是否有过敏反应	8		每有一项未口述或口述不正确,扣1分,最多扣8分		

3—12

续 表

程序	考核内容	考核要点	分值	沟通要点	评分标准	扣分	得分
		6. 不加任何调味品，保持食品原味。婴儿有非常敏感的味蕾，天然的食物是训练婴儿味觉最好的选择。盐会加重婴儿的肾脏、心脏的负担，1岁以内的婴儿天然食品中存在的钠已经足以满足婴儿的身体所需，不用另外加盐 7. 营造一个良好的进食环境					
	整理记录	整理用物	3		未整理扣1分，未发放资料扣2分		
		洗手	1		未洗手扣1分		
		记录	1		未记录扣1分		
操作后评价(20分)	评价(20分)	仪态规范，操作熟练	5				
		操作过程中态度和蔼，语言清晰，语速适中，面带微笑	10				
		与家属沟通有效，取得合作	5				
总分			100				

婴幼儿安全照护

知识点小结

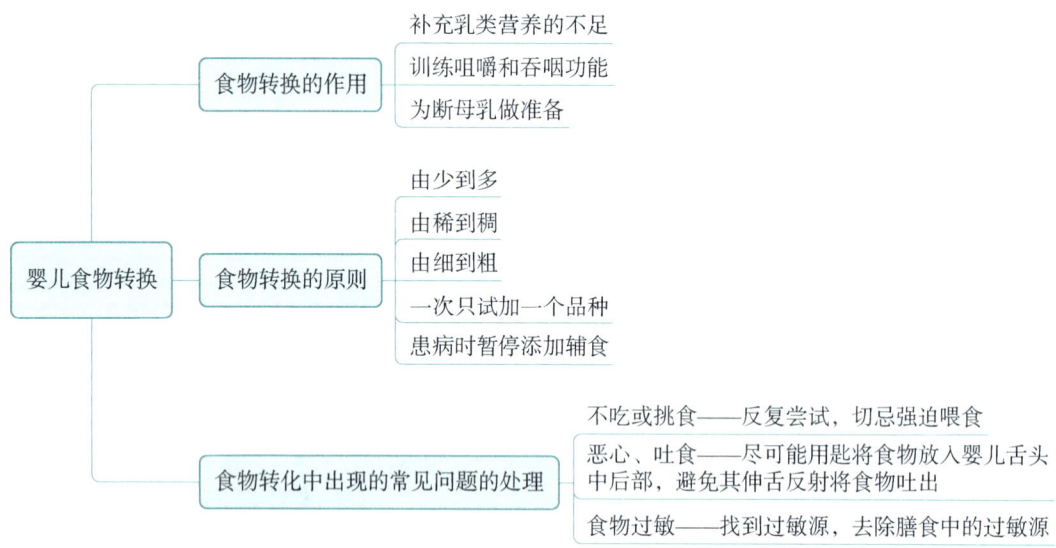

测一测

请扫二维码。

测试题

（叶　欣）

项目三 生活照料

任务三　婴儿沐浴、抚触与衣着照料

学习目标

1. 素质目标　操作中关心呵护幼儿；具有较好的沟通表达和解决问题的能力；具有高度的爱心、耐心、责任心。
2. 知识目标　熟悉幼儿沐浴的操作流程及存在的问题；熟悉婴儿抚触的操作流程及存在的问题；熟悉幼儿更换污物衣服的操作流程及存在问题。
3. 能力目标　能说出幼儿沐浴的目的及注意事项；能帮助幼儿正确的沐浴；能说出婴儿抚触的目的及注意事项；能说出幼儿更换污物衣服的目的；能说出幼儿更换污物衣服的注意事项。

学习活动一　婴儿沐浴

案例导入

阳光明媚的下午，乐乐和其他小朋友在草地上玩踢足球，玩得非常开心，不一会儿，乐乐就满头大汗，身上黏黏的，很不舒服。

任务描述

正确帮助与指导乐乐沐浴。

问题分析

幼儿皮肤娇嫩，代谢旺盛，特别是皮肤的皱褶处（如颈部、腋下、腹股沟等处）有许多污垢，如果不及时清除，就会刺激皮肤，降低幼儿抵抗力，如果皮肤破损还容易引起细菌感染。

"案例导入"中的乐乐由于踢足球时，弄脏了衣服，身上黏黏的。根据这些情况，照护者应引导幼儿学习沐浴的方法，养成良好的生活习惯。

1. 评估
(1) 幼儿皮肤情况及日常沐浴习惯、配合程度。
(2) 环境干净、整洁、安全，温湿度适宜。

3-15

2. 计划

（1）幼儿能积极配合沐浴。

（2）幼儿身体清爽、心情愉悦。

措施分析

根据目前乐乐的情况，照护员应给予有效的帮助措施。

1. 观察情况　沐浴不仅可以清洁皮肤，促进身心舒适，还能促进全身血液循环，有利于新陈代谢。幼儿皮肤与水的全面接触，可改善皮肤的触觉能力和对温度、压力的感知能力，可提高幼儿对环境的适应能力。

2. 操作前准备

（1）观察幼儿皮肤情况，询问幼儿日常沐浴习惯。

（2）环境安全，干净整洁，温湿度适宜。

任务实施

一、观察情况

观察婴幼儿情绪、大小便情况。

二、操作前准备

1. 环境准备　室内温度 26～28℃，水温 38～41℃ 为宜。

2. 用物准备　准备好洗澡盆、浴巾、小毛巾、干净衣服、洗发合一沐浴露、干毛巾、拖鞋。

三、实施

1. 观察　观察幼儿皮肤情况，询问幼儿日常沐浴习惯。

2. 沐浴的步骤

（1）沐浴前准备：照护者指导幼儿脱衣服，并将衣服放在固定位置，袜子放在鞋子里，幼儿穿拖鞋进入浴室。

（2）洗头：撩水将幼儿头发淋湿，取适量洗发液于掌心轻轻揉洗幼儿头皮，再用清水洗净头发，擦干头发。给幼儿洗头时，提醒幼儿闭眼、弯腰、低头，防止洗头水进入眼睛。

（3）洗身体：给幼儿洗身体，提醒幼儿抬头，将身体淋湿，依次清洗颈下、胸部、腹部、上肢、腋下、下肢、腹股沟、会阴等处，提醒幼儿转身，依次清洗后颈、背部、臀部、下肢、腘窝、脚踝等处，边洗边冲，再让幼儿转身，给幼儿洗脚，最后将浴液抹在幼儿全身，将身体冲洗干净。最后擦干身体，穿衣，必要时测量体重，量身高，安置幼儿。

四、整理记录

（1）整理用物，清洁环境。

（2）洗手。

（3）记录。

 任务评价

幼儿的沐浴评分标准详见表3-3-1。

表3-3-1　幼儿沐浴的评分标准（100分）

考核内容		考核要点	分值	评分要求	说明要点	扣分	得分
评估 （15分）	幼儿	身体无不适，精神状态良好	4	未评估扣4分，评估不全扣1分	幼儿精神佳，心情良好，具有沐浴的良好心情		
		心理状态，有无惊恐、害怕、排斥、哭闹	4	未评估扣4分，评估不全扣1分			
	环境	干净、整洁、安全，温湿度适宜	4	未评估扣4分，评估不全扣1分	环境干净整洁、宽敞明亮、温湿度适宜		
	照护者	着装整齐	1	不规范扣1分	洗手，戴口罩。用物已备齐，申请开始操作		
	物品	用物准备齐全	2	少一项扣1分			
准备 （5分）	用物准备齐全	口述目标：幼儿皮肤的褶皱处（如颈部、腋下、腹股沟等处）有许多污垢，不及时清除，就会刺激皮肤，降低幼儿抵抗力，如果皮肤破损还容易引起细菌感染	5	未口述扣5分			
实施 （60分）	操作步骤	洗头：撩水将幼儿头发淋湿，取适量洗发液于掌心轻轻揉洗幼儿头皮，再用清水洗净头发，擦干头发。给幼儿洗头时，提醒幼儿闭眼、弯腰、低头，防止洗头水进入眼睛洗身体：给幼儿洗身体，提醒幼儿抬头，将身体淋湿，依次清洗颈下、胸部、腹部、上肢、腋下、下肢、腹股沟、会阴等处，提醒幼儿转身，依次清洗后颈、背部、臀部、下肢、腘窝、脚踝等处，边洗边冲，再让幼	30	每有一项未口述（操作）或口述（操作）不正确，扣5分，最多扣30分			

续 表

考核内容	考核要点	分值	评分要求	说明要点	扣分	得分
	儿转身,给幼儿洗脚,最后将浴液抹在幼儿全身,将身体冲洗干净。最后擦干身体,穿衣,必要时测量体重,量身高,安置幼儿					
操作结束整理	将用过的物品清洗干净,摆放整齐	5	未指导扣2分,指导不全扣1分			
注意事项	1. 沐浴应在幼儿进食前后1小时进行 2. 沐浴中应注意观察幼儿面色、呼吸,如有异常,停止沐浴 3. 幼儿哭闹时需要暂停沐浴;幼儿患病时或皮肤有感染时不宜沐浴 4. 沐浴前后要减少暴露,注意保暖,动作轻柔 5. 沐浴中应保持水温,防止幼儿烫伤、受凉	20	每有一项未口述或口述不正确,扣1分,最多扣8分			
整理记录	整理用物	3	未整理扣1分,未发放资料扣2分			
	洗手	1	未洗手扣1分			
	记录	1	未记录扣1分			
评价(20分)	仪态规范,操作熟练	5				
	操作过程中态度和蔼,语言清晰,语速适中,面带微笑	10				
	与家属沟通有效,取得合作	5				
总分		100				

知识点小结

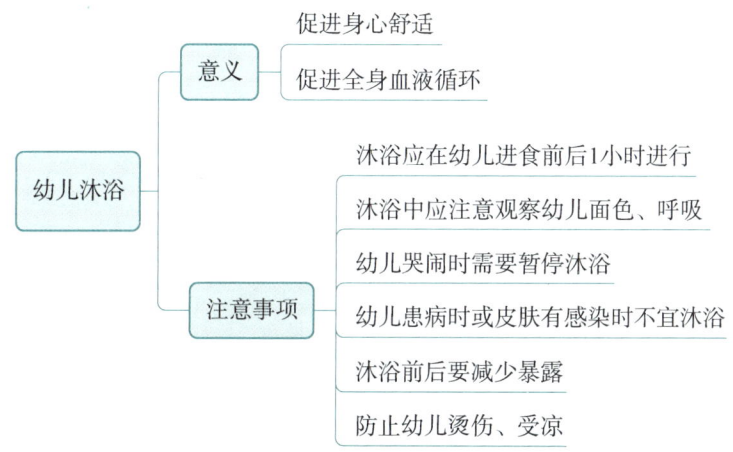

测一测

请扫二维码。

测试题

学习活动二　婴儿抚触

案例导入

丽丽，女，足月顺产，20天，人工喂养。据丽丽妈妈描述，丽丽这几天进食奶量减少，已有几天未解大便，夜里睡不安稳，总是哭闹。家里人很着急，不知道丽丽是不是身体不舒服。

任务描述

指导照护者对丽丽实施婴儿抚触。

学习内容

一、人工喂养的婴儿夜里睡不安稳

人工喂养的婴儿夜里总是哭闹，睡不安稳，常见的原因有以下几种：

(1) 人工喂养使用的配方奶蛋白质及脂肪含量高,婴儿消化系统未完善,难以消化。
(2) 人工喂养中可能吸入过多空气引起腹胀。
(3) 几天未排便引起腹部不适。
(4) 肠痉挛引起的腹痛。

二、护理措施

照护者可以为婴儿进行抚触,增进胃肠蠕动,利于排便,增长食欲,加快食物的消化和吸收,减少哭闹,增加睡眠。

问题分析

"案例导入"中的婴儿抚触是指按照一定顺序的手法轻柔触摸婴儿肌肤,以促进其血液循环,刺激感觉器官发育,提高身体免疫力,促进成长的一种科学照料技法。在人类的感觉器官中,最早发育的是触觉,婴儿可以通过触摸获得情绪上的满足,感到安稳、舒适及喜悦,也可以感受到父母的疼爱与关怀。

1. 评估
(1) 婴儿是否消化不好。
(2) 环境干净、整洁、安全,温湿度适宜。
2. 计划
(1) 能正确熟练地帮助婴儿更换污染的衣服。
(2) 更换的过程中关心、爱护婴儿。

措施分析

根据目前丽丽的情况,照护员应指导家长给丽丽进行抚触,增进胃肠蠕动,利于排便,增加食欲,加快食物的消化和吸收,稳定幼儿的情绪状态。抚触时间避免在饥饿和进食后1小时内进行,最好在婴儿沐浴后进行,时间10~15分钟。

任务实施

一、观察情况

观察婴幼儿情绪、配合意愿。

二、操作前准备

(1) 照护者着装整洁,清洁洗手。
(2) 物品准备齐全,放置合理。

三、实施

1. 抚触前准备

(1) 将婴儿放置于柔软平台上。

(2) 照护者双手勿离开婴儿,褪去婴儿衣物,解决脐部及尿不湿。

2. 抚触过程　将润肤油倒在双手中,揉搓双手温暖。

3. 抚触的顺序　顺序为头面部、胸部、腹部上肢、下肢背部,抚触动作开始要轻柔,慢慢增加力度,每个动作重复4～6次,抚触时应注意与婴儿进行语言和目光的交流。

(1) 头面部:两拇指指腹从眉间滑向两侧至发际,再从下颌部中央向两侧向上滑动呈微笑状,一手轻托婴儿头部,另一手指腹从婴儿一侧前额发际抚向枕后,避开囟门,中指停在耳后乳突部轻压一下,换手同法抚触另一侧。

(2) 胸部:一手指腹从胸部的外下方(肋下缘)向对侧外上方滑行至肩部,避开婴儿的乳头,换手同法抚触另一侧。

(3) 腹部:按顺时针方向按摩腹部,两手指腹交替从婴儿右下腹部抚触至左下腹部,并避开脐部和膀胱。

(4) 上肢:两手呈半圆形交替握住婴儿的上臂向腕部滑行,在滑行过程中,从近端向远端分段挤捏上肢;双手挟着手臂,从近端向远端轻轻搓滚肌肉群至手腕,双拇指指腹从手掌心抚触到手指,从手指两侧轻轻提拉每个手指,同法抚触另一侧。

(5) 下肢:两手呈半圆形交替握住婴儿的大腿向脚踝部滑行,在滑行过程中,从近端向远端分段挤捏下肢,双手挟着下肢,从近端向远端轻轻搓滚肌肉群至脚踝,双拇指指腹从脚掌心抚触到脚趾,从脚趾两侧轻轻提拉每个脚趾,同法抚触另一侧。

(6) 背部:使婴儿取俯卧位,以脊柱为中线,两手掌分别于脊柱两侧由中央向两侧滑行,从背部上端开始逐渐下移到臀部,最后由头顶沿脊椎抚触至臀部。

根据婴儿状态决定抚触时间,避免在饥饿和进食后1小时内进行,最好在婴儿沐浴后进行,时间10～15分钟。抚触过程中注意观察婴儿的反应,如婴儿出现哭闹、肌张力提高、兴奋性增加、肤色改变等,应暂停抚触,并根据情况酌情处理。

四、整理记录

(1) 整理用物,清洁环境。

(2) 洗手。

(3) 记录。

任务评价

婴儿抚触评分标准详见表3-3-2。

婴幼儿安全照护

表3-3-2 婴儿抚触的评分标(100分)

考核内容		考核要点	分值	评分要求	说明要点	扣分	得分
评估 (15分)	婴儿	身体无不适，精神状态良好	4	未评估扣4分，评估不全扣1分	宝宝精神佳，心情良好，适合进行抚触		
		心理状态，有无惊恐、害怕、排斥、哭闹	4	未评估扣4分，评估不全扣1分			
	环境	干净、整洁、安全，温湿度适宜	4	未评估扣4分，评估不全扣1分	环境干净整洁、宽敞明亮、温湿度适宜		
	照护者	着装整齐	1	不规范扣1分	洗手，戴口罩。用物已备齐，申请开始操作		
	物品	用物准备齐全	2	少一项扣1分			
准备 (5分)	用物准备齐全	口述目标：为婴儿进行抚触，增进胃肠蠕动，利于排便，增长食欲，加快食物的消化和吸收，减少哭闹，增加睡眠	5	未口述扣5分			
实施 (60分)	操作步骤	1. 头面部：两拇指指腹从眉间滑向两侧至发际，再从下颌部中央向两侧向上滑动呈微笑状，一手轻托婴儿头部，另一手指腹从婴儿一侧前额发际抚向枕后，避开囟门，中指停在耳后乳突部轻压一下，换手同法抚触另一侧 2. 胸部：一手指腹从胸部的外下方（肋下缘）向对侧外上方滑行至肩部，避开婴儿的乳头，换手同法抚触另一侧 3. 腹部：按顺时针方向按摩腹部，两手指腹交替从婴儿右下腹部抚触至左下腹部，并避开脐部和膀胱 4. 上肢：两手呈半圆形交替握住婴儿的上臂向腕部滑行，在滑行过程中，从近端到远端分段挤捏上肢；双手挟着手臂，从近端向远端轻轻搓滚肌肉群至手腕，双拇指指腹从手掌心抚触到手指，从手指两侧轻轻提拉每个手指，同法抚触另一侧 5. 下肢：两手呈半圆形交替握住婴儿的大腿向脚踝部滑行，在	30	每有一项未口述（操作）或口述（操作）不正确，扣5分，最多扣30分			

续 表

考核内容	考核要点	分值	评分要求	说明要点	扣分	得分
	滑行过程中,从近端向远端分段挤捏下肢,双手挟着下肢,从近端向远端轻轻搓滚肌肉群至脚踝,双拇指指腹从脚掌心抚触到脚趾,从脚趾两侧轻轻提拉每个脚趾,同法抚触另一侧 6. 背部:使婴儿取俯卧位,以脊柱为中线,两手掌分别于脊柱两侧由中央向两侧滑行,从背部上端开始逐渐下移到臀部,最后由头顶沿脊椎抚触至臀部					
操作结束整理	将用过的物品清洗干净,摆放整齐	5	未指导扣2分,指导不全扣1分			
注意事项	1. 根据婴儿状态决定抚触时间,避免在饥饿和进食后1小时内进行,最好在婴儿沐浴后进行,时间10~15分钟 2. 抚触过程中注意观察婴儿的反应,如婴儿出现哭闹,肌张力提高,兴奋性增加,肤色改变等,应暂停抚触,并根据情况酌情处理	20	每有一项未口述或口述不正确,扣1分,最多扣8分			
整理记录	整理用物	3	未整理扣1分,未发放资料扣2分			
	洗手	1	未洗手扣1分			
	记录	1	未记录扣1分			
评价(20分)	仪态规范,操作熟练	5				
	操作过程中态度和蔼,语言清晰,语速适中,面带微笑	10				
	与家属沟通有效,取得合作	5				
总分		100				

婴幼儿安全照护

知识点小结

幼儿抚触	意义	婴儿抚触是按照一定顺序的手法轻柔触摸婴儿肌肤，以促进其血液循环，刺激感觉器官发育，提高身体免疫力，促进成长的一种科学照料技法
		在人类感觉器官中，最早发育的是触觉，婴儿可以通过触摸获得情绪上的满足，感到安稳、舒适及喜悦，也可以感受到父母的疼爱与关怀
	注意事项	根据婴儿状态决定抚触时间
		抚触过程中注意观察婴儿的反应
		抚触时用力适当，注意与婴儿进行语言和目光的交流

测一测

请扫二维码。

测试题

学习活动三　更换污物衣服

案例导入

还未满月的月月大便后弄脏衣服，新手妈妈手忙脚乱地给月月换衣服。照护者及时给予帮助和指导，减轻了新手妈妈的焦虑。

任务描述

帮助新手妈妈更换幼儿污物衣服。

问题分析

幼儿衣物污染是很常见的现象，作为照护者在给幼儿更换污物衣服时要注意：①动作熟练：保持操作连贯性，减少操作时间，预防幼儿感冒。②动作轻柔：保护幼儿，避免不必要的伤害。

"案例导入"中月月的大便不规则时容易污染衣服。照护者应帮助幼儿更换污物衣服，养成良好的生活习惯。

1. 评估

（1）幼儿是否需要更换衣物。

3—24

(2) 环境干净、整洁、安全,温湿度适宜。
2. 计划
(1) 能正确熟练地帮助幼儿更换污染的衣服。
(2) 更换衣物的过程中关心、爱护幼儿。

措施分析

根据目前月月的情况,照护员应指导家长给月月更换衣服,避免幼儿出现臀红现象。幼儿因为抵抗力较弱,免疫系统尚未完善,皮肤薄嫩,而大便中有较多细菌,如未及时处理,易造成臀部因红疹引起的臀红,严重的甚至会出现真菌感染等情况。

任务实施

一、观察情况

观察幼儿情况,确定是否需要更换污染的衣服。

二、操作前准备

(1) 照护者着装整洁,清洁洗手。
(2) 物品准备齐全,放置合理。

三、污染衣服的更换

先大致清理幼儿衣服上的污染物,再脱掉被污染的衣服。脱衣服的时候先解开衣服上的绑带或者扣子,一只手轻轻握住幼儿的膝盖处,另一只手轻轻脱下一边的裤子,用同样的方法脱掉另一边的裤子。随后一只手握住幼儿的手肘,另一只手脱掉衣袖,用同样的方法脱掉另一只衣袖,最后抱起幼儿,拿掉换下的脏衣服并把幼儿身上残留的污染物清理干净。然后换上干净的衣服。

四、换衣服方法

(1) 将衣服平铺在幼儿身边,把幼儿抱到干净的衣服上。
(2) 把袖口堆叠让自己的手指从袖口伸到衣服的腋窝处,用另一只手握住幼儿的手腕,稍微弯曲幼儿的肘关节,把幼儿的胳膊放入袖筒,然后顺着你的手抽出来带出幼儿的手,再用同样的方式穿另一只胳膊。
(3) 系上衣服的绑带或扣好扣子,扣扣子时,要用手指夹住扣子扣住,不要直接按压去扣,以免用力过大弄伤幼儿。
(4) 用一只手托起幼儿的头,轻轻抬起他的上半身,将幼儿的衣服往下轻拉整理平整。
(5) 把一只裤脚堆叠,然后用手从中间穿过去握住幼儿的脚腕,另一只手把裤脚轻轻地从脚腕处往上拉,然后用同样的方法穿好另一条腿。

婴幼儿安全照护

（6）轻轻抬起幼儿的屁股，提起裤子，调整好裤腰，整理平整，注意不要把幼儿的屁股抬得太高，以免损伤幼儿的腰椎。

（7）如果裤子是按扣的，同样要用手指夹住扣子扣住，不要直接按压，如果是绑带的裤子，拉上裤子之后把裤子整理平整再系绑带，注意不要系得太松，容易掉落，也不要系得太紧，防止勒伤幼儿。

五、整理记录

（1）整理用物，清洁环境。
（2）洗手。
（3）记录。

幼儿更换污物衣服评分标准详见表3-3-3。

表3-3-3 幼儿更换污物衣服的评分标准（100分）

考核内容		考核要点	分值	评分要求	说明要点	扣分	得分
评估 （15分）	幼儿	身体无不适，精神状态良好	4	未评估扣4分，评估不全扣1分	宝宝精神佳，心情良好，据观察，有需要更换污衣的必要		
		心理状态，有无惊恐、害怕、排斥、哭闹	4	未评估扣4分，评估不全扣1分			
	环境	干净、整洁、安全，温湿度适宜	4	未评估扣4分，评估不全扣1分	环境干净整洁、宽敞明亮、温湿度适宜		
	照护者	着装整齐	1	不规范扣1分	洗手，戴口罩。用物已备齐，申请开始操作		
	物品	用物准备齐全	2	少一项扣1分			
准备 （5分）	用物准备齐全	口述目标：观察幼儿情况，是否需要更换污染的衣服	5	未口述扣5分			
实施 （60分）	操作步骤	换衣服方法如下： 1. 将衣服平铺在幼儿身边，把幼儿抱到干净的衣服上 2. 把袖口堆叠让自己的手指从袖口伸到衣服的腋窝处，用另一只手握住幼儿的手腕，稍微弯曲幼儿的肘关节，把幼儿的胳膊放入袖筒，然后顺着你的手抽出来带出幼儿的手，再用同样的方式穿另一只胳膊	30	每有一项未口述（操作）或口述（操作）不正确，扣5分，最多扣30分			

3-26

续　表

考核内容		考核要点	分值	评分要求	说明要点	扣分	得分
操作步骤		3. 系上衣服的绑带或扣好扣子,扣扣子时,要用手指夹住扣子扣住,不要直接按压去扣,以免用力过大弄伤幼儿 4. 用一只手托起幼儿的头,轻轻抬起他的上半身,将幼儿的衣服往下轻拉整理平整 5. 把一只裤脚堆叠,然后用手从中间穿过去握住幼儿的脚腕,另一只手把裤脚轻轻地从脚腕处往上拉,然后用同样的方法穿好另一条腿 6. 轻轻抬起幼儿的屁股,提起裤子,调整好裤腰,整理平整,注意不要把幼儿的屁股抬得太高,以免损伤幼儿的腰椎 7. 如果裤子是按扣的,同样要用手指夹住扣子扣住,不要直接按压,如果是绑带的裤子,拉上裤子之后把裤子整理平整再系绑带,注意不要系得太松,容易掉落,也不要系得太紧,防止勒伤幼儿	30				
	操作结束整理	将用过的物品清洗干净,摆放整齐	5	未指导扣 2 分,指导不全扣 1 分			
	注意事项	动作熟练,保持操作连贯性,减少操作时间,预防幼儿感冒 动作轻柔,保护幼儿,避免不必要的伤害	20	每有一项未口述或口述不正确,扣 1 分,最多扣 8 分			
	整理记录	整理用物	3	未整理扣 1 分,未发放资料扣 2 分			
		洗手	1	未洗手扣 1 分			
		记录	1	未记录扣 1 分			
评价(20 分)		仪态规范,操作熟练	5				
		操作过程中态度和蔼,语言清晰,语速适中,面带微笑	10				
		与家属沟通有效,取得合作	5				
总分			100				

幼儿更换污染衣服 → 注意事项
- 动作熟练，保持操作连贯性，减少操作时间，预防幼儿感冒
- 动作轻柔，保护幼儿，避免不必要的伤害

请扫二维码。

测试题

（龙桂婵）

任务四　婴儿日常生活照料

学习目标

1. **素质目标**　具有稳定的情绪、乐观开朗的性格和高度的责任心;具有耐心、细致地发现问题和解决问题的能力;能在操作中关心爱护幼儿。
2. **知识目标**　熟悉能量和营养素的基础知识;了解进餐习惯的内涵及培养方法;了解七步洗手法口诀;了解餐后散步的注意事项。
3. **能力目标**　能完成幼儿食物的科学搭配;能帮助和指导幼儿养成良好的进餐习惯;能帮助和指导幼儿正确的七步洗手法;能合理组织幼儿餐后散步。

案例导入

2岁半的团宝与小伙伴们坐在餐桌前吃饭,今天有他最喜欢吃的黑木耳炒猪肝。团宝用小手把猪肝一块块地往嘴里塞,不一会,他的嘴里就被塞得满满的。团宝正准备把碗里最后一块猪肝往嘴里塞的时候,猪肝掉地上了,他马上捡起来准备往嘴里送,照护者制止了他。团宝噘着嘴,委屈地望着照护者。照护者喂了团宝一块黑木耳。团宝大哭起来。

任务描述

1. 2岁左右的幼儿已经具有了一定的咀嚼能力和自主进食能力,开始进入自主进食的关键期。
2. 随着幼儿手、眼协调能力的发展,适当的诱导可以帮助幼儿养成良好的进餐习惯。

学习内容

一、幼儿因素

有的幼儿吃饭时习惯性狼吞虎咽,嘴巴里塞满饭菜,有时可能会噎到,需要照护者时刻关注;有的幼儿体格较弱,吃饭时较慢,一口只吃几粒米饭;有的幼儿挑食偏食或者吃饭时注意力不集中,喜欢嬉笑打闹。幼儿在进餐中出现的这些现象使得部分照护者不得不采取一些方法让幼儿快速进餐。

二、多样化的习惯培养

（一）进餐礼仪

通过视频、游戏、童谣传唱的方式，让幼儿了解进餐礼仪，知道进餐时要安静不打闹，独自吃完一份饭菜。结合儿歌《宝宝吃饭》："小宝宝坐端正，上身靠着饭桌边，一手扶着碗，一手拿餐具，一勺一勺送嘴中，细细嚼来慢慢咽，宝宝吃饭真开心。"每次进餐前先让幼儿念一遍儿歌，提醒幼儿进餐时做到专心用餐、不东张西望。餐后对做到文明进餐的幼儿给予表扬奖励，激励幼儿自觉做到文明进餐。

（二）表扬鼓励

幼儿进餐时，照护者多观察，发现幼儿的点滴进步，多表扬、多鼓励。对进餐中表现好的幼儿要及时赞赏和表扬，照护者的一个微笑、一个眼神、一个夸奖，幼儿都能受到莫大的鼓舞，激励他们积极用餐，如保持桌面干净、坐姿正确、保持安静进餐、加快进餐速度、餐具收拾整理等。照护者的鼓励对幼儿改变不良习惯有很大的促进作用。若发现挑食、偏食严重的现象，可以通过故事，让幼儿了解挑食、偏食的危害，结合生活实例，让幼儿知道什么食物都要吃，鼓励幼儿爱吃的可以多吃一点，不爱吃的也要尝试着吃，不挑食、不偏食身体才能更健康。给幼儿一点时间，逐渐克服挑食、偏食问题。

（三）适当运动

运动不仅可以锻炼幼儿的身体，还能消耗一定的热量。每天保证1小时的户外体育活动，促进幼儿消化食物，使幼儿产生饥饿感，激发进餐的欲望。

三、制定科学的食谱，创设愉快的进餐环境

幼儿园要合理安排进餐时间，注意营养的均衡搭配，同时提高烹饪水平，为幼儿提供色、香、味、形俱全的饭菜。照护者平时则要细心观察幼儿的进餐量，结合幼儿的年龄特点和具体情况，为幼儿添加适当量的食物。照护者还需及时向食堂反馈幼儿对饭菜的喜爱情况，在保证营养的基础上更好地针对幼儿进餐情况做出改进。另外，照护者尽量不要在幼儿进餐时批评、指责幼儿，不以严格的纪律约束幼儿，不强迫幼儿进餐，通过情绪状态的调整，引起幼儿的食欲，为幼儿进餐营造一个温馨的氛围。宽松愉快的进餐环境可以促进消化腺的分泌，从而增进幼儿的食欲。

四、培养幼儿良好的饮食习惯，建立家园沟通机制

在幼儿园期间，要培养幼儿正确的洗手方法，可在洗漱池的墙面上贴上洗手的流程图提示幼儿，让幼儿养成饭前洗手的好习惯，减少细菌的滋生。还要引导幼儿不要泼洒食物，不挑食偏食，爱惜粮食，尽量不剩饭菜。另外，照护者和幼儿家长要及时沟通，要向家长传授正确的幼儿进餐方式和饮食观念，及时将幼儿在园内的进餐情况反馈给家长，同时获取幼儿在家时的进餐情况，引导家长鼓励幼儿独立进餐，培养幼儿的独立自主性。

问题分析

"案例导入"中的团宝最喜欢吃黑木耳炒猪肝。猪肝掉地上了,他仍然捡起来准备往嘴里送,照护者制止了他,并喂了他一块黑木耳,团宝却大哭起来。

1. 评估
(1) 幼儿目前的生命体征、意识状态、心理状态。
(2) 环境干净、整洁、安全、温湿度适宜。
2. 计划
(1) 幼儿在照护下完成自主进餐。
(2) 幼儿与照护者建立良好的进餐沟通模式。

措施分析

一、制定一套进餐前流程

(1) 进餐前照护者带着幼儿一起洗手、如厕,注重进餐卫生。
(2) 穿上吃饭专用的围兜。
(3) 准备安全餐椅,让幼儿坐在专用的座位上就餐。

二、让幼儿参与食物制作

(1) 观察照护者洗菜,照护者可以一边洗菜,一边介绍菜的营养素。
(2) 参与烹饪过程,增强幼儿对食物的认知和喜爱。
(3) 花样变菜,将幼儿平时不太爱吃的蔬菜做成幼儿喜欢的样式,如将蔬菜摆成幼儿喜爱的动画形象等。

三、让幼儿自主进餐

(1) 提供适宜、安全的食物,水、餐具,方便幼儿自主取用。
(2) 对幼儿进餐不专心的现象,如洒饭粒、乱丢菜等,做到"视而不见",逐渐让幼儿意识到吃饭是自己的事情,要专注进餐。

四、注重进餐礼仪

(1) 幼儿坐在餐椅上和照护者一起进餐,让幼儿感受到家庭的饮食氛围,帮助幼儿养成健康的饮食习惯。
(2) 照护者引导幼儿餐后用纸巾擦嘴,并辅助幼儿取下围兜,离开餐椅,同时,引导幼儿收拾餐具,做力所能及的事情。
(3) 照护者引导幼儿餐后漱口,进行餐后散步,并提醒幼儿不要剧烈运动。

任务实施

一、观察情况

观察婴幼儿情绪、心理状态。

二、操作前准备

(1) 照护者着装整齐,洗手。
(2) 准备物品:签字笔、记录本、消毒剂。

三、实施

1. 观察　幼儿进餐时,照护者应仔细观察幼儿的精神状况、情绪状态、进餐的速度、食量以及对食物的偏好,发现有异常情况应及时处理。

2. 进餐照护
(1) 播放轻音乐,让幼儿心情舒畅,同时告知幼儿吃饭时间到了。
(2) 辅助幼儿如厕、洗手。
(3) 穿上吃饭专用的围兜。
(4) 让幼儿坐在专用的餐椅上。
(5) 提供适宜、安全的食物,水、餐具。
(6) 和幼儿一起进餐,并向幼儿介绍食物的营养价值。
(7) 辅助幼儿取下围兜,离开餐椅,引导幼儿自己擦嘴、漱口。
(8) 和幼儿一起收拾餐具。
(9) 带幼儿一起散步。

四、注意事项

(1) 如果幼儿容易从餐椅上滑下去,照护者可以在孩子的餐椅上铺上防滑垫。
(2) 如果幼儿患有神经系统疾病,照护者需要帮助他们按摩喉咙以促进吞咽,或者训练他们进行嘴部肌肉的控制。
(3) 不要给幼儿提供诸如花生、核桃等颗粒大的食物,以免发生吞咽困难,造成窒息。
(4) 进餐中,不要逗乐幼儿,以免误入气道引起窒息。
(5) 时刻观察幼儿进餐的动态,有异常情况立即处理。

五、整理记录

(1) 整理用物,清洁环境。
(2) 洗手。
(3) 记录。

任务评价

进餐习惯养成评分标准详见表3-4-1。

表3-4-1 进餐习惯养成评分标准(100分)

考核内容		考核要点	分值	评分要求	说明要点	扣分	得分
评估 (15分)	幼儿	生命体征、意识状态	2	未评估扣2分,评估不全扣1分			
		心理情况:有无惊恐、焦虑	2	未评估扣2分,评估不全扣1分			
	环境	干净、整洁、安全,温度、湿度及光线适宜	3	未评估扣3分,评估不全扣1分	口述:环境干净、整洁、安全,温度、湿度及光线、声音适宜		
	照护者	着装整齐、洗手、戴口罩	2	不规范扣1分	口述:七步洗手法		
	物品	用物准备:儿童餐椅、幼儿仿真模型、儿童餐具1套、餐巾纸若干、儿童盥洗器具1套	6	少一项扣1分	口述:用物已准备完毕,请求操作开始		
计划 (5分)	预期目标	口述目标:①幼儿在照护下完成进餐;②幼儿与照护者建立良好的进餐沟通模式	5	未口述扣5分			
操作步骤 (60分)	观察情况	1. 检查幼儿用餐时的精神状况	2	未检查幼儿用餐时的精神状况扣2分	口述:幼儿精神状况良好,能配合进餐		
		2. 口述幼儿进餐的速度、食量以及对食物的偏好情况	3	未口述扣1分			
	进餐照护	1. 辅助幼儿如厕、洗手	5	少一个环节扣3分			
		2. 穿上吃饭专用的围兜	5	未带围兜扣5分			
		3. 让幼儿坐在专用的餐椅上	7	使用方法不当扣5分			

续 表

考核内容	考核要点	分值	评分要求	说明要点	扣分	得分
	4. 提供适宜的、安全的食物、水、餐具	7	少准备一项扣2分			
	5. 和幼儿一起进餐，并向幼儿介绍食物的营养价值	5	未介绍食物的营养价值扣1~3分			
	6. 辅助幼儿取下围兜，离开餐椅，引导幼儿自己擦嘴、漱口	10	未正确指导幼儿扣1~5分			
	7. 和幼儿一起收拾餐具	3	未收拾扣3分			
	8. 带幼儿一起散步	5	未散步扣5分			
整理记录	1. 整理用物	3	未整理扣3分，整理不到位扣1~2分			
	2. 洗手	2	不正确洗手扣2分			
	3. 记录照护措施及转归情况	3	不记录扣3分，记录不完整扣1~2分			
评价（20分）	1. 操作规范，动作熟练	5	实施过程中有一处错误或遗漏扣1~3分			
	2. 操作过程清晰有序，幼儿进餐顺利	5	根据流畅性酌情扣2~4分			
	3. 态度和蔼，关爱幼儿	5	根据亲和力表现酌情扣1~3分			
	4. 与幼儿沟通有效，建立互动合作	5	根据与幼儿沟通情况，酌情扣1~3分			
总分		100				

知识点小结

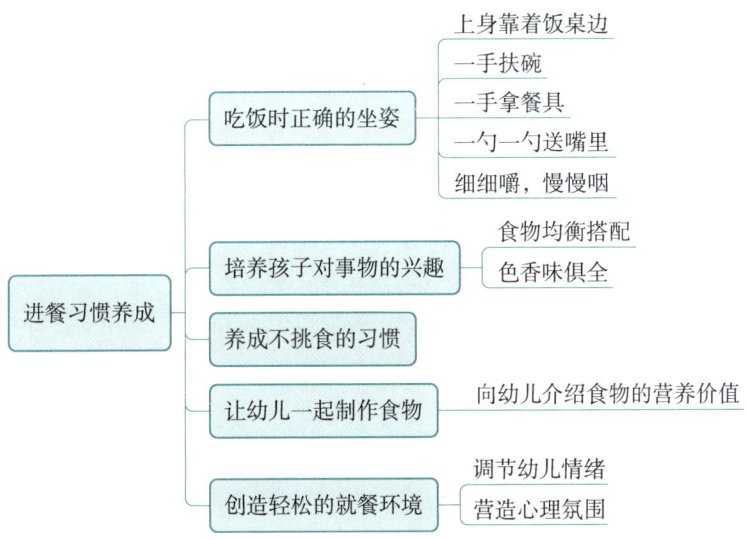

测一测

请扫二维码。

测试题

（陈艳芳）

婴幼儿安全照护

任务五　幼儿进餐照护

学习目标

1. 素质目标　具有稳定的情绪、乐观开朗的性格和高度的责任心；具有耐心、细致地发现问题和解决问题的能力；能在操作中关心爱护幼儿。
2. 知识目标　能结合幼儿的实际情况选择食物种类、选购及烹饪方法；熟知幼儿餐点安排规律；能简述培养幼儿良好进餐习惯的方法。
3. 能力目标　能帮助和指导幼儿养成良好的进餐习惯。

案例导入

3岁的锐锐和父母准备吃晚餐，锐锐提出要先喝200 mL的牛奶再吃饭，喝不到牛奶就不吃饭。父母无奈只能顺从锐锐的意愿冲了牛奶。喝完牛奶后，锐锐只吃了几口米饭和自己最喜欢的青菜，就表示已经吃饱了。父母看着比同龄人矮小的锐锐，面露愁色。

任务描述

1. 指导幼儿父母进行幼儿食物种类选择、选购及烹饪方法。
2. 告知幼儿每天餐点安排，并指导幼儿良好进餐习惯的培养。

学习内容

营养是幼儿身心健康的基础，幼儿进餐习惯的好坏对其身体健康发育有着至关重要的影响。1岁之后的幼儿生长速度比婴儿期有所减慢，由于生长发育的需要，营养素和能量需求量相对高于成人，但此时的幼儿牙齿尚未出齐，咀嚼能力较弱，脾胃功能较差，但大脑功能和运动能力不断发育成熟，自主意识也越来越强。2～3岁的幼儿喜欢甜味，讨厌涩和苦，对新食物有"厌新反应"。因此，建立合理膳食结构，培养幼儿良好进餐习惯，是这一时期的关键任务。

一、食物种类选择、建议摄入量及选购与烹饪

（一）食物种类选择

幼儿处于生长发育活跃阶段，他们喜欢爬、走，喜欢探索周围事物，身体活动消耗大，因此，幼儿单位体重下需要更多的能量和营养素。多样化、均衡的饮食是保障幼儿获得充足能

3-36

量和营养素的基础。1岁之后,幼儿可以逐渐尝试淡口味的家庭食物,可与家人一起进餐,让幼儿感受到家庭的饮食氛围。尝试家庭食物,并不表示幼儿就可以与父母吃相同的食物。1岁以上的幼儿,应该如何选择食物呢?

1. 谷物类　谷物类包括米饭、面条、馒头、小米粥、全麦面包等。谷物类富含碳水化合物,是生长发育活跃幼儿的最佳能量来源,也是维生素B的重要来源,尤其是未精制的谷物。幼儿可以逐渐引入少量全谷物。全谷物饱腹感强,摄入不宜过多,否则会影响其他食物的摄入。

2. 优质蛋白质类食物　瘦肉、鱼、虾、蛋、内脏等富含优质蛋白质、维生素A、维生素B、铁、锌等,是幼儿不可缺少的食物。大豆制品是优质蛋白质的补充来源,也是钙、钾、维生素E、维生素B、膳食纤维的重要来源。

3. 蔬菜和水果　蔬菜和水果是维生素C、叶酸、类胡萝卜素、钾、镁、膳食纤维和抗氧化物质的重要来源,具有多样化的口味和质地,有助于婴幼儿探索学习和适应食物不同的质地和味道。

4. 乳类　母乳是幼儿重要的能量及营养素来源,还有抗体、母乳低聚糖等各种免疫保护因子,世界卫生组织(WHO)、中国营养学会等多家权威机构推荐,在合理添加辅食的基础上,鼓励持续母乳喂养直到2岁及以上;对于非母乳喂养可用幼儿配方奶粉替代;对于断奶的13~24月龄幼儿,可以额外增加1~2杯牛奶满足幼儿的营养需求。

(二) 各类食物建议摄入量

幼儿的正餐需包含谷物、优质蛋白质类食物和蔬菜,而奶类和水果适合加餐。根据中国营养学会的推荐,各类食物的需要量如表3-5-1所示。

表3-5-1　1~3岁幼儿各类食物每天建议摄入量

食物	1~2岁	2~3岁
盐	0~1.5 g	<2 g
油	5~15 g	10~20 g
奶类	母乳400~600 mL	350~500 g
大豆(适当加工)		5~15 g
鸡蛋	25~50 g	50 g
肉禽鱼	50~75 g	50~75 g
蔬菜	50~150 g	100~200 g
水果	50~150 g	100~200 g
谷类	50~100 g	75~125 g
薯类		适量

(三) 食材的选购与烹饪

食材的选择除了要根据幼儿的需要选择营养丰富而又易于消化吸收的食物外,还必须保证食物的新鲜、优质和安全。一定不能选购霉烂变质的食物,以及被农药、化肥等污染的食物和超过保质期的食物,也要避免发芽的马铃薯等有毒副作用的食物。

制作过程中要注意清洁卫生,保证制作场所及烹饪用品清洁,注意生熟分开,避免交叉污染。在烹调时,应尽量减少营养素的损失及保持食物的原汁原味,多采用蒸、煮、炖、清炒等方式,不用煎、炸、熏、烤。口味以清淡为好,不应过咸、油腻和辛辣刺激,尽可能少用或不用味精、鸡精、糖等调味品,避免食用刺激性的食物和调味料,如酒、辣椒、胡椒等,还应少选用高盐的腌制食品。

3岁以下幼儿食物应当细软碎烂,多搭配色彩鲜艳的食材,可将幼儿平时不太爱吃的蔬菜做成幼儿喜爱的动画形象,刺激幼儿的食欲,还可以制作适合幼儿抓握的手指食物,方便幼儿学习自主进食。同时要注意进食安全,以免发生进食时哽噎。

二、餐点安排规律

幼儿的胃容量小、肝糖原储备少,但生长发育迅速,幼儿又活泼好动,所以仅通过一日三餐很难满足其生长发育的需要,需要在正餐之间安排一次加餐。三餐两点或三餐三点更符合幼儿生理特点,即早中晚三餐正餐,加早点、午点,若晚餐较早,可在睡前2小时安排一次加餐。两正餐之间间隔4~5小时,加餐与正餐之间应间隔1.5~2小时。加餐的分量宜少,除正餐和加餐时间,其余时间尽量不给幼儿提供食物,以免影响正餐时的食欲。加餐一般以奶类、水果为主,配少量主食和坚果。晚间加餐不宜安排甜食,以防龋齿。

三、培养良好的进餐习惯

幼儿期的进餐习惯对未来影响深远。良好的进餐习惯不仅能满足人体的营养需求,还能预防疾病、促进健康。幼儿期是建立良好进餐习惯的关键时期。以下做法有助于培养幼儿良好的进餐习惯。

1. 树立家长榜样　幼儿可通过多种途径学习知识和技能,观察和模仿家长是最重要的途径之一。因此,父母要饮食规律,膳食均衡,为幼儿树立良好的榜样。

2. 定时定点进餐　为幼儿制定规律的进餐和点心时间,有相对固定的就餐地和专用座椅,能顺应幼儿发展需要适时调整,帮助其获得安全感,养成良好习惯。

3. 尊重幼儿饥饱感受　幼儿期生长发育速度比婴儿期缓慢,相对食量可能比婴儿期小,餐间的食量波动变大,可能对食物变得挑剔,有时可能连着几天非常喜欢吃某一食物,但过几天又讨厌这种食物,

这些都属于幼儿成长中的正常现象,照护者应尊重幼儿对饥饱的感受,在定时、定点的基础上给幼儿提供营养全面的食物,至于吃什么、吃多少可尊重幼儿,帮助幼儿自然度过这一时期。避免让幼儿再吃一口或坚持光盘等,否则,会破坏幼儿调控摄食的能力,更有可能引发日后暴饮暴食或出现超重、肥胖的现象。

4. 食物多样,饮食清淡　婴儿4月龄时对咸味敏感,对其他味觉的喜好则是习得性的,这个过程直到儿童早期。但在6~24月龄,婴幼儿对新的食物味道接受度最高,此时为婴幼儿提供多样化、清淡的饮食,将对形成良好的进餐习惯有积极作用。

5. 创造良好的就餐环境　随着运动能力增强,自主意识的萌发,幼儿可能对坐下来进食不像以前那么感兴趣,注意力容易分散,所以进餐前应关掉电视等电子产品、收拾好玩具,营造安静、愉悦的进餐环境。正餐控制在20~30分钟,加餐控制在10~20分钟。此外,不

宜在进餐期间批评、责备幼儿。

6. 不把食物作为奖惩的手段　家长如果把食物,通常是糖果、薯片、炸鸡等高热量的食物作为奖励或惩罚的手段,会强化孩子对这类食物的喜好,也会让孩子把这类食物与行为、情绪或安抚联系起来,孩子以后容易形成情绪性进食。

7. 培养幼儿进食的自主性　婴儿1岁左右,已经能较好地用手进食。大部分幼儿在13～15月龄时开始学习使用勺子进食,刚开始可能会把大部分的食物洒在地上或衣服上,但这是幼儿学会自主进食的必经之路。家长只需坐在幼儿对面,适时鼓励幼儿进食,在幼儿表现不耐烦的时候,协助幼儿进食。

8. 预防偏食挑食　偏食和挑食是幼儿生长发育过程中常见的现象,可能是幼儿不喜欢某种食物的味道、造型、颜色或质地,也可能是幼儿阶段性地偏好某一食物或只吃某样食物。家长应正确看待幼儿的偏食和挑食,通过以身作则、心平气和地引导和鼓励,以及让幼儿参与食物的选择与制作等激发幼儿对食物的兴趣。不要强迫幼儿进食,强迫进食可能会产生短期效果,但长此以往,会使幼儿对进食或某种食物产生负面情绪。

如何培养幼儿良好的进餐习惯？让我们通过学习,正确掌握培养幼儿良好进餐习惯的方法。

问题分析

"案例导入"中的锐锐在吃饭前喝大量的牛奶,吃饭时只吃自己喜欢的食物,未养成良好的进餐习惯,这由就餐环境、父母教育方式引发。

1. 评估
（1）幼儿生命体征正常、意识清楚,餐点安排不合理、偏食、边吃边玩,无厌食、心理焦虑。
（2）环境干净、整洁、安全,温湿度适宜,不播放电视、音乐等,无视觉、听觉干扰。
（3）操作者洗手。
2. 计划
（1）幼儿在照护下完成自主进餐。
（2）幼儿在指导下养成良好的进食习惯。

措施分析

案例中锐锐的行为符合幼儿不良进餐习惯的典型表现。

一、厌食

厌食是指较长期的食欲减退或消失。表现为不思饮食,胃纳少,甚至抗拒进食,进食后呕吐等,常伴有面色萎黄、形体消瘦。

二、胃肠道疾病

幼儿胃肠道机体功能普遍很差,对外界部分细菌抵抗力较差,容易出现胃肠道疾病,表现为腹泻、呕吐、食欲不振、发热等，需要及时调整饮食、预防和纠正脱水、合理用药、加强护理。

三、儿童焦虑症

儿童焦虑症是最常见的情绪障碍，是一组以恐惧不安为主的情绪体验。不同年龄的患儿表现各异。幼儿表现为哭闹、烦躁；学龄前儿童表现为惶恐不安、不愿离开父母、哭泣、辗转不宁，可伴食欲不振、呕吐、睡眠障碍及尿床等。

四、并发症

幼儿长期饮食不规律或者未摄入全面的营养，会造成营养不良、免疫力低下、胃肠道受损、贫血等后果。

 任务实施

一、观察情况

观察婴幼儿情绪、食欲情况。

二、操作前准备

物品准备：准备幼儿餐具 2 套（小碗、勺子、水杯）、幼儿餐椅 1 把、围兜、手帕、记录本、签字笔。

三、指导方法

1. 进餐前准备

（1）七步洗手法洗净双手。

（2）要求幼儿自己戴好围兜、自己坐在椅子上，3 岁左右可以在进餐前协助老师擦桌子、摆碗筷。

2. 进餐训练

（1）注意饮食卫生和就餐礼貌：不吃不清洁的食物，不喝生水，不捡掉在桌上、地上的东西吃，告诉幼儿使用自己的水杯、餐具。

（2）训练幼儿自主使用餐具进餐，提供安全的食物、水、餐具，方便幼儿自主取用。

（3）合理控制进餐时间，每次 20~30 分钟。

（4）进食速度要适当，避免边吃边玩、边看电视，不追逐喂养，对幼儿洒饭粒、乱丢菜等不专心进餐现象做到不能"视而不见"。

（5）进食总量要适度，避免过度喂养、强迫喂养，不挑食，两餐间不给幼儿多喂零食。

（6）进餐结束，与幼儿一起整理碗筷、清洁卫生，辅助幼儿取下围兜，将桌椅摆回原处，洗净双手。

四、整理记录

(1) 整理用物,清洁环境。
(2) 洗手。
(3) 记录幼儿进餐时间、进餐量、进餐习惯等情况。

任务评价

幼儿进餐指导评分标准详见表 3-5-2。

表 3-5-2 幼儿进餐指导评分标准

考核内容		考核要点	分值	评分要求	扣分	得分
评估 (15分)	幼儿	生命体征正常、意识状态	4	未评估扣4分,评估不全扣1分		
		有无进食喜欢看电视,边吃边玩,进食速度慢	4	未评估扣4分,评估不全扣1分		
	环境	干净、整洁、安全,温湿度适宜	4	未评估扣4分,评估不全扣1分		
	照护者	着装整齐、洗手	1	不规范扣1分		
	物品	用物准备齐全:幼儿餐具2套(小碗、勺子、水杯)、幼儿餐椅1把、围兜、手帕、记录本、签字笔	2	少一项扣0.5分		
计划 (5分)	预期目标	口述目标:①对幼儿及其家长顺利完成餐前教育;②培养幼儿良好的进餐习惯	5	未口述扣5分		
实施 (60分)	进餐前准备	指导幼儿七步洗手法洗净双手	5	未指导扣3分		
		指导幼儿戴好围嘴、自己坐在椅子上	4	未指导扣4分		
	进餐训练	指导幼儿注意饮食卫生和就餐礼貌	9	未指导扣9分,指导不全扣2分		
		训练幼儿自主使用餐具进餐	9	未指导扣9分,指导不全扣2分		
		合理控制进餐时间,每次20~30分钟	9	未指导扣9分,指导不全扣2分		
		进食速度要适当,避免边吃边玩、边看电视,不追逐喂养	9	未指导扣9分,指导不全扣2分		

婴幼儿安全照护

续 表

考核内容	考核要点	分值	评分要求	扣分	得分
	进食总量要适度,避免过度喂养、强迫喂养	6	未指导扣3分,指导不全扣1分		
	进餐结束,引导幼儿一起收拾餐具,将桌椅摆回原处	4	未指导扣4分		
整理记录	整理用物	3	未整理扣2分		
	洗手	1	未洗手扣1分		
	记录幼儿进餐时间、进餐量、进餐习惯等情况	1	未记录扣1分		
评价(20分)	仪态规范,指导内容熟练	5			
	指导过程中态度和蔼,语言清晰,语速适中,面带微笑,关爱儿童	10			
	与家属沟通有效,取得合作	5			
总分		100			

知识点小结

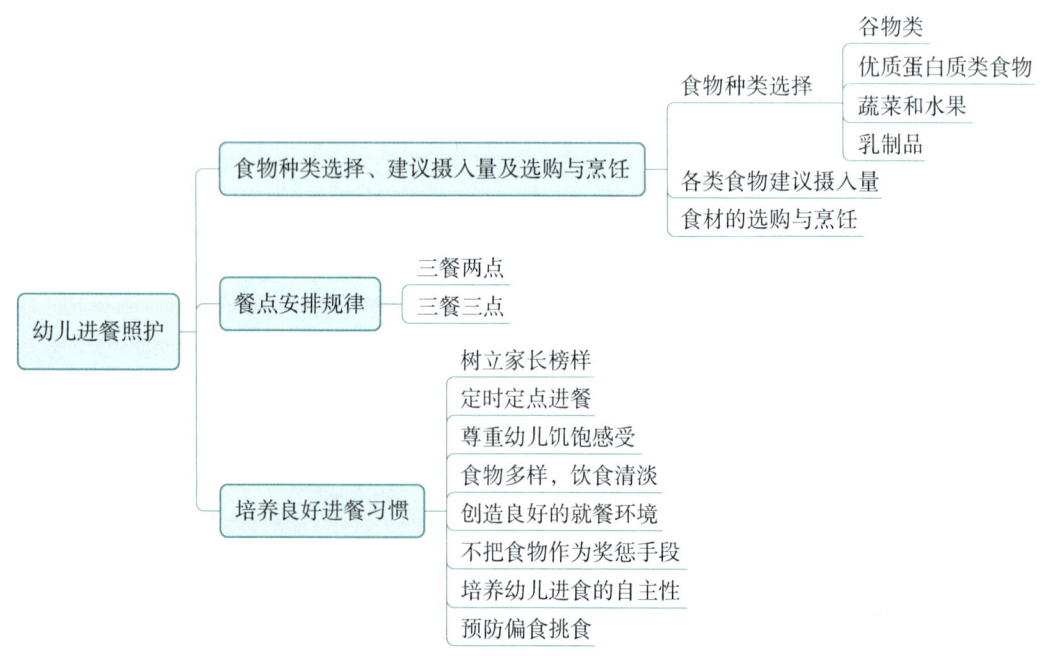

项目三　生活照料

 测一测

请扫二维码。

测试题

（孔　婧）

任务六　幼儿漱洗、护肤霜涂抹及指甲修剪

学习目标

1. **素质目标**　操作中关心呵护幼儿；具有较好的沟通表达和解决问题的能力；具有高度的爱心、耐心、责任心。
2. **知识目标**　熟悉幼儿漱口及刷牙的操作流程；熟悉幼儿洗脸及涂抹护肤霜的操作流程；熟悉幼儿修剪指甲的操作流程；了解漱口及刷牙存在的问题；了解幼儿洗脸及涂抹护肤霜存在的问题；了解幼儿修剪指甲存在的问题。
3. **能力目标**　能帮助和指导幼儿正确漱口及刷牙；幼儿能自行洗脸及涂抹护肤霜；幼儿在照护者的帮助下修剪指甲。

学习活动一　幼儿漱口及刷牙

案例导入

小小在吃完午饭后直接进午休室准备午睡。照护阿姨看到后，走到小小身边，问道："小小，为什么吃完午饭后不漱口呢？"小小不高兴地说："因为漱口太麻烦了。"

任务描述

指导判断口腔中存在致病菌和非致病菌微生物的方法及告知减少和清除措施。

问题分析

漱口是保持口腔清洁的简便易行的方法之一。饭后漱口是一种良好的生活习惯，可去除口腔内的食物残渣，有效预防牙周炎、龋齿。幼儿在2岁左右就可以开始学习漱口。幼儿乳牙一般持续6～10年时间，如果不注意乳牙的护理，易发生龋齿，影响幼儿咀嚼进食，进而影响消化吸收和生长发育。龋齿是乳牙过早丢失的主要原因，所以刷牙可以清除幼儿口腔中的食物残渣，有效减少牙齿表面与牙龈边缘的牙菌斑，有助于减少口腔环境的致病因素，维护牙齿和牙周组织健康。

"案例导入"中的小小不爱漱口洗脸，是觉得饭后漱口及刷牙太麻烦，但是口腔中存留很多食物的残渣，不清理干净，口腔中会有致病菌。

1. 评估
(1) 幼儿皮肤情况及日常漱口习惯、配合程度。
(2) 环境干净、整洁、安全,温湿度适宜。
2. 计划
(1) 幼儿能积极配合漱口。
(2) 幼儿身体清爽、心情愉悦。

措施分析

根据目前小小的情况,照护员应给予有效的帮助措施。

一、观察情况

漱口时保持口腔清洁的简便易行方法之一。饭后漱口是一种良好的生活习惯,可去除口腔内的食物残渣,有效预防牙周炎、龋齿。刷牙可以清除幼儿口腔中的食物残渣,有效减少牙齿表面与牙龈边缘的牙菌斑,而且具有按摩牙龈的作用,有助于减少口腔环境中的致病因素。

二、操作前准备

(1) 观察幼儿口腔情况,询问幼儿日常漱口习惯。
(2) 环境安全,干净整洁,温湿度适宜。

任务实施

一、观察情况。

(口述)小小牙齿已长齐,口腔黏膜无破损,牙齿上有食物残渣。

二、操作前准备

1. 环境准备　环境安全、干净、整洁,温湿度适宜。
2. 用物准备　准备好儿童漱口杯、儿童牙膏、儿童牙刷、温水适量、毛巾、手消液、签字笔、记录本。

三、实施

1. 漱口方法
(1) (操作＋口述)将水含在口里,不能咽下,闭口,鼓动两腮,做出"咕嘟"动作,照护者重点提示两腮不断鼓起。
(2) (操作＋口述)使口腔内的水与牙齿、牙龈及口腔黏膜表面充分接触,利用水力反复来回冲洗口腔内各个部位,使牙齿表面和间隙的食物残渣被冲洗掉。

(3)（操作）吐出漱口水。

2. 刷牙方法

(1)（操作+口述）幼儿出牙前,照护者可以用温水浸湿纱布,将包裹纱布的食指轻轻地擦拭幼儿的腭部、牙龈、舌头,清洁口腔。

(2)（操作+口述）第一颗乳牙开始萌出后,照护者可用指套牙刷轻轻擦洗幼儿牙齿,清除牙龈和乳牙上残留的奶和辅食,每日1～2次,每次1～2分钟,晚上睡前擦洗牙齿尤为重要。

(3)（操作+口述）如幼儿用牙刷,先将牙刷用温水浸泡1～2分钟。将黄豆粒大小的牙膏挤到牙刷上。照护者应协助和指导幼儿刷牙,第一步:先刷前牙唇侧,上下刷8～10次;第二步:再刷上牙前腭面,刷8～10次;第三步:再刷下牙舌面,刷8～10次;第四步:再刷后牙颊面,刷8～10次;第五步:再刷后牙舌面,刷8～10次;第六步:最后刷牙齿的咬合面,刷8～10次。

(4)（口述）含水,漱口,再吐掉。刷完牙,用温水漱口,含漱几次,直至牙膏泡沫完全清洗干净。

(5)（操作+口述）用小毛巾擦干嘴角和面部。

(6)（口述）告知家长:幼儿学会正确刷牙了,表现很棒。

四、整理记录

(1) 整理用物,清洁环境。

(2) 洗手。

(3) 记录。

幼儿漱口及刷牙的评分标准详见表3-6-1。

表3-6-1 幼儿漱口及刷牙的护理评分标准（100分）

考核内容		考核要点	分值	评分要求	说明要点	扣分	得分
评估 (15分)	幼儿	身体无不适,精神状态良好	4	未评估扣4分,评估不全扣1分	幼儿口腔情况 (口述)		
		观察幼儿口腔清洁情况	4	未评估扣4分,评估不全扣1分			
	环境	干净、整洁、安全,温湿度适宜	4	未评估扣4分,评估不全扣1分	环境干净整洁、宽敞明亮、温湿度适宜		
	照护者	着装整齐	1	不规范扣1分	洗手,戴口罩。用物已备齐,申请开始操作		
	物品	用物准备齐全	2	少一项扣1分			

续 表

考核内容		考核要点	分值	评分要求	说明要点	扣分	得分
准备 (5分)	用物准备齐全	口述目标:漱口时保持口腔清洁的简便易行方法之一。饭后漱口是一种良好的生活习惯,可去除口腔内的食物残渣,有效预防牙周炎、龋齿。刷牙可以清除幼儿口腔中的食物残渣,有效减少牙齿表面与牙龈边缘的牙菌斑,而且具有按摩牙龈的作用,助于减少口腔环境中的致病因素	5	未口述扣5分			
实施 (60分)	操作步骤	漱口方法如下: 1. (操作+口述)将水含在口里,不能咽下,闭口,鼓动两腮,做出"咕嘟"动作,照护者重点提示两腮不断鼓起 2. (操作+口述)使口腔内的水与牙齿、牙龈及口腔黏膜表面充分接触,利用水力反复来回冲洗口腔内各个部位,使牙齿表面和间隙的食物残渣被冲洗掉 刷牙方法如下: 1. (操作+口述)幼儿出牙前,照护者可以用温水浸湿纱布,将包裹纱布的食指轻轻地擦拭幼儿的腭部、牙龈、舌头,清洁口腔 2. (操作+口述)第一颗乳牙开始萌出后,照护者可用指套牙刷轻轻擦洗幼儿牙齿,清除牙龈和乳牙上残留的奶和辅食,每日1~2次,每次1~2分钟,晚上睡前擦洗牙齿尤为重要 3. 如幼儿用牙刷,照护者应协助和指导幼儿刷牙	30	每有一项未口述(操作)或口述(操作)不正确,扣5分,最多扣30分			
	操作结束整理	将用过物品安置与消毒、清洗干净,摆放整齐	5	未指导扣2分,指导不全扣1分			
	注意事项	1. 幼儿初练习刷牙阶段可以暂时不用牙膏 2. 幼儿初用牙膏时,由照护者帮助挤牙膏,逐渐过渡到幼儿学会从后向前挤牙膏	20	每有一项未口述或口述不正确,扣1分,最多扣8分			

续 表

考核内容	考核要点	分值	评分要求	说明要点	扣分	得分
	3. 照护者应督促幼儿认真刷牙，尤其是牙的内侧更要注意 4. 保持牙刷的清洁干燥					
整理记录	整理用物	3	未整理扣1分，未发放资料扣2分			
	洗手	1	未洗手扣1分			
	记录	1	未记录扣1分			
评价(20分)	仪态规范，操作熟练	5				
	操作过程中态度和蔼，语言清晰，语速适中，面带微笑	10				
	与家属沟通有效，取得合作	5				
总分		100				

知识点小结

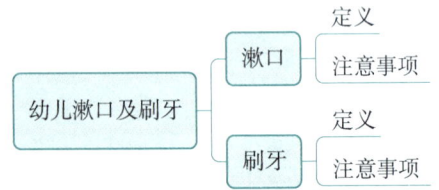

测一测

请扫二维码。

测试题

项目三 生活照料

学习活动二 幼儿洗脸及涂抹护肤霜

案例导入

冬天天气变冷了,有一天幼儿园新入园的小朋友可乐的小脸冻得通红,嘴角还有牛奶的残留,脸上皮肤也脏了。

任务描述

指导幼儿洗脸及正确涂抹护肤霜。

问题分析

洗脸可以清除脸部表面的微生物和污垢,防止微生物繁殖,促进面部的血液循环,增强面部皮肤的抵抗能力,预防面部皮肤疾病的发生。同时清洁面部皮肤可使幼儿感觉舒适愉快。洗脸后涂抹护肤霜可以保持皮肤的滋润,特别是在秋冬季节,天气比较干燥,涂抹护肤霜可以预防皮肤皲裂的发生,保护皮肤。

"案例导入"中可乐的小脸冻得通红,嘴角边上还有牛奶残留,他还没有形成洗脸、涂抹护肤霜的意识。照护者应引导幼儿学习正确洗脸、涂抹护肤霜的方法,养成良好的生活习惯。

1. 评估
（1）幼儿洗脸及涂抹护肤霜情况和日常习惯,配合程度。
（1）环境干净、整洁、防滑、安全,温湿度适宜。
2. 计划
（1）幼儿喜欢洗脸,涂抹护肤霜。
（2）幼儿在照护者的帮助指导下会洗脸、涂抹护肤霜。

措施分析

根据目前可乐的情况,照护员应给予有效的帮助措施。

一、观察情况

检查幼儿面部是否有皲裂等状况。

二、操作前准备

（1）观察幼儿皮肤皲裂情况,询问幼儿日常护肤的习惯。

(2) 环境安全,干净整洁,温湿度适宜。

任务实施

一、观察情况

观察婴幼儿面部是否有皲裂。

二、操作前准备

1. 环境准备 环境干净、整洁、防滑、安全,温湿度适宜。
2. 用物准备 准备好洗脸用的小脸盆、脸巾、婴幼儿护肤霜、小镜子等。

三、实施

1. 洗脸
(1) 将毛巾浸湿拧成不滴水状态。
(2) 闭上眼睛,由内向外擦洗眼睛。
(3) 用毛巾擦拭鼻孔边缘。
(4) 幼儿闭上口,先擦两边嘴角,然后擦嘴唇,最后用毛巾在口周擦拭一圈。
(5) 指导幼儿用毛巾反复在前额、面颊和下颌处画大圈,将面部清洁干净。
(6) 擦拭颈部时指导幼儿先擦颈部两侧,再擦颈部前边,最后擦颈部后面。
(7) 擦拭耳部时指导幼儿用毛巾先擦耳孔,再擦耳廓、耳后。
(8) 擦干面部时指导幼儿洗脸后,用毛巾将面部的水迹擦干。

2. 涂抹护肤霜
(1) 打开幼儿护肤霜,伸出一根手指。
(2) 让幼儿沾有护肤霜的手指在额头、鼻子、下颌、两侧脸颊点一点。
(3) 对着小镜子,照护者帮助指导幼儿在额头左右抹,鼻子上下抹,口周画圆圈,双手分别在两侧脸颊画圈。
(4) 幼儿自己检查是否涂抹均匀,照护者检查并帮助幼儿涂抹均匀。

四、整理记录

(1) 整理用物,清洁环境。
(2) 洗手。
(3) 记录。

任务评价

幼儿洗脸及涂抹护肤霜的评分标准详见表 3-6-2。

表 3-6-2 幼儿洗脸及涂抹护肤霜的评分标准

考核内容		考核要点	分值	评分要求	说明要点	扣分	得分
评估 (15 分)	幼儿	面部是否有皲裂	4	未评估扣 4 分，评估不全扣 1 分	幼儿面部清洁情况		
		心理情况、配合程度	4	未评估扣 4 分，评估不全扣 1 分			
	环境	干净、整洁、安全、温湿度适宜	4	未评估扣 4 分，评估不全扣 1 分	环境干净整洁、宽敞明亮、温湿度适宜		
	照护者	着装整齐	1	不规范扣 1 分	洗手，戴口罩。用物已备齐，申请开始操作		
	物品	用物准备齐全	2	少一项扣 1 分			
准备 (5 分)	用物准备齐全	口述目标：幼儿学习正确洗脸、涂抹护肤霜的方法，养成良好的生活习惯	5	未口述扣 5 分			
实施 (60 分)	操作步骤	洗脸：①将毛巾浸湿拧成不滴水状态；②闭上眼睛，由内向外擦洗眼睛；③用毛巾擦拭鼻孔边缘；④幼儿闭上口，先擦两边嘴角，然后擦嘴唇，最后用毛巾在口周擦拭一圈；⑤指导幼儿用毛巾反复在前额、面颊和下颌处画大圈，将面部清洁干净；⑥擦拭颈部时指导幼儿先擦颈部两侧，再擦颈部前边，最后擦颈部后面；⑦擦拭耳部时指导幼儿用毛巾先擦耳孔，再擦耳郭、耳后；⑧擦干面部时指导幼儿洗脸后，用毛巾将面部的水迹擦干	30	每有一项未口述（操作）或口述（操作）不正确，扣 5 分，最多扣 30 分			
		涂抹护肤霜：①打开幼儿护肤霜，伸出一根手指；②让幼儿沾有护肤霜的手指在额头、鼻子、下颌、两侧脸颊点一点；③对着小镜子，照护者帮助指导幼儿在额头左右抹，鼻子上下抹，口周画圆圈，双手分别在两侧脸颊画圈；④幼儿自己检查是否涂抹均匀，照护者检查并帮助幼儿涂抹均匀						
	操作结束整理	将所用过的物品清洗干净，摆放整齐	5	未指导扣 2 分，指导不全扣 1 分			

婴幼儿安全照护

续 表

考核内容	考核要点	分值	评分要求	说明要点	扣分	得分
注意事项	洗脸的注意事项：①幼儿若有眼疾，最好用消毒纱布先擦健侧眼睛，再擦患侧眼；②幼儿洗脸期间应清洗毛巾1~2次，以保证毛巾的清洁；③幼儿洗脸巾要专用，毛巾每次使用后要清洗，每日消毒；④幼儿洗脸时不要弄湿胸口、衣袖、衣襟，不玩水；⑤幼儿护肤品专人专用，幼儿不可用成人护肤品	20	每有一项未口述或口述不正确，扣1分，最多扣8分			
整理记录	整理用物	3	未整理扣1分，未发放资料扣2分			
	洗手	1	未洗手扣1分			
	记录	1	未记录扣1分			
评价（20分）	仪态规范，操作熟练	5				
	操作过程中态度和蔼，语言清晰，语速适中，面带微笑	10				
	与家属沟通有效，取得合作	5				
总分		100				

 知识点小结

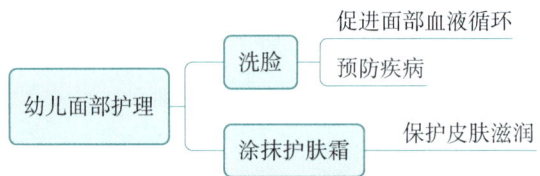

 测一测

请扫二维码。

测试题

3—52

学习活动三　幼儿修剪指甲

案例导入

在某幼儿园的区角活动环节,欣欣看到了美美在玩新玩具,就走过去想要一起玩。但是在玩耍的过程中,欣欣的指甲不小心抓伤了美美的手,美美疼得哭了起来。

任务描述

告知幼儿指甲生长情况,指导日常习惯,减少幼儿在玩耍的过程中不抓伤别的小朋友。

问题分析

指甲是皮肤的附生物。幼儿指甲的远端露于体表称甲体,近端埋于皮肤内称甲根,甲体的两侧与皮肤之间的沟称甲沟。新生儿因为甲体还没有形成,所以不一定要修剪,但是甲体长到可以能抓破皮肤时就需要剪短。

"案例导入"中欣欣的指甲过长,玩耍的过程中不小心抓伤了别的小朋友,为了避免再次抓伤别的小朋友,应该把指甲剪短,并养成良好的生活习惯。

1. 评估
(1) 幼儿指甲生长情况和日常习惯,配合程度。
(2) 环境干净、整洁、防滑、安全,温湿度适宜。
(3) 照护者着装整洁,清洗双手。
(4) 用物准备齐全,放置合理。
2. 计划
(1) 幼儿积极配合修剪指甲。
(2) 幼儿指甲干净美观。

措施分析

根据目前欣欣的情况,照护员应给予有效的帮助措施。

一、观察情况

检查幼儿指甲情况,安抚幼儿。

二、操作前准备

(1) 观察幼儿指甲的情况,询问幼儿日常剪指甲的习惯。

(2)环境安全,干净整洁,温湿度适宜。

任务实施

一、观察情况

观察幼儿指甲生长情况、安抚幼儿。

二、操作前准备

1. 环境准备　环境安全,干净整洁,温湿度适宜。
2. 用物准备　准备好指甲剪、纸巾、手消毒液等。

三、实施

(1)协助幼儿选择合适的姿势,可采用卧姿或者坐姿。卧姿是将幼儿平放在床上,坐姿是幼儿背对照护者坐在其大腿上,便于修剪指甲。

(2)照护者用一只手的拇指和食指按着幼儿的另一个手指头,注意力气不要太大,以免弄疼幼儿,另一只手持指甲剪,仔细查看幼儿指甲上段白色部分,从指甲缘的一端沿着幼儿指甲的弧度剪。剪好一个指甲换一个,不要同时抓住指甲来剪,以免幼儿突然晃动而误伤其他手指。

(3)指甲剪完后,照护者可以用自己的手指沿着幼儿的指甲摸一圈,仔细检查是否有突出的尖角,若有则用指甲剪得另一面将尖角磨平成圆弧形。

(4)及时清理修剪下的指甲,以免损伤幼儿皮肤。

四、整理记录

(1)整理用物,清洁环境。
(2)洗手。
(3)记录。

任务评价

幼儿修剪指甲的评分标准详见表3-6-3。

表3-6-3　幼儿修剪指甲的护评分标准

考核内容		考核要点	分值	评分要求	说明要点	扣分	得分
评估 (15分)	幼儿	指甲生长情况和日常习惯	4	未评估扣4分,评估不全扣1分	幼儿精神佳,心情良好,适合修剪指甲		
		心理情况、配合程度	4	未评估扣4分,评估不全扣1分			

续 表

考核内容		考核要点	分值	评分要求	说明要点	扣分	得分
准备 (5分)	环境	干净、整洁、安全,温湿度适宜	4	未评估扣4分,评估不全扣1分	环境干净整洁、宽敞明亮、温湿度适宜		
	照护者	着装整齐	1	不规范扣1分	洗手,戴口罩。用物已备齐,申请开始操作		
	物品	用物准备齐全	2	少一项扣1分			
	用物准备齐全	口述目标:欣欣的指甲过长,玩耍的过程中不小心抓伤了别的小朋友	5	未口述扣5分			
实施 (60分)	操作步骤	修剪指甲:①协助幼儿选择合适的姿势,可采用卧姿或者坐姿。卧姿是将幼儿平放在床上,坐姿是幼儿背对照护者坐在其大腿上,便于修剪指甲;②照护者用一只手的拇指和食指按着幼儿的另一个手指头,注意力气不要太大,以免弄疼幼儿,另一只手持指甲剪,仔细查看幼儿指甲上段白色部分,从指甲缘的一端沿着幼儿指甲的弧度剪。剪好一个指甲换一个,不要同时抓住指甲来剪,以免幼儿突然晃动而误伤其他手指;③指甲剪完后,照护者可以用自己的手指沿着幼儿的指甲摸一圈,仔细检查是否有突出的尖角,若有则用指甲剪的另一面将尖角磨平成圆弧形;④及时清理修剪下的指甲,以免损伤幼儿	30	每有一项未口述(操作)或口述(操作)不正确,扣5分,最多扣30分			
	操作结束整理	将用过的灶具、炊具、餐具擦拭、清洗干净,摆放整齐	5	未指导扣2分,指导不全扣1分			
	注意事项	①指甲缝里的污垢不可用锉刀或锐利的物体清理,以免损伤指甲,引起感染;②指甲的边缘要剪得圆润,不能留有尖角,以免损伤皮肤,引起感染;③指甲修剪使用后要用75%的乙醇擦拭消毒	20	每有一项未口述或口述不正确,扣1分,最多扣8分			

续 表

考核内容		考核要点	分值	评分要求	说明要点	扣分	得分
整理记录		整理用物	3	未整理扣1分,未发放资料扣2分			
		洗手	1	未洗手扣1分			
		记录	1	未记录扣1分			
评价(20分)		仪态规范,操作熟练	5				
		操作过程中态度和蔼,语言清晰,语速适中,面带微笑	10				
		与家属沟通有效,取得合作	5				
总分			100				

知识点小结

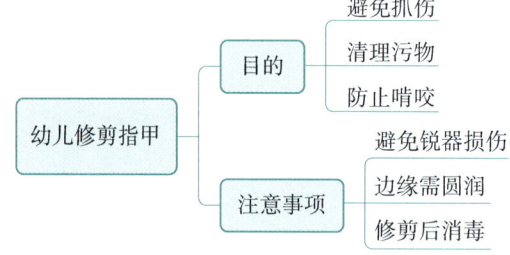

测一测

请扫二维码。

测试题

（龙桂婵）

任务七　二便观察与照料

学习目标

1. **素质目标**　具有对大小便规律的培养、清洁及观察的耐心和责任心;具有冷静、果断的发现问题和解决问题的能力;能在操作中关心和爱护幼儿;完成幼儿如厕的指导。
2. **知识目标**　熟悉幼儿大小便前的表现;了解幼儿便后清洁的作用;了解正确选择纸尿裤的要点;了解污染衣物更换的注意事项;了解幼儿大小便异常的表现。
3. **能力目标**　能识别幼儿大小便的异常情况;能正确指导幼儿大小便规律的养成;能帮助幼儿实施便后清洁;能完成幼儿纸尿裤更换;能完成幼儿污染衣物的更换。

案例导入

诺诺,2岁,男。尚未养成定时大小便的规律,经常出现尿裤子、大便排到裤子里的现象,诺诺表现焦虑紧张,越来越胆小,敏感。

任务描述

1. 使幼儿明白规律大小便养成的意义、大小便前的表现。
2. 指导幼儿养成规律大小便的习惯。

问题分析

早期进行大小便的训练,有助于幼儿养成有规律的生活习惯。

"案例导入"中的诺诺未养成定时大小便的规律,经常出现大小便排到裤子里的现象,根据这些情况,照护者应正确引导幼儿养成规律的大小便。

措施分析

一、评估

幼儿环境和习惯改变,不愿意上厕所,情绪紧张,无哭闹现象。

二、计划

对诺诺进行如厕训练。

（1）发"排便信号"：幼儿学会向照护者表示便意。

（2）脱裤子：把幼儿带到便盆旁，指导幼儿把裤子脱到腿的位置。

（3）坐在便盆上：引导幼儿做到便盆上并告知如果想要"嘘嘘"或"便便"，就要坐到这里来。

（4）排便：让幼儿听流水声以诱导其排便。

任务实施

一、观察情况

（1）幼儿的年龄是否适合训练大小便。

（2）是否有便意的表现，如面部潮红、两眼直视等。

二、操作前准备

让幼儿了解什么是如厕训练；通过观看视频来激发幼儿训练的学习热情。

1. 环境准备　环境安全、干净、整洁，温湿度适宜。

2. 用物准备　准备好便盆（1个）、小内裤（1条）、长裤（1条）、手消毒液、签字笔、记录本。

三、幼儿大小便规律的养成

1. 识别信号，提供环境　照护者应该了解幼儿每天排便的次数，掌握其规律，早期识别排便信号，提供排便的环境，如便盆固定放置，使幼儿熟悉随时使用，有利于养成规律的排便习惯。

2. 定时训练，形成规律　帮助幼儿学会向照护者表示便意，定时训练大小便。如入睡前排尿，少喝水；大便最好在早晨起床后早餐前进行，每日定时训练，促进排便反射的建立，可逐渐形成规律的排便习惯。

3. 训练时间　每次训练的时间不宜过长。

四、整理记录

（1）整理用物，清洁环境。

（2）洗手。

（3）记录。

任务评价

幼儿大小便规律养成评分标准详见表3-7-1。

表3-7-1 幼儿大小便规律养成评分标准（100分）

考核内容		考核要点	分值	评分要求	说明要点	扣分	得分
评估 (20分)	照护者	着装整齐、洗手	3	不规范扣2分	着装整齐，清洗双手，修剪指甲，去掉饰品		
	环境	干净、整洁、安全、温湿度适宜	3	未评估扣3分，评估不全扣1分			
	物品	签字笔、便盆、卫生纸、记录本、消毒剂、小毛巾	5	少一项扣1分	用物准备齐全		
	幼儿	健康状况、生命体征、情绪状态	4	未评估扣4分，评估不全扣1~2分	幼儿目前身体健康、生命体征平稳、12~36月龄		
		心理状态：有无焦虑恐慌、哭闹	5	未评估扣2分，评估不全扣1分	心理正常、无害怕、焦虑、恐慌、无哭闹		
计划 (5分)	预期目标	口述目标：①幼儿学会向照护者表示便意；②幼儿养成规律的大小便习惯	5	未口述扣5分，口述不完整扣1~3分			
实施 (60分)	观察情况	1. 幼儿的年龄是否适合训练大小便	5	未口述扣5分，口述不完整扣1~3分			
		2. 幼儿是否有大小便前的表现	5	未口述扣5分，口述不完整扣1~3分			
	幼儿大小便规律的养成	1. 口述：观察幼儿个体的排便间隔时间及次数，掌握其规律性	5	未口述扣5分，口述不完整扣1~3分	如突然发ажу、面部潮红、两眼直视等		
		2. 口述：接收到排便信号后，应及时回应，提供排便的环境，如把便盆放在固定的地方使幼儿熟悉并随时可以使用，有利于建立排便的条件反射	10	未口述扣5分，口述不完整扣3~7分			

续 表

考核内容	考核要点	分值	评分要求	说明要点	扣分	得分
	3. 口述:指导幼儿学会向照护者表示便意,定时训练大小便	5	未口述扣5分,口述不完整扣1～3分	幼儿排便间隔时间次数,掌握其规律、早期识别幼儿排便信号,及时给予回应		
	4. 口述:指导定时大便最好在早晨起床后、早餐前进行,开始时可能排不出来,只要每天定时给婴幼儿训练,就可逐渐养成习惯	10	未口述扣5分,口述不完整扣3～7分	定时训练大小便,如睡前提醒排尿;定时大便最好在早晨起床后、早餐前进行,只要每日定时训练,促进排便条件反射,可逐渐形成规律的排便习惯		
	5. 口述:排便训练每次时间不宜过长。一般为3～5分钟,不超过5～10分钟,避免幼儿产生情绪反应,适得其反	5	未口述扣5分,口述不完整扣1～3分			
整理记录	1. 整理用物,清洁环境,安排幼儿休息	5	未整理扣5分,整理不到位扣2～3分			
	2. 安排幼儿洗手,休息或玩耍	2	洗手不正确扣1分			
	3. 记录幼儿规律大小便养成的情况	3	未记录扣3分,记录不全扣1～2分			
评价(20分)	1. 操作规范,动作熟练	5	未在规定时间内做完扣1～3分			
	2. 幼儿是否养成了规律的大小便习惯	5	根据指导效果酌情扣1～3分			
	3. 态度和蔼,关爱幼儿操作过程中动作轻柔	5	体现关爱幼儿不够,语言过快扣1～3分			
	4. 与孩子沟通有效,取得合作	5	根据沟通效果酌情扣1～4分			
总分		100				

知识点小结

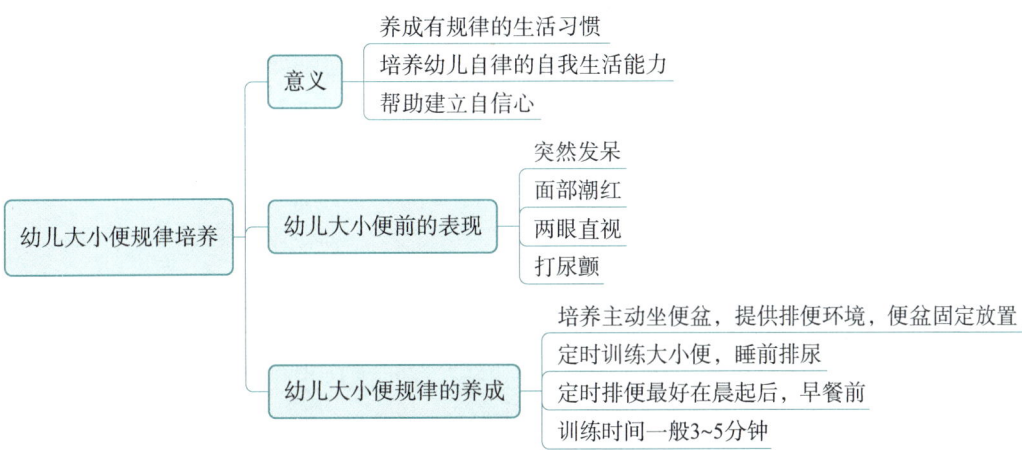

幼儿大小便规律培养
- 意义
  - 养成有规律的生活习惯
  - 培养幼儿自律的自我生活能力
  - 帮助建立自信心
- 幼儿大小便前的表现
  - 突然发呆
  - 面部潮红
  - 两眼直视
  - 打尿颤
- 幼儿大小便规律的养成
  - 培养主动坐便盆，提供排便环境，便盆固定放置
  - 定时训练大小便，睡前排尿
  - 定时排便最好在晨起后，早餐前
  - 训练时间一般3~5分钟

测一测

请扫二维码。

测试题

（韦艳芳）

婴幼儿安全照护

任务八　睡眠照料

学习目标

1. **素质目标**　具有高度的责任心和耐心;能以幼儿为本,关心、关爱幼儿;具有良好的人文素养和职业道德。
2. **知识目标**　熟悉睡眠环境的基本要求;了解组织睡前活动的基本要求;了解幼儿午检的内容;了解指导幼儿穿脱衣物的原则;了解安排幼儿作息的要点;了解幼儿入睡困难的原因。
3. **能力目标**　能合理布置幼儿睡眠环境;能合理组织幼儿睡前活动;能完成幼儿午检;能指导幼儿穿脱衣物;能培养幼儿良好作息规律;能安抚入睡困难幼儿。

案例导入

佳佳,女,2岁,体格发育正常,身体无不适。一天晚上,佳佳已完成睡前活动,准备睡觉了,妈妈为防止佳佳着凉,将卧室空调调至28℃。佳佳上床后翻来覆去睡不着,好不容易睡着了,一会儿又醒了,醒来就哭,显得烦躁不安。

任务描述

1. 温馨、舒适、安全的睡眠环境,是保证幼儿良好睡眠的基本条件。
2. 照护者应熟悉睡眠环境的基本要求和注意事项,合理布置幼儿睡眠环境。

学习内容

一、声音

生活在比较嘈杂环境中的幼儿出现睡眠问题的概率要高,维持比较安静的睡眠环境是睡眠的必要条件。同时,也要尽量避免突然的大声干扰。如果无法有效改善噪声干扰,戴耳塞或塞棉团也有助于入睡。

二、温度

合适的睡眠环境温度很重要。最合适的睡眠环境温度在不同的地区、不同的年龄、不同的湿度、不同的季节是有差异,一般来说,理想的卧室温度是20~25℃。被窝里的温度也不

3-62

应忽视,理想的身体周围温度应保持在 29℃。

三、湿度

保证睡眠环境湿度合适也很重要,空气的湿度太大或过于干燥均不利于睡眠和健康。卧室适宜的相对湿度为 60%～70%,被窝里的理想湿度应是 50%～60%,穿的睡衣需注意舒适及吸汗性,避免睡得满头大汗。

四、光亮度

夜间一般在光线较暗的环境中比较容易入睡,如果恐惧黑暗和产生不安全感,可以在卧室开盏小灯。如果早晨由于日光而导致早醒,可加挂遮光窗帘。

五、卧室

卧室的功能是为了睡眠。卧室颜色、家具摆置应有助于睡眠,不要放置导致儿童兴奋和恐惧不安的物品和干扰睡眠的杂物。室内空气要保持流畅,确保夜晚睡眠时空气中有足够的氧气。不稳定的床也会影响睡眠。很多情况下轻微规律的振动可帮助睡眠,如摇动婴儿的睡床有助于婴儿安静入睡,但突然的振动会干扰睡眠。睡眠环境必须安全,使幼儿能安心入睡。

"案例导入"中的佳佳在准备睡觉时,因为妈妈将卧室空调调至 28℃,上床后翻来覆去睡不着,显得烦躁不安。

1. 评估
(1) 幼儿生命体征、精神状态、意识状态、睡眠习惯。
(2) 环境干净、整洁、安全,温湿度及光线、声音强度适宜。
2. 计划
(1) 睡眠环境安全。
(2) 睡眠环境舒适。

根据目前佳佳的情况,应指导家长营造良好的睡眠物质环境。

一、选择适宜的床和床上用品

1. 床
(1) 幼儿使用的床以实木材质的最为理想,会更安全、环保,稳定性也较好。
(2) 一般来说,床长 120～140 cm、宽 60～65 cm、高 30～58 cm,既能保证婴幼儿的安全、舒适,也便于照护者进行照护。
(3) 床的外部边缘应进行圆角处理,防止婴幼儿受到伤害。

（4）要有床栏，避免幼儿坠床，床栏之间的间隔要适当，避免幼儿卡脚。

2. 床垫

（1）婴幼儿时期的睡眠质量会直接影响婴幼儿日后的形体和健康，因此，婴幼儿使用的床垫软硬要适度，厚度以 3～5 cm 为宜。

（2）应避免选择椰棕硬床垫，这种床垫使用了大量的脲醛胶作为黏合剂，存在甲醛释放、透气性能不好等问题。

（3）床垫还应贴合婴幼儿的身形，避免婴幼儿脊柱变形。床垫的大小还应适合床的大小。

3. 被子、被套

（1）被子、被套的大小要适合床的大小。

（2）幼儿的年龄较小，皮肤娇嫩，抵抗力较弱，被子、被套的材质应以纯棉为主，要考虑环保、透气等因素；颜色应以纯色为主，过度花哨的颜色会对婴幼儿的眼睛造成一定程度的损伤。

4. 枕头

（1）幼儿使用的枕头要软硬适中。

（2）枕头过硬，幼儿睡着不舒服。

（3）枕头过软，幼儿的头部易陷进枕头里，容易导致幼儿窒息。

（4）幼儿代谢旺盛，睡觉时容易出汗，因此，给婴幼儿使用的枕芯要透气、吸水，枕面应舒适、环保。

二、创设良好的室内睡眠环境

创设良好的室内睡眠环境主要应注意以下 5 个方面。

1. 室内光线　光线会使人产生一定的兴奋感，让人精神振奋。因此，幼儿睡觉时，房间的电灯应该关闭或使光线处于最低状态，这样可以避免光线对幼儿睡眠的干扰。

2. 卧室温度　卧室温度太高，会使婴幼儿睡眠的深度变浅，容易被惊醒；卧室温度过低，会使婴幼儿不易入睡。因此，婴幼儿卧室的温度要适宜，以 18～22℃ 为宜。

3. 卧室声音　适合人体健康睡眠的环境噪声应该低于 30 分贝，照护者要避免幼儿在睡眠时受到噪声的干扰。

4. 室内湿度　室内干燥还会让幼儿口鼻分泌物黏稠，不易被清理，鼻黏膜干燥，诱发鼻出血。在冬季，室内的湿度为 50%～60% 比较适宜，可在室内放一个加湿器。加湿器要放在婴幼儿接触不到的地方，并对加湿器定期进行清洁。

5. 室内清洁　室内要保持清洁，早晚各通风一次，以保持室内空气的新鲜和环境的舒适、干净。在清洁室内时，应用半湿的拖布在地面上拖擦，以避免地面上的灰尘飘浮在空气中而刺激婴幼儿的口、鼻或引起婴幼儿的不适。在流行病高发季节，一定要做到室内勤消毒，以确保婴幼儿身体健康。

三、营造睡眠物质环境的注意事项

（1）照护者应在幼儿睡前 1 小时左右把卧室的门窗打开通风，通风时间不少于 30 分钟，睡眠前5分钟把窗户关好。

(2) 照护者要考虑到幼儿的个体差异,使幼儿的卧室环境安全、舒适。

(3) 幼儿卧室里使用的颜色不要太鲜艳,避免幼儿兴奋。

(4) 幼儿卧室里不要放置让幼儿感到恐惧不安全的物品和干扰睡眠的杂物,家具的摆放应不影响幼儿睡眠。

任务实施

一、观察情况

观察幼儿入睡欲望,可调整室内音量,减小刺激。

二、操作前准备

1. 照护者准备　着装整齐,洗手,戴口罩。
2. 物品准备　床刷、室温计、湿度计、消毒剂。

三、实施

1. 检查睡眠环境　布置睡眠环境前,应检查卧室是否干净、整洁、安全,温湿度及光线是否适宜,有无噪声,是否提前开窗通风;检查床旁有无障碍物;检查床的安全性能,看有无损坏或松动,检查床上用品是否符合季节的需求,检查有无破损、潮湿及污渍等。

2. 布置睡眠环境

(1) 关闭门窗(可根据季节适当开窗户),拉好窗帘。

(2) 调节室温至18～22℃,湿度至50%～60%。

(3) 椅子移至床尾。

(4) 移开床旁障碍物,如幼儿车及玩具等,以确保幼儿安全。

(5) 移开床上与睡眠无关的物品,如幼儿的玩具等。

(6) 检查床褥软硬度(根据季节准备床褥),必要时用床刷湿扫床褥,去除渣屑,铺平床褥。

(7) 铺平床单或席子,扫去床上渣屑,确保平整无皱褶。

(8) 展开盖被,呈"S"形折叠至对侧。

(9) 拍松枕头(根据幼儿年龄或睡眠习惯准备合适高度的枕头)。

(10) 调节室内光线,睡前将光线调暗。

(11) 播放轻柔、促进睡眠的音乐。

四、注意事项

(1) 睡前卧室要通风换气,避免因空气浑浊影响睡眠。

(2) 根据季节准备适宜被褥及床上用品。

(3) 注意枕头软硬、高低适中。

(4) 操作过程中注意动作轻柔、准确、安全。

五、整理记录

（1）整理用物，清洁环境。
（2）洗手。
（3）记录。

 任务评价

睡眠照料评分标准详见表3-8-1。

表3-8-1 睡眠照料评分标准（100分）

考核内容		考核要点	分值	评分要求	说明要点	扣分	得分
评估 (15分)	幼儿	生命体征、精神状态	2	未评估扣2分，评估不全扣1分			
		心理状态、意识状态、睡眠习惯	2	未评估扣2分，评估不全扣1分			
	环境	干净、整洁、安全，温度、湿度及光线、声音强度适宜	3	未评估扣3分，评估不全扣1~2分	口述：环境干净、整洁、安全，温度、湿度及光线、声音适宜		
	照护者	着装整齐、洗手、戴口罩	2	不规范扣1分	口述：七步洗手法		
	物品	用物准备：床、椅子、床上用品（包含被套、床单或席子、枕芯、枕套）、床刷、室温计、湿度计、消毒剂	6	少一项扣1分，扣完6分为止	口述：用物已准备完毕，请求操作开始		
计划 (5分)	预期目标	口述目标：①睡眠环境安全；②睡眠环境舒适	5	未口述扣5分，口述不全扣1~4分			
操作步骤实施 (60分)	检查睡眠环境	1. 检查卧室是否干净、整洁	2	未检查扣2分			
		2. 检查床旁有无障碍物	2	未检查扣2分			
		3. 检查卧室温度、湿度是否适宜	2	未检查扣2分			
		4. 检查声音强度是否适宜	2	未检查扣2分			
		5. 检查光线是否适宜	2	未检查扣2分			
		6. 检查是否提前开窗通风	1	未检查扣1分			
		7. 检查床的性能	2	未检查扣2分			
		8. 检查床上用品	2	未检查扣2分			
	布置睡眠环境	1. 关闭门窗（可根据季节适当调节窗户）	1	未关门窗扣1分			
		2. 拉好窗帘	2	未拉好窗帘扣2分			

续 表

考核内容	考核要点	分值	评分要求	说明要点	扣分	得分
	3. 调节室温 18～22℃	3	未调节室内温度扣 3 分,室温不适合扣 1～2 分			
	4. 调节湿度 50%～60%	3	未调节湿度扣 3 分,湿度不适合扣 1～2 分			
	5. 椅子移至床尾	2	未将椅子移至床尾扣 2 分			
	6. 移开床旁障碍物	2	未移开床旁障碍物扣 2 分			
	7. 移开床上与睡眠无关的物品	2	未移开无关的物品扣 2 分			
	8. 检查床褥软硬度	2	未检查扣 2 分,检查不全扣 1 分			
	9. 湿扫床褥,去除渣屑	3	未扫床褥扣 3 分,未扫干净扣 1～2 分			
	10. 铺平床单或席子	3	未铺床单或席子扣 3 分,与季节不符合扣 1～2 分,未铺平整扣 1～2 分			
	11. 扫去床上渣屑	3	未扫渣屑扣 3 分,未扫干净扣 1～2 分			
	12. 展开盖被,呈"S"形折叠至对侧	3	未展开盖被扣 3 分,未"S"形折叠至对侧扣 1～2 分			
	13. 拍松枕头,放于床头	2	未拍松枕头扣 2 分			
	14. 将灯光调暗	2	光线不适合扣 1～2 分			
	15. 照护者安抚幼儿入睡(可酌情选择陪伴安抚、音乐安抚、语言安抚、故事安抚、抱抱安抚等)	6	未安抚扣 6 分,安抚方法不合适扣 1～4 分			

续　表

考核内容	考核要点	分值	评分要求	说明要点	扣分	得分
操作结束整理	1. 整理用物	2	未整理扣2分，整理不全扣1分			
	2. 洗手	2	未洗手扣2分，洗手不规范扣1分			
	3. 记录	2	未记录扣2分，记录不全扣1分			
评价（20分）	操作熟练，程序清晰，规定时间内做完	8	未在规定时间内做完扣5分			
	操作过程中态度和蔼，语言清晰，语速适中，面带微笑	6	语言过快扣3分			
	与家属沟通有效，取得合作	6	沟通无效扣1～4分			
总分		100				

知识点小结

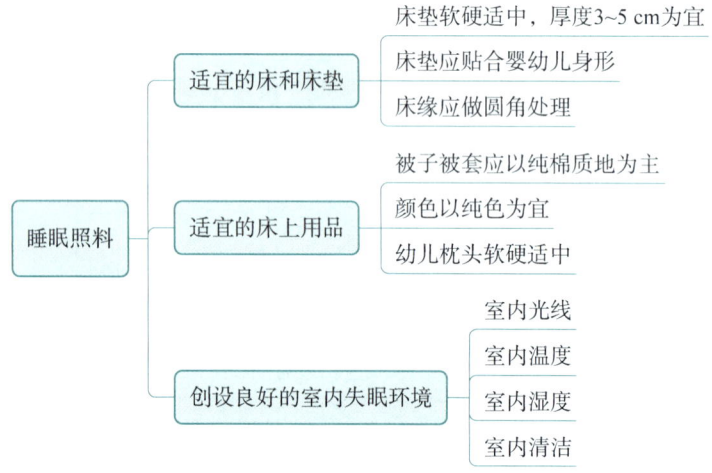

测一测

请扫二维码。

测试题

（陈艳芳）

任务九　幼儿出行照护

学习目标

1. 素质目标　能对婴幼儿进行安全教育；能在出行时为婴幼儿准备所需要的护肤用品；具有较高的安全出行综合素质。
2. 知识目标　掌握婴幼儿出行衣着的选择；了解童车和儿童安全座椅的使用；熟知婴幼儿出行时需要注意的安全知识。
3. 能力目标　能正确使用不同类型的儿童安全座椅和童车；能根据季节的变化为婴幼儿选择适宜的出行衣着；能根据婴幼儿的年龄特点选择合适的童车和儿童安全座椅。

案例导入

安宝，3岁，男。炎热的夏季，家长想自驾带小安宝去离家5 km的溪流露营地玩耍，消除夏日的炎热，放松心情。外出行车过程怎么确保幼儿安全？

任务描述

指导婴幼儿家长自驾出行时必备的护理用品、出行衣物以及确保婴幼儿安全的措施。

学习内容

一、婴幼儿出行需要避免的安全隐患

（一）交通安全

照护者要知道各种交通工具的安全须知，在乘车时要告知婴幼儿，如不能把头和手伸出车窗外，乘坐飞机和私家车时要系好安全带，等等。

（二）出行地的安全

外出时要注意出行地是否安全，不能让婴幼儿靠近陡峭处，避免出现危险，不要让婴幼儿离开照护者的视线乱跑等。在出行地入住时，照护者首先要了解安全出口的位置，以便出现意外时能迅速逃生。

（三）出行饮食安全

外出时要保持婴幼儿原有的饮食节律，按时就餐，两餐间饮食的间隔不能过长，不能给婴幼儿吃不清洁的食物。个别婴幼儿会因为水土不服而出现消化不良或皮肤过敏现象，照护者可提前咨询医生,携带一些婴幼儿使用的助消化、抗过敏的药品。

二、乘坐不同交通工具的安全知识

(一)乘坐私家车的安全知识

私家车上要在后排座位安装儿童安全座椅。出行时应让婴幼儿坐在儿童安全座椅上,并帮助婴幼儿系好安全带。儿童安全座椅的正确乘坐方法如下。

(1)照护者带婴幼儿乘坐私家车出行时,严禁让婴幼儿坐在副驾驶座。

(2)照护者要告知婴幼儿在乘坐过程中不能把头和手伸出车窗外,同时禁止向车窗外扔东西。

(二)乘坐火车的安全知识

(1)婴幼儿乘坐火车出行时,照护者要尽快找到位置坐下,不要让婴幼儿在车厢里来回穿行,也不能在车厢连接处停留,以免婴幼儿被夹伤、挤伤。

(2)照护者应该教育婴幼儿不能动车厢内的紧急制动阀和各种仪表,以免导致事故发生。

(3)乘坐火车时,如果是硬座,照护者应抱着婴幼儿,其脚朝外、头朝里。

(4)如果是卧铺,照护者应尽量让婴幼儿的头朝向人行通道处,便于婴幼儿呼吸流动性较好的空气。

(三)乘坐飞机的安全知识

(1)飞机是个密闭的空间,带3岁以下婴幼儿乘坐飞机时,应选择坐在靠机头的位置,这里的空气流动性会比较好,便于婴幼儿呼吸较好的空气。

(2)如果飞行时间较长,照护者应给婴幼儿备上质地柔软的棉质衣服,以便需要时更换,避免婴幼儿因燥热引起不适。

(3)在飞机上一定要系好安全带,不能将安全带系在婴幼儿的身体上,一定要将安全带系在照护者的身上,然后抱紧婴幼儿。

(4)在飞机起飞和下降期间,因为婴幼儿年龄较小,不会有意识地做吞咽动作来保护耳膜,应尽可能给婴幼儿喝果汁或奶粉,让婴幼儿通过饮食保护耳膜的安全。

(四)乘坐公共汽车的安全知识

(1)照护者带领婴幼儿乘坐公共汽车时,要在指定站台处等候,在公共汽车进入站台停稳后,遵照先上后下的原则上车。

(2)在选择座位时,应尽可能选择靠前的座位,因为在车辆行驶时,靠前的位置会相对平稳一些。

(3)如果没有座位,要用手握紧吊环或扶手,两脚分开站稳,防止汽车急刹车或启动时摔倒受伤。

(4)乘坐行驶中,不要让婴幼儿的头部靠近前方椅背和窗户,防止汽车急刹车时头部被碰撞受伤。

(5)在乘坐公共汽车时,照护者要告知婴幼儿不能把头和手伸出车窗外,避免意外事故的发生。

三、出行护理用品的选择

(一)必备的护理用品

1. 人工喂养婴幼儿必备的护理用品　人工喂养婴幼儿必备的护理用品有配方奶粉、奶嘴、辅食剪刀、纸尿裤、消毒湿纸巾、保温水杯、婴儿换洗衣服、小毛毯、专用洗漱盆、专用婴儿沐浴露、专用婴儿护肤霜、爽身粉、垃圾袋、婴儿推车、玩具等。

2. 2~3岁幼儿必备的护理用品　2~3岁幼儿必备的护理用品有儿童牙刷及牙膏,婴幼儿专用洗漱盆、餐具、水杯,婴幼儿专用沐浴露、护肤霜,婴幼儿换洗衣服,以及儿童安全座椅、儿童推车、玩具、隔汗巾、小饼干、水果等。

3. 夏季必备的护理用品　夏季必备的护理用品有太阳镜、雨伞、防晒霜、花露水、婴儿小风扇等婴幼儿防晒和驱蚊虫用品。

4. 冬季必备的护理用品　冬季必备的护理用品有毛毯、睡袋、小被子等可给婴幼儿起到挡风和保暖作用的用品。

(二)其他护理用品

照护者出行时还要准备一个急救箱,带上婴幼儿日常需要的药品,如抗过敏药、感冒药、腹泻药、创可贴等。另外,照护者还应准备一张婴幼儿应急联系卡,上面写上联系人的姓名、电话号码和家庭住址,婴幼儿的健康状况,婴幼儿对药品的过敏史等,并将其放在婴幼儿的衣服口袋里或婴幼儿随身背的小包里,当发生意外时便于联系。

问题分析

案例中安宝的父母选择私家车自驾外出。
评估:①儿童年龄、病情、意识、体位及合作程度。②婴幼儿安全座椅安装是否稳妥。

措施分析

根据安宝的年龄、病情、意识、体位及合作程度选择合适的婴幼儿安全座椅。

任务实施

一、行车安全

不能将安全座椅安装在副驾驶座上。因为副驾驶座是车上最危险的位置,特别是婴幼儿活泼好动,容易分散驾驶员的注意力,影响正常驾驶。

二、照顾好婴幼儿

随行家人应坐在后排照顾好婴幼儿。车行驶过程中,手臂等不要伸出大窗或者车窗。乘车时婴幼儿尽量少进食,因为车上颠簸,容易出现食物误入气管或者堵住食管的情况。

如果婴幼儿在车辆行驶过程中肚子饿了,可以选择合适的地方将车停下,吃饱后再继续行驶。

三、使用安全座椅和安全带

婴幼儿坐车应立即使用安全座椅并扣好安全带,确保始终保持坐稳状态,不要让婴幼儿站在座位上或在座位上跳来跳去。安全座椅上方不可放置重物,以防重物掉落砸伤婴幼儿。

四、锁好门窗

车辆启动后应锁好门窗,特别要检查一下婴幼儿触手可及的门窗。等车子停稳后再下车,不可让婴幼儿自己先下车或在车周围逗留。

五、不能把婴幼儿独自留在密闭车厢内

切记任何情况下都不能把婴幼儿独自留在密闭的车厢内。如果婴幼儿意识到只有自己在车里,会感到恐惧惊慌,可能引发其他意外,造成伤害。

任务评价

幼儿出行工具使用的评分标准详见表3-9-1。

表3-9-1 幼儿出行工具使用的评分标准(100分)

程序	考核内容		考核要点	分值	沟通要点	评分标准	扣分	得分
操作前准备(20分)	评估(15分)	照护者	着装整齐,修剪指甲,平跟鞋	3	口述:着装整齐,指甲已修剪,着平底鞋	不规范扣1~2分		
		环境	干净、整洁、安全、温湿度适宜	3	口述:环境干净整洁,温湿度适宜	未评估扣3分,不完整扣1~2分		
		物品	用物准备齐全,物品能正常使用	3	口述:用物准备齐全	少一个扣1分,扣完3分为止		
		幼儿	生命体征、精神状态、有无异常、不适	6	口述:幼儿生命体征正常,配合操作,无不适	未评估扣6分,不完整扣3分		
	计划(5分)	预期目标	口述目标:选择合适出行的工具并能熟练操作	5	口述:出行所选择的出行用物并检查使用功能	未口述扣5分		

续 表

程序	考核内容	考核要点	分值	沟通要点	评分标准	扣分	得分
操作流程(60分)	实施(60分)	用物选择	1. 出行前检查幼儿身体、天气等情况	2	口述：今日天气晴朗,适合外出幼儿身体健康	未检查扣2分		
			2. 根据幼儿年龄选择合适的出行工具	3		未口述或不正确扣3分		
		用物使用	1. 示范使用出行工具前的检查工作	10		未检查扣10分,漏查一处扣3分,扣完10分为止		
			2. 将幼儿安放于出行工具内,系好安全带	10		操作不规范扣10分,动作不熟练扣5分		
			3. 示范出行工具各种功能操作	5		未口述或不正确扣5分		
			4. 示范在使用推车后正确停放	10		操作不规范扣10分,动作不熟练扣5分		
			5. 口述儿童推车使用安全事项	10		无口述或不正确扣10分		
		整理记录	整理用物	5		无整理扣5分,整理不到位扣2~3分		
			记录出行工具使用情况	5		不记录扣3分,记录不完整扣1~2分		
操作后评价(20分)	评价(20分)		1. 幼儿出行工具选择合适	5		实施使用过程中有一处错误扣5分		
			2. 使用操作规范、动作熟练	5		操作不够规范、熟练酌情扣1~3分		
			3. 态度和蔼,操作过程动作轻柔,关爱幼儿	5		操作过程关爱幼儿不够酌情扣1~3分		
			4. 整理记录	5		整理不够全面酌情扣1~3分		
总分			100				

婴幼儿安全照护

知识点小结

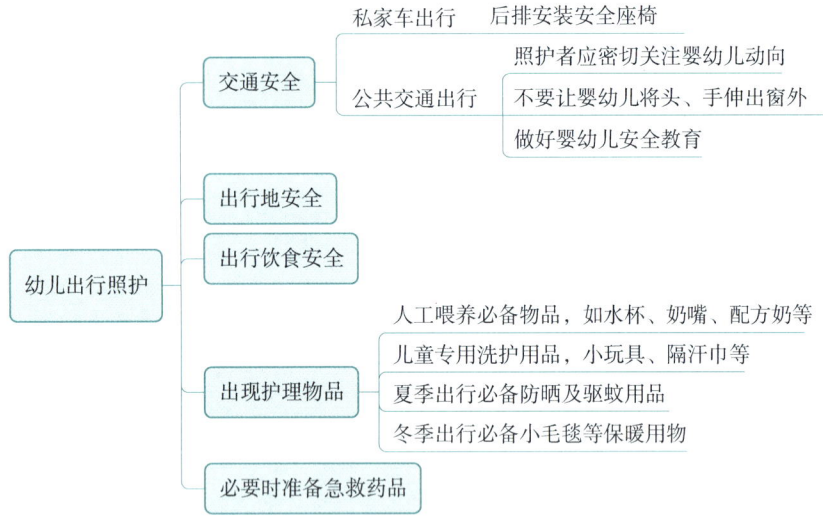

测一测

请扫二维码。

测试题

（杨颖蕾）

项目三　生活照料

任务十　幼儿物品清洁

学习目标

1. 素质目标　培养照护员区分婴幼儿物品清洁消毒方法，并能正确选择消毒方式的能力。
2. 知识目标　掌握不同婴幼儿物品消毒方式；熟知消毒器具的使用。
3. 能力目标　能根据婴幼儿用具选择合适的消毒方法。

案例导入

豆豆，2岁。从出生起，豆豆就拥有自己的一个陪睡玩偶，在成长的过程中一直离不开它的陪伴，但是一直没有清洗。夏天到了，豆豆妈妈觉得应该给玩偶洗个澡，作为照护者，你该怎么指导家长呢？

任务描述

指导豆豆妈妈清洁婴幼儿物品及玩偶。

学习内容

婴幼儿物品的清洁与消毒：常用的消毒方法有两种：①物理消毒法：机械消毒、煮沸消毒、蒸汽消毒、日晒消毒、紫外线消毒；②化学消毒法：指利用化学药品进行消毒的一种方法。常用的化学药品有乙醇、84消毒液、碘伏、消毒灵、过氧乙酸等。消毒剂有粉剂、液体和片剂，最好是液体状态或者可溶于水，以便与致病微生物迅速接触起到消毒的作用。化学消毒法适用于物体表面、环境、常用物品的消毒，常使用擦拭、浸泡、喷雾等方法。

一、奶具的清洁与消毒

婴幼儿免疫系统尚未发育成熟，容易受病菌感染。病菌可经由食物传播，婴幼儿奶具必须彻底消毒。

二、餐具的清洁与消毒

餐具不彻底清洗，很容易滋生细菌，导致婴幼儿出现消化道感染，发生呕吐、腹泻等情况，所以要重视婴幼儿餐具的清洁与消毒。

三、玩具的清洁与消毒

(一) 玩具的清洁

1. 铁皮玩具　先用肥皂水擦洗,再用清水冲干净后放在阳光下晒干。
2. 毛绒玩具　清洗前,将玩具身上的缝线拆开一点,把填充物取出来,放到太阳下暴晒。玩具干了后再把填充物塞进去缝好。这样可以防止填充物霉变,而且还能及时把那些使用黑心棉的毛绒玩具清理出去。
3. 塑料玩具　水洗。水是中性物质,70%~80%的细菌都可以用水冲洗掉,适用无电路玩具。
4. 木制玩具　用5%漂白粉溶液擦洗,然后用清水冲干净后晾干或晒干。
5. 高档电动、电子玩具　可定期用酒精棉球擦拭婴幼儿经常抚摸的部分。
6. 橡胶玩具　用浸泡法清洁但有不足,就是每次洗过或在水里玩过之后,玩具会有水渗入,比较难干燥,时间长了会滋生细菌。

玩具要定期进行清洗,时间可以根据幼儿接触玩具时间的长短确定,最少1个月清洗一次。同时还要教育幼儿不要啃咬玩具,玩后要收好玩具,洗手后才能吃东西等,这样才能有效地保护幼儿。

(二) 玩具消毒

不同玩具使用不同消毒法。

1. 橡胶、塑料之类玩具　可用0.5%漂白粉消毒液浸泡消毒。
2. 纸制玩具和图书　可通过暴晒,利用紫外线消毒杀菌。
3. 皮毛玩具　要避免潮湿,放在阳光下暴晒1~2小时,能杀死部分细菌和病毒。
4. 木制和不易生锈的金属玩具　可用开水浸烫消毒。
5. 可能被寄生虫卵污染玩具　用0.5%碘液浸泡5分钟以上,可达到杀灭虫卵的目的,再用清水洗干净,最后用抹布擦干即可。
6. 耐湿、耐腐、不易褪色玩具　用0.2%过氧乙酸或0.5%消毒灵浸泡、擦抹消毒。

四、认真选择清洗婴幼儿衣物的洗涤剂

婴幼儿的皮肤非常娇嫩,需要认真选择洗涤物品。例如使用的洗涤剂必须是婴幼儿专用产品,对婴幼儿皮肤刺激小,并严格按照说明使用。用洗涤剂洗完婴幼儿衣物之后,还需用清水彻底地冲干净,直到没有泡沫出现为止。

(一) 有污渍的衣物需要马上清洗且单独清洗

婴幼儿的衣物在吃饭或玩耍的时候,弄上污渍是难免的,这时候应及时给婴幼儿换衣服,因为污渍在衣物上停留的时间越长就越难清洗干净,尤其是蔬菜汁或水果汁。要注意的是,婴幼儿的衣物需要单独清洗,不要和成人的衣物放置在一起浸泡或是清洗。

(二) 手洗婴幼儿的衣物并在阳光下晾晒

现在很多家长不喜欢手洗,习惯用洗衣机洗衣物,而洗衣机内存在很多细菌,这些潜藏的细菌对婴幼儿具危害性。因此婴幼儿的衣物尽量手洗,洗完之后,放在太阳下晾晒,这样有助于消毒杀菌。

（三）婴幼儿的衣物禁止使用漂白剂或除菌消毒剂

选择洗涤剂时，需要注意是否有除菌、消毒、漂白等作用，这些化学物质的存在会影响婴幼儿的健康。洗涤婴幼儿的衣物没有必要使用除菌物质，太阳是最好的杀菌武器，只需要把婴幼儿的衣物放在阳光下晾晒。而且有的漂白除菌剂还会使衣物变硬、不柔软，影响婴幼儿的舒适度。

（四）婴幼儿的内衣与外衣分开清洗

婴幼儿贴身的衣物大多需每日清洗一次，外套则可以穿久一些，因此婴幼儿外套沾染细菌机会大。清洗的时候，有条件的可以将它们分类放置清洗。

五、便器的清洁与消毒

婴幼儿便器有坐便器、蹲便器、小便器、便盆等类型，每次使用便器后要及时冲洗干净。每日对便器进行清洁，注意清洁便器与皮肤接触部位、便器内侧边缘的污垢。

问题分析

"案例导入"中豆豆的玩偶应该单独清洗并晾晒干净。

措施分析

根据目前豆豆的情况，照护员应给予家长关于婴幼儿物品清洗的指导。

任务实施

玩具是婴幼儿经常接触的物品，婴幼儿容易受到玩具中细菌的感染，从而影响健康。婴幼儿常用玩具一般可分为木制玩具、塑料玩具、毛绒玩具、纸质玩具、电动玩具等类型，不同玩具的清洁方式不同。

任务评价

玩具清洁考核标准详见表3-10-1。

表3-10-1 玩具清洁考核标准

程序	考核内容		考核要点	分值	沟通要点	评分标准	扣分	得分
操作前准备(20分)	评估(15分)	环境	有晾晒玩具的空间	5	口述：空间清洁宽敞	未评估扣5分		
		照护者	着装整齐	5	口述：着装整齐	不规范扣1～2分		

续 表

程序	考核内容		考核要点	分值	沟通要点	评分标准	扣分	得分
操作流程(60分)	实施(60分)	计划(5分)	物品	用物准备齐全	5	口述:用物准备齐全,操作开始	少一个扣1分,扣完5分为止		
			预期目标	口述目标:玩具清洁干净、玩具无损坏	5		未口述扣5分		
			观察环境	观察是否有晾晒清洁的空间	6	口述:晾晒空间充足宽敞	未观察扣6分		
		玩具清洁	1. 塑料橡胶玩具放入消毒液内浸泡半小时,清水冲洗干净后晾晒	6		未正确清洗扣6分		
			2. 毛绒玩具放入洗衣机清洗,悬挂晾干	6		未正确清洗扣6分		
			3. 纸制玩具和图书置于日光下暴晒	6		未正确清洁扣6分		
			4. 金属玩具用干抹布擦净,置于日光下暴晒	6		未正确清洁扣6分		
			5. 木制玩具使用热水加清洗剂清洗	6		未正确清洗扣6分		
			6. 电子类玩具清洗时先卸下电池	7		未卸下扣7分		
			7. 电子类玩具使用酒精棉球擦拭	7		未正确清洁扣7分		
		整理记录	整理用物	5		未整理扣5分,整理不到位扣2~3分		
			洗手	2		不正确洗手扣2分		
			记录清洁措施和时间	3		不记录扣3分,记录不完整扣1~2分		
操作后评价(20分)	评价(20分)	工作人员评价	1. 操作规范,动作熟练	5		根据操作熟练程度酌情扣1~3分		
			2. 玩具清洁干净	5		根据清洁干净程度酌情扣1~3分		

3-78

续 表

程序	考核内容	考核要点	分值	沟通要点	评分标准	扣分	得分
		3. 操作过程动作轻柔,爱护用物	5		根据操作规范酌情扣1～3分		
		4. 与家属沟通有效,取得合作	5		没有口述合作环节扣5分		
	总分		100				

知识点小结

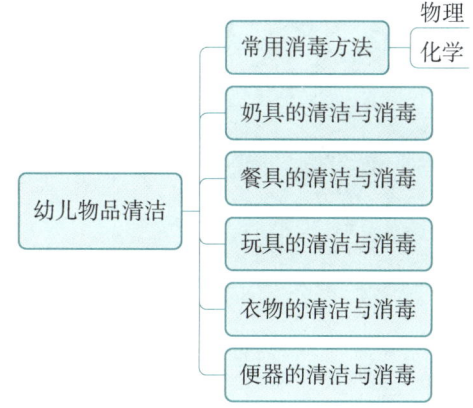

测一测

请扫二维码。

测试题

（杨颖蕾）

项目四

日常保健

任务一 生命体征观察与异常体征识别

> **学习目标**
> 1. 素质目标 具有较强的护患沟通能力和严谨求实的工作态度,在护理操作中关心、尊重儿童,正确实施儿童异常生命体征识别的健康宣教。
> 2. 知识目标 能准确说出儿童生命体征正常范围;能正确识别儿童异常生命体征。
> 3. 能力目标 能正确测量儿童生命体征。

案例导入

强强,4岁,男。春季周末和家人去游乐场游玩,游玩结束后第二天出现鼻塞、流清涕,当天下午6点家长发现强强精神萎靡,皮肤发烫,呼吸快,测体温38.3℃。遂至急诊就诊,急诊护士予强强测量生命体征,体温38.0℃,脉搏118次/分,呼吸30次/分,血压96/58 mmHg,诊断为上呼吸道感染。就诊后无特殊处理,回家前家长向护士请教:如何监测生命体征?

任务描述

指导婴幼儿家长正确测量婴幼儿生命体征,并了解婴幼儿生命体征的正常范围,从而更好地识别异常生命体征。

学习内容

生命体征是体温、脉搏、呼吸和血压的总称。生命体征受大脑皮质控制,是机体内在活动的一种客观反映,是衡量机体身体状况正常与否的可靠指标。正常人生命体征在一定范围内相对稳定,变化很小且相互之间存在内在联系。而在病理情况下,其变化极其敏感,儿童尤甚。儿童的生命体征测量及各年龄段正常范围具体如下。

一、体温

体温分为体核温度和体表温度,体核温度指身体内部(如胸腔、腹腔和中枢神经)的温度,相对稳定且较皮肤温度高。皮肤温度也称为体表温度,是皮肤表面的温度,可受环境温度和衣着情况的影响且低于体核温度。

(一) 测量方法

1. **腋下测温法** 最常用,也最安全、方便。将消毒后的体温计水银端放在儿童腋窝内,将上臂紧贴腋窝,测温时间10分钟。

2. **口腔测温法** 测温准确、方便。将口表水银端斜放于舌下热窝,测温时间3分钟,适用于神志清楚而且能配合的6岁以上儿童。口腔疾病的患儿不宜用此方法。

3. **肛门内测温法** 测温时间短,准确。儿童取侧卧位,下肢屈曲,将已涂满润滑油的肛表水银端轻轻插入肛门内3~4 cm,测温时间3分钟。1岁以内婴儿、不合作的儿童以及昏迷、休克患儿可采用此方法。有肛门疾患和腹泻的患儿不宜用此方法。

4. **耳温测量法** 耳温枪对准鼓膜测量,才能取得正确数据。对于1个半月内的婴儿或3岁内免疫不全或身体情况危急者在使用耳温枪时,需将耳廓往后上方拉,使耳温枪容易对准鼓膜。

(二) 正常体温范围

(1) 腋温 36~37℃。
(2) 口温 36.3~37.2℃。
(3) 肛温 36.5~37.7℃。

(三) 异常体温评估内容

1. **体温过高** 指机体体温升高超过正常范围。一般而言,当腋下温度超过37℃或口腔温度超过37.3℃,一昼夜体温波动在1℃以上称为发热。发热程度可划分为:低热(37.3~38.0℃)、中等热(38.1~39.0℃)、高热(39.1~41.0℃)、超高热(41℃以上)。

2. **体温过低** 指体温低于正常范围。体温过低程度可划分为:轻度(32.1~35.0℃)、中度(30.0~32.0℃)、重度(<30℃瞳孔散大,对光反射消失)、致死温度(23.0~25.0℃)。

3. **常见热型** 稽留热、弛张热、间歇热、不规则热。

二、脉搏

脉搏是指每分钟脉搏搏动的次数(频率)。正常情况下,脉率和心率一致。

(一) 测量方法

应在儿童安静时测量。用食指、中指、无名指的指腹按于小儿桡动脉处,计数脉搏频次。如年幼儿腕部脉搏不易扪及,可计数颈动脉或股动脉搏动,也可通过心脏听诊测得。一般体温每升高1℃,儿童心率增加15次/分。

(二) 各年龄段脉搏正常范围

1. 出生~1个月 平均脉率120次/分。
2. 1~12个月 平均脉率120次/分。
3. 1~3岁 平均脉率100次/分。
4. 3~6岁 平均脉率100次/分。
5. 8~12岁 平均脉率90次/分。

(三) 异常脉搏评估内容

1. **脉率异常** 心动过速、心动过缓。
2. **节律异常** 间歇脉、脉搏短绌。

3. 强弱异常 洪脉、丝脉、交替脉、水冲脉、奇脉。

三、呼吸

呼吸是指机体在新陈代谢过程中,需要不断地从外界环境中摄取氧气,并把自身产生的CO_2排出体外,是机体与环境之间进行的气体交换过程。

(一)测量方法

应在患儿安静时测量。婴儿以腹式呼吸为主,可按腹部起伏计数,而1岁以上的儿童则以胸部起伏计数。呼吸过快不易看清者可用听诊器听呼吸音计数,还可用少量棉花棉絮靠近鼻孔边缘,观察棉花棉絮摆动计数。除呼吸频率外,还应注意呼吸的节律及深浅。一般体温每升高1℃,呼吸频率增加3~4次/分。

(二)各年龄段呼吸频率

1. 新生儿 呼吸频率40~44次/分。
2. 1~12个月 呼吸频率30次/分。
3. 1~3岁 呼吸频率24次/分。
4. 4~7岁 呼吸频率22次/分。
5. 8~14岁 呼吸频率20次/分。

(三)异常呼吸评估内容

1. 频率异常 呼吸急速、呼吸过缓。
2. 深浅度异常 深度呼吸、浅快呼吸。
3. 节律异常 潮式呼吸、间断呼吸。
4. 声音异常 蝉鸣式呼吸、鼾声呼吸。
5. 形态异常 胸式呼吸减弱、腹式呼吸减弱。
6. 呼吸困难 吸气性呼吸困难、呼气性呼吸困难、混合性呼吸困难。

四、血压

血压是指血管内流动着的血液对单位面积血管壁的侧压力(压强)。

(一)测量方法

对于儿童与青少年,常规测量坐位右上臂肱动脉血压。选择合适袖带,是准确测量儿童血压的重要前提。应根据患儿不同年龄以及上臂围的情况选择不同宽度的袖带,宽度应为上臂长度的1/2~2/3,气囊长度应至少等于上臂围的80%。袖带过宽测出的血压较实际值为低,太窄则测得值较实际值为高。年幼儿血压不易测准确。新生儿及小婴儿可用心电监护仪测定。不同年龄的血压正常值可用公式估算:收缩压(mmHg)=(年龄×2+80)mmHg,舒张压为收缩压的2/3。除测量上臂血压外,还可测下肢血压,1岁以上儿童下肢收缩压较上臂血压高10~40 mmHg,而舒张压则一般没有差异。

(二)各年龄段收缩压平均值

1. 新生儿收缩压 平均60~70 mmHg(8.0~9.3 kPa)。
2. 1岁时收缩压 70~80 mmHg(9.3~10.7 kPa)。
3. 2岁以后收缩压 可按公式计算:收缩压=(年龄)×2+80 mmHg。

收缩压高于此标准 20 mmHg(2.6 kPa)为高血压,低于此标准 20 mmHg(2.6 kPa)为低血压。

(三)异常血压评估内容

1. 高血压　原发性高血压和继发性高血压。
2. 低血压　大量失血、休克、急性心力衰竭等。
3. 脉压异常
(1)脉压增大:高热、贫血、甲状腺功能亢进及剧烈运动等。
(2)脉压减小:休克、严重主动脉脉瓣或二尖瓣狭窄、心包积液等。

如何正确测量儿童生命体征?儿童生命体征的正常范围是多少?如何识别儿童异常生命体征?让我们通过学习,正确掌握儿童生命体征的观察与异常体征的识别。

问题分析

案例中强强的症状符合上呼吸道感染的典型表现,生命体征数值均高于该年龄段儿童的正常体征范围。

1. 评估
(1)儿童年龄、病情、意识、体位及合作程度。
(2)环境干净、整洁、安全,温湿度适宜。
(3)操作者洗手。
2. 计划　预期目标如下:
(1)口述儿童生命体征的正常范围。
(2)口述儿童异常生命体征。

措施分析

根据强强的年龄、病情、意识、体位及合作程度选择合适的测量方法并识别异常生命体征。

任务实施

一、测量体温

1. 根据病情及儿童年龄选择测量方法　幼儿入睡后可采用以下方式。
(1)腋下测温法测量提问。
(2)触摸桡动脉测量脉搏。
(3)观测胸廓起伏测量呼吸。
(4)呼吸及脉搏均匀的幼儿可不测量血压。

2. 鉴别

（1）体温过高：稽留热、弛张热、间歇热。

（2）体温过低：指体温低于正常范围。临床表现：体温下降，呼吸、脉搏、血压降低，发抖、皮肤苍白冰冷，尿量减少，意识障碍，嗜睡甚至出现昏迷。

二、脉搏测量

1. 测量　测脉搏时用食指、中指、无名指的指腹按于小儿桡动脉处，计数脉搏频次。

2. 鉴别

（1）各年龄段心动过速变量

1）新生儿心率＞180 次/分。

2）1 岁以内＞180 次/分。

3）1～6 岁＜140 次/分。

4）7～12 岁＞130 次/分。

5）13～18 岁＞110 次/分。

（2）各年龄段心动过缓变量

1）新生儿心率＜100 次/分。

2）1 岁以内＜90 次/分。

3）1～6 岁＜60 次/分。

4）7～18 岁＜60 次/分。

三、测量呼吸

1. 测脉搏结束后　保持测量姿势不动，观察小儿胸部、腹部起伏，计数呼吸频次。

2. 鉴别

（1）呼吸过速：呼吸频率加快是婴儿呼吸困难第一征象，年龄越小越明显。婴幼儿＜2 个月，呼吸≥60 次/分；2～12 月龄，呼吸≥50 次/分；1～5 岁以下呼吸≥40 次/分。

（2）呼吸困难：主要表现为不同程度的呼吸困难，呼吸做功增加，可见三凹征、鼻翼翕动等。早期呼吸频率多增快，晚期呼吸减慢无力。呼吸频率如减至 8～10 次/分，提示呼吸衰竭严重；如慢至 5～6 次/分，提示呼吸随时可能停止。

四、测量血压

1. 测量血压　协助小儿露出手臂并伸直，掌心向上；排尽袖带内空气，袖带缠于上臂下缘距肘窝 4 cm，松紧以放进一指为宜。使用台式血压计测量时，使水银柱"0"点与肱动脉、心脏处于同一水平；将听诊器胸件放在肱动脉搏动最强处固定，充气至动脉搏动音消失，再加压使压力升高 20～30 mmHg(2.66～3.99 kPa)，缓慢放气，测得血压数值。

2. 鉴别

（1）高血压：收缩压高于各年龄段范围 20 mmHg(2.6 kPa)。

（2）低血压：收缩压低于各年龄段范围 20 mmHg(2.6 kPa)。

五、整理记录

(1) 整理用物,清洁环境。
(2) 洗手。
(3) 记录。

任务评价

儿童生命体征测量评分标准详见表4-1-1。

表4-1-1 儿童生命体征测量评分标准(100分)

程序	考核内容	考核要点	分值	沟通要点	评分标准	扣分	得分
操作前准备(20分)	概念考核	生命体征测量的意义	4	1. 记录生命体征、脉搏、呼吸、血压 2. 监测生命体征,为病情变化提供依据(口述)	每一项未口述或口述不正确,扣2分		
	物品准备	合适类型的体温计、纱布、弯盘、秒表、听诊器、血压计、笔、记录纸、液状石蜡棉球(肛门内测温时使用)	8	1. 检查体温计有无破损,刻度是否在35℃以下 2. 检查血压计的精确性	少一件扣1分,未评估一项扣2分		
	评估	1. 儿童年龄、病情、意识、体位及合作程度 2. 环境干净、整洁、安全,温湿度适宜	6	检查儿童测量部位及皮肤状况(口述)	未评估扣5分,评估不全一项扣1分		
	操作准备	照护者着装整齐,修剪指甲,清洗双手,摘掉饰物	2		一项不符合要求扣1分		
操作流程(60分)	操作实施	1. (操作+口述)测体温:根据病情及小儿年龄选择测量体温的方法 (1) 口腔测量:口表水银端斜放于舌下热窝处;嘱小儿闭口,勿用牙咬体温计 (2) 腋下测量:解开衣袖,用纱布或小毛巾擦干一侧腋下;将体温计水银端放于腋窝深处,紧贴皮肤;曲	20	1. 口腔测量时说:"宝宝,阿姨把体温计放你口腔里了,别咬碎了" 2. 腋下测量时说:"宝宝,来,体温计放你胳肢窝下量体温,小心别掉出来了" 3. 体温计放置位置要正确、固定良好 (1) 口腔测量3分钟取出	放置不正确扣5分,未在规定时间取出体温计扣5分,每一项未口述或者口述错误扣2分,最多扣20分		

续　表

程序	考核内容	考核要点	分值	沟通要点	评分标准	扣分	得分
		（3）肛门内测量：暴露肛门；润滑肛表；将体温计水银端轻轻插入肛门 3～4 cm 固定（婴儿约 1.25 cm，幼儿 2.5 cm） 臂过胸，夹紧体温计	20	（2）腋下测量 10 分钟取出 （3）肛门内测量 3 分钟取出，擦净肛门 4. 测量后擦净体温计 5. 读取温度数值，体温计甩至 35℃ 以下并记录（口述）			
		2.（操作＋口述）测脉搏、呼吸：用食指、中指、无名指的指腹按于小儿桡动脉处，计数脉搏频次，时间 30 秒；保持测量脉搏姿势不动，观察小儿胸部、腹部起伏，计数呼吸频次，时间 30 秒，记录	20	婴儿还可通过颈动脉或颞动脉测量脉搏（口述）	测脉搏位置不正确扣 5 分，观察呼吸位置不正确扣 5 分，每一项未口述或者口述错误扣 2 分，最多扣 20 分		
		3.（操作＋口述）测量血压：协助小儿露出手臂并伸直，掌心向上；排尽袖带内空气，袖带缠于上臂下缘距肘窝 2 cm，松紧以放进一指为宜；使用台式血压计测量时，使水银柱"0"点与肱动脉、心脏处于同一水平；将听诊器胸件放在肱动脉搏动最强处固定，充气至动脉搏动音消失，再加压使压力升高 20～30 mmHg（2.66～3.99 kPa），缓慢放气，测得血压数值并记录	20	1. 上卷衣袖松紧适宜，注意小儿保暖 2. 新生儿及婴儿可用心电监护仪测定 3. 台式血压计使用后驱尽袖带内空气卷平放入血压计盒内，右倾 45°关闭水银槽开关，关闭血压计盒盖（口述）	1. 血压袖带松紧不符扣 5 分，测量时水银柱"0"点与肱动脉、心脏不处于同一水平扣 5 分，每一项未口述或者口述错误扣 2 分，最多扣 20 分		

4－8

续　表

程序	考核内容	考核要点	分值	沟通要点	评分标准	扣分	得分
操作后评价（20分）	用物处理	按消毒技术规范要求分类整理使用后物品	5		一处不符合要求扣2分		
	工作人员评价	1. 仪态大方，态度和蔼 2. 操作规范，动作熟练 3. 操作中与幼儿亲切交流 4. 与家长沟通有效，取得合作	6		态度言语不符合要求各扣2分；沟通无效扣2分		
	注意事项	1. 为婴幼儿、意识不清或不合作幼儿测量体温时，照护者须守候在旁 2. 如幼儿有紧张、剧烈运动、哭闹等影响测量因素时，需稳定后测量 3. 幼儿不慎咬破体温计，应当清除口腔内玻璃碎片，再口服蛋清或牛奶延缓汞的吸收 4. 发现测量体征与病情不符时，应当重新复测 5. 测量血压时若衣袖过紧或太多，应当脱掉衣服，以免影响测量结果	6		一项回答不全或回答错误扣2分		
	时间要求	10分钟	3		超时扣3分		
总分			100				

婴幼儿安全照护

 知识点小结

```
                              ┌─ 体温 ─┬─ 腋下测温法
                              │       ├─ 口腔测温法
                              │       └─ 肛门测温法
                              │
                              ├─ 脉搏 ─┬─ 指腹按压于桡动脉计数法
           ┌─ 测量生命体征的方法 ─┤       └─ 心脏听诊计数法
           │                  │
           │                  ├─ 呼吸 ─┬─ 按腹部起伏计数法
           │                  │       ├─ 看胸部起伏计数法
           │                  │       ├─ 听诊器听呼吸音计数法
           │                  │       └─ 鼻孔边缘观察棉絮摆动计数法
           │                  │
           │                  └─ 血压 ─┬─ 水银血压计测定法
           │                          └─ 心电监护仪测定法
           │
           │                          ┌─ 腋温：36~37℃
           │                  ┌─ 体温 ─┼─ 口温：36.3~37.2℃
           │                  │       └─ 肛温：36.5~37.5℃
           │                  │
           │                  │       ┌─ 新生儿120~140次/分
生命体征的观察与 ─┤                  │       ├─ 1岁以内110~130次/分
异常体征的识别   │                  ├─ 脉搏 ┼─ 1~3岁100~120次/分
           │                  │       ├─ 4~7岁80~100次/分
           ├─ 儿童生命体征的正常范围 ─┤       └─ 8~14岁70~90次/分
           │                  │
           │                  │       ┌─ 新生儿40~45次/分
           │                  │       ├─ 1岁以内30~40次/分
           │                  ├─ 呼吸 ─┼─ 1~3岁25~30次/分
           │                  │       ├─ 4~7岁20~25次/分
           │                  │       └─ 8~14岁18~20次/分
           │                  │
           │                  │       ┌─ 新生儿收缩压平均60~70 mmHg
           │                  └─ 血压 ─┼─ 1岁时70~80 mmHg
           │                          └─ 2岁以后收缩压（mmHg）=80 mmHg+
           │                              （年龄×2），舒张压为收缩压的2/3
           │
           │                  ┌─ 体温
           └─ 正确识别异常生命体征 ─┼─ 脉搏
                              ├─ 呼吸
                              └─ 血压
```

测一测

请扫二维码。

测试题

（阮超明）

任务二　婴幼儿高热惊厥识别与处理

学习目标

1. 素质目标　在抢救惊厥患儿过程中体现人文关怀，避免安全意外事件发生。
2. 知识目标　能结合婴幼儿具体情况开展预防惊厥的健康教育；能指导家长正确识别惊厥的主要表现；能指导家长进行惊厥发作时的安全教育。
3. 能力目标　能及时识别惊厥的发生；能对高热惊厥患儿进行紧急处理。

案例导入

浩浩，男，18个月，一天前因受凉于夜间出现流鼻涕、发热，当时测体温38.2℃，妈妈给浩浩进行了温水擦浴，体温降至37.8℃。次日上午9时左右，浩浩突然出现全身性抽动，持续约10秒，测体温38.8℃，其母亲给予冰敷头部，于1小时后浩浩再次出现全身性抽动，持续约2分钟，其母亲立即掐浩浩人中，并紧紧抱住浩浩身体及四肢。

任务描述

准确判断高热惊厥，并能正确处理。

学习内容

一、如何判断是否为高热惊厥

(一) 惊厥的定义

惊厥是神经元功能紊乱引起脑细胞突然异常放电所致的全身或局部肌肉不自主收缩，常伴有意识障碍的常见急症，以婴幼儿多见，发生率为成人的10～15倍。惊厥发作时间可使机体氧及能量消耗增多，若持续时间过长可因脑缺氧而造成脑水肿甚至脑损伤，引起神经系统后遗症。

高热惊厥是指3个月～5岁儿童，发热初起或体温快速上升期出现的惊厥，排除了颅内感染和其他引起惊厥的原因，既往也没有高热发作史。高热惊厥多发生于6个月～5岁儿童，发病年龄高峰为18个月。70%以上发生于上呼吸道感染患儿，是儿童最常见的惊厥性疾病。

(二) 惊厥发生的原因

1. **感染性疾病**　颅内感染如细菌、病毒、寄生虫、真菌等引起的脑炎或脑膜炎等；颅外

感染如高热惊厥、感染中毒性脑病、破伤风等。

2. 非感染性疾病　颅内疾病如颅脑损伤与出血、先天性脑发育畸形、颅内占位性病变、癫痫等。颅外疾病如营养性疾病、代谢性疾病、遗传代谢性疾病、中毒、心源性疾病、肾源性疾病等。

3. 发作诱因　部分婴幼儿惊厥发作有明显的诱因，如原发性癫痫在突然停药、婴幼儿感染体温升高时易诱发惊厥等。

（三）惊厥的症状

1. 典型表现　突然发生的全身性或局部肌群强直或阵挛性抽动，眼球固定、斜视或上翻，口吐白沫，面色发青，部分患儿有大小便失禁，常伴有不同程度的意识改变。发作持续数秒至几分钟或更长时间，发作停止后多入睡。

2. 不典型表现　新生儿和小婴儿惊厥发作常不典型，多为微小动作，如双眼凝视、斜视、眨眼运动，面肌抽动似咀嚼、吸吮动作，单一肢体震颤、固定或四肢踩踏板或划船样运动及呼吸暂停发作等。

3. 惊厥持续状态　指惊厥持续发作30分钟以上，或两次发作间歇期意识不能完全恢复者。由于惊厥时间长，可引起缺氧性脑损害、脑水肿甚至死亡。

4. 惊厥可能导致的伤害　惊厥发作时可造成婴幼儿身体受伤，如出牙的婴幼儿咀嚼肌痉挛抽搐可以发生舌体咬伤；抽搐时双手握拳，指甲可将手心皮肤损伤；也可因意识丧失而发生摔伤、骨折等。

（四）惊厥的辅助检查

1. 实验室检查　血、尿、便常规，血液生化检查如血糖、血钙、血钠、肌酐及尿素氮等。怀疑颅内感染者需做脑脊液常规、生化及病原学检查。

2. 影像学检查　所有惊厥患儿应做脑电图检查。怀疑颅内出血、占位性病变和颅脑畸形者可做头颅 CT 及 MRI 检查。头颅 B 超适用于前囟未闭的婴儿，对脑室内出血、脑积水有诊断价值。

（五）鉴别

1. 维生素 D 缺乏性手足搐搦症　维生素 D 缺乏性手足搐搦症是由于维生素 D 缺乏致血钙降低，而出现惊厥、手足肌肉抽搐或喉痉挛等神经肌肉兴奋性增高症状。此病多见于6个月以下的婴儿，一般不发热，血清钙常低于 1.75 mmol/L，目前由于维生素 D 缺乏预防工作普及，该病发病率较低。

2. 癫痫　癫痫是一种以具有持久性的产生癫痫发作倾向为特征的慢性脑疾病，临床表现为意识、运动、感觉、精神或自主神经运动障碍，多在儿童期发病。癫痫发作是指脑神经元异常放电活动引起的一过性临床症状和（或）体征，表现为意识障碍、抽搐、精神行为异常等。此病发作时无发热，脑电图检查显示棘波、尖波、棘-慢复合波等癫痫样波。

二、如何正确处理高热惊厥

（一）治疗要点

治疗原则：维持生命体征，控制惊厥发作，治疗惊厥病因，预防惊厥复发。

1. 镇静止惊　首选地西泮，也可用苯巴比妥、10%水合氯醛等。

2. 对症治疗　高热者给予降温。

3. 病因治疗 针对原发病进行治疗。

(二) 护理要点

1. 保持呼吸道通畅 立即平卧,头偏向一侧,松解衣服领扣及裤带,及时清除口、鼻、咽部分泌物及呕吐物。

2. 迅速控制惊厥 惊厥发作时勿强行搬动婴幼儿,就地抢救,保持安静,避免声、光等刺激和一切不必要的检查。

3. 防止受伤 应在婴幼儿床的栏杆处放置软性棉垫,移开床上硬物,以防止发生损伤。若患儿发作时倒在地上,应就地将患儿平放,及时将周围可能伤害患儿的物品移开;切勿用力强行牵拉或按压患儿肢体,以免造成骨折或脱臼。

4. 一般护理 保持婴幼儿处于安静舒适的环境,室内空气新鲜,温度、湿度适宜,色调柔和。惊厥发作时应暂时禁食,以免发生呕吐引起窒息或吸入性肺炎。惊厥发作控制后要合理安排休息时间,保证充足的睡眠。给予清淡、易消化、营养丰富的食物,少量多餐,合理营养。尽量减少不必要的刺激,以防再次诱发惊厥。

5. 病情观察 密切观察婴幼儿的体温、脉搏、呼吸、瞳孔和神志变化。惊厥发作时注意观察惊厥类型、持续时间及有无其他伴随症状。

 问题分析

"案例"中浩浩被确诊为高热惊厥,是因为其受凉后导致上呼吸道感染后引起发热,加之患儿为幼儿期,大脑皮质发育不完善,表现为兴奋性活动为主,分析鉴别及抑制功能较差,神经纤维轴突髓鞘未完全形成,绝缘和保护作用差,较弱刺激即能在大脑皮质形成强烈兴奋灶,使神经细胞突然异常放电并迅速扩散引发惊厥。目前以发热、流涕、惊厥为主要特征,因此评估案例存在以下问题:高热的处理、惊厥的识别和预防、惊厥发作时的应急处理等,其中"惊厥发作时的应急处理"为首优问题。

1. 评估
(1) 婴幼儿生命体征、惊厥的类型及持续时间。
(2) 家长有无惊恐、焦虑。
(3) 环境整洁、安静、安全。
(4) 照护者洗手。
案例中浩浩的起病原因及症状均符合高热惊厥的典型表现。

2. 计划 预期目标如下:
(1) 婴幼儿及家长能配合现场急救。
(2) 婴幼儿惊厥发作急救过程中无外伤情况发生。
(3) 家长能说出预防惊厥再发作的照护措施。

 措施分析

依据目前浩浩的情况,照护员应及时给予以下几项有效处理措施。

（1）患儿体温高，应及时给予降温处理：注意观察患儿体温情况，及时给予物理降温如温水擦浴或用退热贴贴敷额部，当体温持续升高时，应及时送医院就诊。

（2）患儿短时间内出现两次惊厥发作，需预防惊厥再次发作，应让患儿休息，避免不必要的刺激，及时降温。

（3）指导患儿家长正确处理惊厥发作：惊厥发作时注意保持呼吸道通畅，防止受伤。

1）将婴幼儿放于床上，去枕平卧，头偏向一侧，松解衣领，如有呕吐物应及时清理呼吸道、口腔分泌物和呕吐物。

2）移开周围可能伤害幼儿的物品，不随意移动患儿或强力按压及约束肢体，不将物品塞入患儿口中或强力撬开紧闭的牙关，惊厥发作未超过5分钟可任其自行停止。

3）必要时拨打"120"急救电话，或送患儿到医院就诊。

任务实施

一、婴幼儿高热惊厥的处理

1. 观察　注意婴幼儿意识、生命体征及惊厥发作类型、持续时间等。

2. 急救步骤

（1）操作前准备：准备清洁衣物、小毛巾等。照护者安抚家长情绪。

（2）（操作＋口述）惊厥发作时的现场急救：立即将患儿安置平卧位，头偏向一侧，松解患儿领扣裤带，清理呼吸道分泌物及呕吐物，保持呼吸道通畅。指导家长在惊厥发作时勿随意搬动或强力按压及约束肢体，不可将物品塞入患儿口中或强力撬开紧闭的牙关。

（3）（操作＋口述）惊厥发作时的观察及处理：密切观察惊厥发作的类型、持续时间，如惊厥发作未超过5分钟，可让其自行停止。如惊厥发作频繁或惊厥持续时间超过5分钟，应立即拨打"120"急救电话，将患儿送往医院诊查救治。

（4）（操作＋口述）惊厥急救后的观察：注意观察婴幼儿的体温、脉搏、呼吸、瞳孔和神志的变化。若惊厥持续时间长、频繁发作，出现意识状态改变及呼吸、瞳孔的变化，则提示可能有颅内压增高，应及时将婴幼儿送往医院。

（5）健康指导

1）大多数患儿家长担心惊厥会对婴幼儿脑发育造成影响，易产生焦虑心理，表现出惊慌和不知所措，并采取错误的方式如大喊大叫、摇晃患儿、强力撬开牙关和按压抽搐的肢体等。因此，照护员应教会家长在婴幼儿惊厥发作时正确的处理方法。对高热惊厥的婴幼儿，应指导家长在患儿发热时及时控制体温，同时做好家长的心理安慰。

2）帮助婴幼儿安排合理的生活作息，注意营养，睡眠充足，酌情参加体格锻炼以增强体质，根据天气变化随时增减衣物，避免着凉引起上呼吸道感染。

二、整理记录

（1）整理用物，清洁环境。

（2）洗手。

(3) 记录。

任务评价

高热惊厥婴幼儿的现场急救评分标准详见表 4-2-1。

表 4-2-1 高热惊厥婴幼儿的现场急救评分标准(100分)

程序	考核内容	考核要点	说明要点	评分要求	分值	扣分	得分
操作前准备(20分)	概念考核	(口述)高热惊厥现场急救的意义	现场对高热惊厥进行急救处理,可以防止窒息、外伤的发生,并为进一步诊治提供依据	每一项未口述扣0.5分	2		
	计划目标	(口述)计划目标	1. 高热惊厥发作时能正确救治,未出现因处置不当导致患儿外伤 2. 能正确指导家长识别惊厥发作及发作时的应急处理方法	未口述扣4分,口述不完整扣1~2分	4		
	物品准备	模拟家庭、照护床1张、毛巾2条、婴幼儿衣裤1套		每项口述不正确扣0.5分	2		
	评估	高热惊厥发作史	"浩浩家长,孩子以前出现过抽搐吗,抽搐时有没有发热"(口述)	口述:未评估扣3分,评估不完整扣1~2分	3		
		意识、生命体征、惊厥发作类型、持续时间		口述:未评估扣3分,评估不完整扣1~2分	3		
		心理状况:有无惊恐、害怕		未评估扣2分,评估不完整扣1分	2		
		环境安静,整洁,安全,温、湿度适宜		未评估扣2分,评估不完整扣1分	2		
	操作准备	着装整齐、洗手		不规范扣1分	2		
操作流程(60分)	急救处理	就地抢救、松解领扣裤带	"浩浩妈妈,我们把孩子放平在床上,轻轻解开他的领子,把头偏向一侧,让口腔分泌物流出"(口述)	未完成扣10分,不完整扣2~3分	10		
		体位正确:平卧,头偏向一侧		未完成扣10分	10		

续 表

程序	考核内容	考核要点	说明要点	评分要求	分值	扣分	得分
	健康指导	保持呼吸道通畅：及时清除呼吸道分泌物及呕吐物，头偏向一侧	"现在我用毛巾清理口鼻的分泌物，请您配合我"（口述）	未完成扣10分，不完整扣3～5分	10		
		防止外伤	"请您勿强行按压孩子肢体，也不要往孩子嘴里塞任何东西"（口述）	未口述扣5分，口述不全扣1～2分	5		
		（口述）必要时拨打"120"急救电话，送医院救治		未完成扣5分	5		
		关心、安抚患儿及家长	"孩子抽搐很快就停止了，现在已经入睡，您不用太担心，我们尽快带孩子去看医生"（口述）	未口述扣5分	5		
		指导家长惊厥发作时勿大喊大叫，勿摇晃患儿，勿强力撬开牙关及按压肢体，勿将物品塞入口中。指导家长正确的物理降温方法		未完成扣15分，不完整扣5～10分	15		
操作后评价(20分)	用物处理	按消毒技术规范要求整理使用后物品		一处不符合要求扣1分	2		
	照护者评价	操作规范、动作熟练		不符合要求每一处扣1～2分	3		
		救护方法正确、步骤正确		不符合要求每一处扣1～2分	3		
		普通话标准、声音洪亮、仪态大方、操作中语气亲切		不符合要求一处扣0.5分	2		
	注意事项	1. 急救过程中照护者始终保持冷静，同时注意安抚婴幼儿家长 2. 惊厥发作时密切观察婴幼儿意识、瞳孔、生命体征及惊厥的类型、持续时间。必要时立即送医院诊治 3. 惊厥发作时注意防止婴幼儿外伤		不符合要求每一项扣1分	5		
	时间要求	10分钟		超时扣5分	5		
总分					100		

 知识点小结

```
幼儿高热惊厥
├── 判断高热惊厥
│   ├── 年龄
│   │   ├── 6个月~5岁儿童多见
│   │   └── 发病高峰18个月
│   ├── 病史
│   │   ├── 上呼吸道感染
│   │   └── 有无"高热惊厥史"
│   ├── 症状体征
│   │   ├── 全身性强直性或痉挛性抽动
│   │   ├── 抽搐时意识不清，抽搐停止后入睡
│   │   ├── 持续时间几秒至几分钟
│   │   └── 无脑膜刺激征
│   └── 辅助检查
│       ├── 脑电图检查正常
│       ├── 血常规白细胞稍高
│       ├── 血生化正常
│       └── 尿、便常规正常
└── 现场救治
    ├── 就地抢救
    │   ├── 平卧位安置患儿
    │   └── 松解领口裤带
    ├── 保持呼吸道通畅
    │   ├── 平卧头偏一侧
    │   └── 清除呼吸道分泌物及呕吐物
    ├── 防止受伤
    │   ├── 移开周围可能伤害患儿的物品
    │   ├── 勿强压及约束肢体
    │   └── 勿将物品塞入患儿口中或强力撬开牙齿
    ├── 观察病情
    │   ├── 意识、生命体征
    │   ├── 惊厥类型及持续时间
    │   └── 其他伴随症状
    ├── 健康指导
    │   ├── 预防惊厥的措施
    │   └── 惊厥发作时如何防止外伤
    └── 心理护理 —— 安抚患儿及家长
```

 测一测

请扫二维码。

测试题

（周艳琼）

婴幼儿安全照护

任务三　婴幼儿腹泻识别与处理

学习目标

1. 素质目标　具备对腹泻病患儿的初步评估能力和评判性思维能力，具有良好的人文关怀理念。
2. 知识目标　能说出婴幼儿腹泻的主要临床特点；能对腹泻患儿及家长进行健康指导。
3. 能力目标　能辨别轻型腹泻与重型腹泻；能正确实施口服补液盐的喂服。

案例导入

囡囡，女，8个月，傍晚突然出现发热、呕吐，今晨又出现"拉肚子"，妈妈给囡囡喂服一次"妈咪爱"。从昨晚至今晨，囡囡已大便7次，大便为黄色、水样便，有泡沫，每次便量不多，孩子稍烦躁、哭闹，清理大便时哭闹尤甚，哭时有泪，眼窝稍凹陷，小便次数比平日减少。

任务描述

1. 判断婴幼儿常见腹泻病，并能辨别轻型腹泻与重型腹泻。
2. 指导对婴幼儿腹泻进行家庭照护，以及口服补液盐的喂服。

学习内容

一、如何判断婴幼儿常见腹泻病

（一）腹泻病的定义

腹泻病是一组由多种病原、多种因素引起的，以大便次数增多和大便性状改变为特点的消化道综合征，严重者可引起水、电解质和酸碱平衡紊乱。发病年龄以6个月～2岁多见，其中1岁以内者约占半数，是造成儿童营养不良、生长发育障碍的主要原因之一。一年四季均可发病，但夏秋季发病率较高。

（二）腹泻病的病因

1. 易感因素

（1）消化系统发育不成熟：胃酸和消化酶分泌不足，消化酶活性低，对食物质和量变化的耐受性差。

(2) 生长发育快：对营养物质的需求相对较多，消化道负担较重。

(3) 肠道菌群失调：新生儿出生后尚未建立正常肠道菌群，或因使用抗生素等导致肠道菌群失调，使正常菌群对入侵肠道致病微生物的拮抗作用丧失，而引起肠道感染。

(4) 人工喂养：母乳中含有大量体液因子（如 SIgA、乳铁蛋白）、巨噬细胞和粒细胞、溶菌酶、溶酶体等，有很强的抗肠道感染作用。人工喂养代乳品中虽有某些上述成分，但在加热过程中被破坏，而且人工喂养的食物和食具易受污染，故人工喂养婴儿肠道感染发生率明显高于母乳喂养婴儿。

2. 感染因素

(1) 肠道内感染：可由病毒、细菌、真菌、寄生虫引起，尤以病毒和细菌多见。

1) 病毒感染：寒冷季节的婴幼儿腹泻 80% 由病毒感染引起，以轮状病毒引起的秋冬腹泻较为常见，其他还有诺如病毒、星状病毒和肠道病毒（包括柯萨奇病毒、埃可病毒、肠道腺病毒等）。

2) 细菌感染（不包括法定传染病）：以致腹泻大肠埃希菌为主，包括致病性大肠埃希菌、产毒性大肠埃希菌、侵袭性大肠埃希菌、出血性大肠埃希菌和黏附-集聚性大肠埃希菌五大组。其次是空肠弯曲菌和耶尔森菌等。

3) 真菌感染：以白色念珠菌多见，其次是曲菌和毛霉菌等。

4) 寄生虫感染：常见有蓝氏贾第鞭毛虫、阿米巴原虫和隐孢子虫等。

(2) 肠道外感染：因发热及病原体毒素作用使消化功能紊乱，或肠道外感染的病原体同时感染肠道，故当患中耳炎、肺炎、上呼吸道、泌尿道及皮肤感染时可伴有腹泻。

3. 非感染因素

(1) 饮食因素

1) 喂养不当：喂养不定时、食物的质和量不适宜、过早给予淀粉类或脂肪类食物等均可引起腹泻；给予含高果糖或山梨醇的果汁，可产生高渗性腹泻；给予肠道刺激物如调料或富含纤维素的食物等也可引起腹泻。

2) 过敏因素：个别婴儿对牛奶、大豆（豆浆）及某些食物成分过敏或不耐受而引起腹泻。

3) 其他因素：包括原发性或继发性双糖酶缺乏，乳糖酶的活力降低，肠道对糖的消化吸收不良而引起腹泻。

(2) 气候因素：气候突然变冷、腹部受凉使肠蠕动增加；天气过热致消化液分泌减少或口渴饮奶过多，都可诱发消化功能紊乱而引起腹泻。

(三) 腹泻病的临床表现

不同病因引起的腹泻常具有不同临床过程。急性腹泻指病程在 2 周以内的腹泻；迁延性腹泻指病程在 2 周至 2 个月之间的腹泻；慢性腹泻指病程超过 2 个月的腹泻。

1. 急性腹泻

(1) 轻型腹泻：多由饮食因素或肠道外感染引起。起病可急可缓，以胃肠道症状为主，表现为食欲不振，偶有溢奶或呕吐，大便次数增多，一般每天多在 10 次以内，每次大便量不多，稀薄或带水，呈黄色或黄绿色，有酸味，粪质不多，常见白色或黄白色奶瓣和泡沫。一般无脱水及全身中毒症状，多在数日内痊愈。

(2) 重型腹泻：多由肠道内感染引起，起病常较急，也可由轻型逐渐加重而致。除有较重的胃肠道症状外,还有明显的脱水、电解质紊乱及全身中毒症状。

1）胃肠道症状:腹泻频繁,每日大便从十余次到数十次。除了腹泻外,常伴有呕吐、腹胀、腹痛、食欲不振等。大便呈黄绿色水样或蛋花汤样,量多,含水分多,可有少量黏液,少数患儿也可有少量血便。

2）水、电解质和酸碱平衡紊乱症状:有脱水、代谢性酸中毒、低钾血症、低钙血症、低镁血症等。

3）全身中毒症状:如发热,体温可达40℃精神烦躁或萎靡,嗜睡、面色苍白、意识模糊,甚至昏迷、休克等。

2. 生理性腹泻 多见于6个月以内的婴儿,外观虚胖,常有湿疹,表现为生后不久即出现腹泻,但除大便次数增多外,无其他症状,食欲好,不影响生长发育,添加换乳期食物后,大便即逐渐转为正常。往往与乳糖不耐受或食物过敏有关。

3. 迁延性腹泻和慢性腹泻 多与营养不良和急性期治疗不彻底有关,人工喂养、营养不良的小儿多见。表现为腹泻迁延不愈,病情反复,大便次数和性质不稳定,严重时可出现水电解质紊乱。由于营养不良的小儿腹泻时易迁延不愈,持续腹泻又加重了营养不良,两者可互为因果,形成恶性循环,最终引起免疫功能低下,继发感染,导致多脏器功能异常。慢性腹泻一个常见原因是乳糖不耐受,就是乳糖消化不良。有的幼儿肠道先天缺乏乳糖酶或肠道发育不成熟导致乳糖酶暂时分泌不足,使乳糖在小肠内不能或不能全部被水解而直接进入大肠,引起腹泻。

（四）几种常见类型肠炎的临床特点

1. 轮状病毒肠炎 好发于秋冬季,以秋季流行为主,故又称秋季腹泻。呈散发或小流行。经粪-口传播,也可通过气溶胶形式经呼吸道感染而致病。多见于6个月~2岁的婴幼儿,潜伏期1~3天。起病急,常伴有发热和上呼吸道感染症状,多无明显中毒症状。病初即出现呕吐,大便次数多,量多,呈黄色或淡黄色、水样或蛋花汤样。无腥臭味,大便镜检偶有少量白细胞,常并发脱水、酸中毒及电解质紊乱。

2. 诺如病毒肠炎 诺如病毒肠炎全年散发,暴发高峰多见于寒冷季节。在轮状病毒疫苗高普及的国家,诺如病毒甚至超过轮状病毒成为儿童急性胃肠炎的首要元凶。该病毒是集体机构急性爆发性胃肠炎的首要致病源,发生诺如病毒感染最常见的场所是餐馆、托幼机构、医院、学校等地点,因为常呈暴发性,从而造成突发公共卫生事件。感染后潜伏期多为12~36小时,急性起病,首发症状多为阵发性腹痛、恶心、呕吐和腹泻,全身症状有畏寒、发热、头痛、乏力和肌痛等。可有呼吸道症状。吐泻频繁者可发生脱水、酸中毒及低钾血症。本病为自限性疾病,症状持续12~72小时。粪便及周围血象检查一般无特殊发现。

3. 产毒性细菌引起的肠炎 多发生在夏季,潜伏期1~2天,起病较急。轻症仅大便次数稍增,性状轻微改变。重症腹泻频繁,量多,呈水样或蛋花汤样,混有黏液,镜检无白细胞,常伴呕吐。严重可伴发热、脱水、电解质和酸碱平衡紊乱。本病为自限性疾病,自然病程3~7天或较长。

4. 侵袭性细菌性肠炎 全年均可发病,潜伏期长短不等。常引起志贺杆菌性痢疾样改变。起病急,高热,甚至可以发生热惊厥。腹泻频繁,大便呈黏液状,带脓血,有腥臭味。常伴恶心、呕吐、腹痛和里急后重。严重时可出现全身中毒症状,甚至休克。大便镜检有大量白细胞及数量不等的红细胞,粪便细菌培养可找到相应的致病菌。其中,空肠弯曲菌肠炎多发生在夏季,常侵犯空肠和回肠,有脓血便,腹痛剧烈,耶尔森菌小肠结肠炎多发生在冬春季节,可引起淋巴结肿大,亦可产生肠系膜淋巴结炎,严重病例可产生肠穿孔和腹膜炎。鼠伤寒沙门菌小肠结肠炎有胃肠炎型和败血症型,夏季发病率高,新生儿和1岁以内的婴儿尤其易感染。新生儿多为败血症型,常引起暴发流行,可排深绿色黏液脓便和白色胶冻样便,有特殊臭味。

5. 出血性大肠埃希菌肠炎　大便开始呈黄色水样便,后转为血水便,有特殊臭味,常伴腹痛。大便镜检有大量红细胞,一般无白细胞。

6. 抗生素相关性腹泻　是指应用抗生素后发生的与抗生素有关的腹泻。除一些抗生素可降低碳水化合物的运转和乳糖酶水平外,多数研究学者认为,抗生素的使用破坏了肠道正常菌群,是引起腹泻最主要的病因。

1) 金黄色葡萄球菌肠炎:多继发于使用大量抗生素后,与菌群失调有关,表现为发热、呕吐、腹泻、不同程度中毒症状、脱水和电解质紊乱,甚至发生休克。典型大便暗绿色,量多带黏液,少数为血便。大便镜检有大量脓细胞和成簇的革兰阳性球菌,培养有葡萄球菌生长。

2) 伪膜性小肠结肠炎:由难辨梭状芽胞杆菌引起,主要症状为腹泻,轻者每日数次,停用抗生素后很快痊愈;重者腹泻频繁,呈黄绿色水样便,可有毒素致肠黏膜坏死所形成的伪膜排出,大便厌氧菌培养、组织培养法检测细胞毒素可协助诊断。

3) 真菌性肠炎:多为白色念珠菌感染所致,常并发于其他感染,如鹅口疮,大便次数增多,黄色稀便,泡沫较多带黏液,有时可见豆腐渣样细块(菌落),大便镜检有真菌孢子和菌丝。

(五)腹泻病的辅助检查

1. 血常规　细菌感染时白细胞总数及中性粒细胞增多,寄生虫感染和过敏性腹泻时嗜酸性粒细胞增多。

2. 大便常规　肉眼检查大便的性状,如外观颜色,是否有黏液、脓血等。大便镜检有无脂肪球、白细胞、红细胞等。

3. 病原学检查　细菌性肠炎大便培养可检出致病菌,真菌性肠炎大便镜检可见真菌孢子和菌丝,病毒性肠炎可做病毒分离等检查。

4. 血液生化　血钠测定可了解脱水的性质,血钾测定可了解有无低钾血症,碳酸氢钠测定可了解体内酸碱平衡失调的性质及程度。

(六)水、电解质与酸碱平衡紊乱

1. 脱水　脱水是指水分摄入不足或丢失过多所引起的体液总量尤其是细胞外液量的减少。除失水外,还有钠、钾和其他电解质的丢失。

(1)脱水程度:指患病以来累积的体液损失量,以丢失液体量占体重的百分比表示,但临床实践中常根据病史和前囟、眼窝、皮肤弹性、循环情况和尿量等临床表现综合判断,分为轻度脱水、中度脱水和重度脱水。

(2)脱水性质:指体液渗透压的改变,反映水和电解质的相对丢失量。钠是决定细胞外液渗透压的主要成分,所以根据血清钠的水平将脱水分为等渗、低渗和高渗脱水。临床以等渗性脱水最常见，其次为低渗性脱水、高渗性脱水。

2. 钾代谢异常　人体内钾主要存在于细胞内，正常血清钾浓度为 3.5～5.5 mmol/L。当血清钾低于 3.5 mmol/L 时为低钾血症；血清钾高于 5.5 mmol/L 时为高钾血症。低（高）钾血症临床症状的出现不仅取决于血钾的浓度，更重要的是与血钾浓度变化的速度有关。

（1）低钾血症：临床上较多见。常见原因有摄入不足、丢失增加以及钾分布异常。主要表现为：①神经肌肉兴奋性降低，如精神萎靡、反应低下、全身无力、腱反射减弱或消失、腹胀、肠鸣音减弱或消失；②心脏损害，如心率增快、心肌收缩无力、心音低钝、血压降低、心脏扩大、心律失常、心衰、猝死等；③肾脏损害：浓缩功能降低，出现多尿、夜尿、口渴、多饮等。

（2）高钾血症：常见原因有摄入过多、排钾减少、钾分布异常。主要表现为：①神经肌肉兴奋性降低，如精神萎靡、嗜睡、反应低下、全身无力，腱反射减弱或消失，严重者呈迟缓性瘫痪，但脑神经支配的肌肉和呼吸肌一般不受累。②心脏损害，如心律缓慢、心肌收缩无力、心音低钝、心律失常，早期血压偏高，晚期常降低。③消化系统症状，常有恶心、呕吐、腹痛等。

3. 酸碱平衡紊乱　很多因素可以引起酸碱负荷过度或调节机制障碍导致体液酸碱度稳定性破坏，称为酸碱平衡紊乱。

二、如何辨别轻型腹泻与重型腹泻

（一）轻型腹泻

1. 病因　多由饮食因素或肠道外感染引起。
2. 表现
（1）起病可急可缓，以胃肠道症状为主。
（2）表现为食欲不振，偶有溢奶或呕吐。
（3）大便次数增多，但每天的大便次数多在 10 次以内，每次大便量不多，大便性状为稀薄或带水，呈黄色或黄绿色，有酸味，粪质不多，常见白色或黄白色奶瓣和泡沫。
（4）一般无脱水及全身中毒症状，多在数日内痊愈。
3. 实验室检查
（1）如为饮食因素导致则血常规、大便常规均无异常。
（2）如为肠道外感染所致，则血常规可有白细胞及中性粒细胞增多。
（3）血液生化检查无异常。
（4）病原学检查常无异常。

（二）重型腹泻

1. 病因　多由肠道内感染引起。
2. 表现　起病常较急，除有较重的胃肠道症状外，还有明显的脱水、电解质紊乱及全身中毒症状。
（1）胃肠道症状：腹泻频繁，每日大便从十余次到数十次。除了腹泻外，常伴有呕吐、腹胀、腹痛、食欲不振等。大便呈黄绿色水样或蛋花汤样，量多，含水分多，可有少量黏液，少数患儿也可有少量血便。
（2）水、电、解质和酸碱平衡紊乱症状：有脱水、代谢性酸中毒、低钾血症、低钙血症、低镁血症等。

(3) 全身中毒症状：如发热，体温可达 40℃，精神烦躁或萎靡，嗜睡，面色苍白、意识模糊，甚至昏迷、休克等。

3. 实验室检查

(1) 大便常规检查因感染病毒、细菌、真菌或寄生虫而各有不同。

(2) 血液生化检查可有异常。

(3) 病原学检查可检测到相应的致病菌、病毒及真菌孢子等。

三、如何对婴幼儿腹泻进行家庭照护

（一）一般护理

(1) 保持生活环境清洁、舒适，温湿度适宜。

(2) 居家空气流通、清新。

(3) 婴幼儿的粪便、呕吐物及尿布等应及时清理，避免环境污染引起的不良刺激，让婴幼儿在舒适的环境下休息。

(4) 对感染性腹泻患儿应施行床边隔离。

(5) 食具、衣物及尿布应专用，对传染性较强的腹泻患儿最好用一次性尿布，用后焚烧。

(6) 护理患儿前、后要洗净双手，防止交叉感染。

（二）饮食护理

1. 母乳喂养者　可继续哺乳，但须减少哺乳次数，缩短每次哺乳时间，暂停添加辅食。

2. 人工喂养者　可喂米汤、酸奶、脱脂奶等，待腹泻次数减少后，再给予流质或半流质饮食，如粥、面条，应少量多餐，随着病情稳定和好转，逐步过渡到正常饮食。

3. 呕吐严重者　可暂时禁食 4～6 小时（不禁水），待好转后继续进食，由少到多，由稀到稠。

4. 病毒性肠炎　可能有继发性双糖酶（主要是乳糖酶）缺乏，对疑似病例可以改为淀粉类食物，或去乳糖配方奶粉以减轻腹泻，缩短病程。

5. 腹泻停止后　逐渐恢复营养丰富的饮食，并每日加餐 1 次，共 2 周。

（三）用药护理

1. 喂服肠黏膜保护剂及微生态制剂

(1) 肠黏膜保护剂应分次于两餐间加水搅匀喂服。

(2) 微生态制剂应于餐前喂服。

2. 指导喂服口服补液盐　口服补液盐（oral rehydration salt，ORS）是 WHO 推荐用于治疗急性腹泻合并脱水的一种口服溶液。2006 年 WHO 推荐使用的新配方是氯化钠 2.6 g，枸橼酸钠 2.9 g，氯化钾 1.5 g，葡萄糖 13.5 g，总渗透压为 245 mOsm/L，是一种低渗透压 ORS 补液配方。用前以温开水 500～1 000 mL 溶解，一般适用于轻度或中度脱水、无严重呕吐者。

具体用法：轻度脱水 50 mL/kg，中度脱水 100 mL/kg，4 小时内用完，继续补充量根据腹泻的继续丢失量而定。极度疲劳、昏迷或昏睡、腹胀者不宜用 ORS。

（四）臀部皮肤护理

选用吸水性强、柔软布质或纸质尿布，勤更换，避免使用不透气塑料布或橡皮布。每次便后用温水清洗臀部并擦干，以保持皮肤清洁、干燥。局部皮肤发红处涂以5%的鞣酸软膏或40%的氧化锌油并按摩片刻，促进局部血液循环。局部皮肤糜烂或溃疡者可采用暴露法，臀下仅垫尿布，不加包扎，使臀部皮肤暴露于空气中或阳光下。女婴尿道口接近肛门，应注意会阴部的清洁，防止上行性尿路感染。

（五）病情观察

1. 监测生命体征　如体温、脉搏、呼吸、血压等。体温过高时，应给患儿多饮水，擦干汗液，及时更换汗湿的衣服，并根据具体情况选择合适的降温措施。

2. 观察大便情况　观察并记录大便次数、颜色、气味、性状、量，做好动态比较，为输液方案和治疗提供可靠依据。

3. 观察全身中毒症状　如发热、精神萎靡、嗜睡、烦躁等。

4. 观察水、电解质和酸碱平衡紊乱症状　如脱水情况及其程度、代谢性酸中毒表现、低钾血症表现等。

（六）健康教育

1. 疾病护理指导　向家长解释腹泻的病因、潜在并发症以及相关的治疗措施，指导家长正确洗手，并做好污染尿布及衣物的处理，出入量的监测以及脱水表现的观察，说明调整饮食的重要性。指导家长配制和使用ORS溶液，强调应少量多次饮用，呕吐不是禁忌证。

2. 预防知识宣教

（1）指导合理喂养，提倡母乳喂养，避免在夏季断奶，按时逐步添加换乳期食物，每次限一种，防止过食、偏食及饮食结构突然变动。

（2）注意饮食卫生，食物要新鲜，注意乳品的保存和奶具、食具、便器、玩具等的定期消毒。教育儿童饭前便后洗手，勤剪指甲，培养良好的卫生习惯。

（3）加强身体锻炼，适当户外活动，注意气候变化，防止受凉或过热。

 问题分析

案例中的囡囡因腹部受凉且近期添加辅食不当，导致囡囡消化、吸收不良，食物积滞于小肠上部，使肠内的酸度减低，肠道下部细菌上移并繁殖，产生内源性感染，使消化功能紊乱。加之食物分解不全，产生腐败性毒性产物刺激肠道，使肠蠕动增加，引起呕吐、腹泻及脱水。因此评估案例存在以下问题：腹泻的处理，预防水、电解质及酸碱平衡紊乱等，其中"预防水、电解质及酸碱平衡紊乱"为首优问题。

1. 评估

（1）神志、生命体征、全身状况；胃肠道症状如呕吐、腹泻等。

（2）环境安静、整洁，安全，温、湿度适宜。

（3）照护者着装整齐、洗手。

（4）物品准备齐全，放置合理。

案例中囡囡的起病原因及症状表现均符合急性轻型腹泻并轻度脱水的典型表现,此时给予幼儿喂服 ORS 溶液,以纠正脱水情况。

2. 计划　预期目标如下:

(1) 婴幼儿能积极配合口服 ORS 溶液。

(2) 婴幼儿轻度脱水症状得到改善。

措施分析

依据目前囡囡的情况,照护员应及时给予以下几项有效处理措施。

1. 腹泻的处理

(1) 饮食护理:减少哺乳次数,缩短每次哺乳时间,暂停添加辅食。如仍呕吐不止,可暂时禁食(不禁水),待腹泻停止后逐渐恢复营养丰富的饮食。注意饮食卫生。

(2) 臀部皮肤护理:选择吸水性强、柔软布质或纸质尿布,勤更换;注意保持肛周皮肤清洁干燥,每次便后用温水清洗臀部并擦干,局部涂以 5% 的鞣酸软膏或 40% 的氧化锌油起保护皮肤作用;局部皮肤糜烂或溃疡者可采用暴露法,臀下仅垫尿布,不加包扎,使臀部皮肤暴露于空气中或阳光下。

2. 防止水、电解质及酸碱平衡紊乱

(1) 病情观察

1) 密切观察生命体征及有无全身中毒症状。

2) 大便的次数、性状、量、颜色、气味;水、电解质和酸碱平衡紊乱症状等。

(2) 指导正确用药

1) 喂服肠黏膜保护剂及微生态制剂:肠黏膜保护剂应分次于两餐间加水搅匀喂服;微生态制剂应于餐前喂服,并将药物放于冰箱内存放。

2) 喂服 ORS:轻度脱水按 50 mL/kg,中度脱水 100 mL/kg,2 岁以内的婴幼儿用 500 mL 温水溶解,2 岁以上的婴幼儿用 1 000 mL 温水溶解,4 小时内用完。

任务实施

一、婴幼儿腹泻的处理

(一) 观察

观察婴幼儿大便的性状、次数、量、气味;观察幼儿脱水症状。

(二) 喂服 ORS 的步骤

1. 操作前准备(操作+口述)　室温 20~22℃、湿度 55%~65%;照护者将药物、小碗、温开水、小勺等用物放于床头桌上;安抚幼儿情绪。

2. 配药(操作+口述)　将 ORS 粉剂倒入保温杯中,根据药品说明书加入 500~1 000 mL 温开水,用搅棒拌匀,使粉剂完全溶解,再用小碗或奶瓶取 50 mL 待用。

3. 喂服(操作+口述)　抱起婴幼儿,适当约束双手,系好围兜,用小勺或奶瓶喂服,每

婴幼儿安全照护

1～2分钟喂5 mL，直至喂完50 mL。喂服过程中注意观察婴幼儿有无呛咳及呕吐，喂完后擦净口周，解下围兜，继续竖抱婴幼儿防止呕吐。

二、整理记录

（1）整理用物、保持环境整洁。
（2）洗手。
（3）记录。

 任务评价

腹泻婴幼儿家庭照护评分标准详见表4-3-1。

表4-3-1 腹泻婴幼儿家庭照护评分标准(100分)

程序	考核内容	考核要点	说明要点	评分要求	分值	扣分	得分
操作前准备(20分)	概念考核	ORS的作用	ORS是一种口服补液的配方药，适用于轻度脱水的腹泻者，只需要用温水冲服就可以达到补液的作用	未口述扣3分	3		
	计划目标	口述目标	1. 婴幼儿能积极配合口服ORS药物 2. 婴幼儿轻度脱水症状得到改善	未口述扣2分	2		
	物品准备	模拟病房、照护床、保温杯、小碗或奶瓶、小勺、温开水、毛巾、围兜等		少一件扣1分	5		
	评估	喂养方式、进食习惯		未评估扣2分，评估不完整扣1分	2		
		主要症状如呕吐、大便的次数、性状、量、颜色、气味		未评估扣2分，评估不完整扣1分	2		
		脱水程度		未评估扣2分，评估不完整扣1分	2		
		环境安静，整洁，安全，温、湿度适宜		未评估扣2分，评估不完整扣1分	2		
	操作准备	着装整齐、洗手		不规范扣1分	2		

续 表

程序	考核内容	考核要点	说明要点	评分要求	分值	扣分	得分
操作流程（60分）	喂服ORS	安抚婴幼儿情绪		未安抚扣5分	5		
		配制ORS溶液：将ORS粉剂倒入保温水杯中，加入500 mL温水，搅拌使粉剂溶解，放置备用	"因因妈妈，宝宝的补液盐需要放置在干净的保温杯里冲泡备用，每次兑500 mL温水"（口述）	方法不正确扣10分	10		
		抱起婴幼儿使体位舒适，系好围兜		不符合要求每一处扣2分	5		
		喂服ORS溶液：从保温杯中取40～50 mL ORS溶液倒入小碗或奶瓶中，用小勺每次5 mL喂服或直接用奶瓶喂服，直至服完每次量，每天服10～12次，每次喂服后注意擦净口周，取下围兜，继续竖抱婴幼儿以防止呕吐	"因因妈妈，补液盐水需调试水温38～40℃，喂服时需要注意观察因因有无呛咳及呕吐。喂完后注意观察脱水症状是否改善"（口述）	方法不正确扣20分，部分正确扣3～5分	20		
	饮食指导	指导母乳喂养及辅食的注意事项	"因因频繁呕吐时，妈妈需要减少母乳喂养的次数，暂停加辅食"（口述）	未指导扣10分，指导不全扣2～3分	10		
	指导臀部皮肤护理	指导清理大便的方法及臀红处理方法	每次大便后用温水冲洗，注意保持臀部清洁干燥，如出现臀部皮肤发红，可涂茶油保护（口述）	未指导扣10分，指导不全扣2～3分	10		
操作后评价（20分）	用物处理	按消毒技术规范要求分类整理使用后物品		不符合要求扣5分	5		
	照护者评价	操作规范、动作熟练		不符合要求每一处扣1分	2		
		方法正确、步骤正确		不符合要求每一处扣1～2分	3		
		普通话标准、声音洪亮、仪态大方，操作中语气亲切		不符合要求每一处扣1～2分	2		
	注意事项	1. 配制ORS溶液时注意水温，防止烫伤婴幼儿 2. 喂服前应安抚婴幼儿情绪，喂服前应竖抱婴幼儿 3. 喂服过程中注意观察有无呛咳及呕吐 4. 喂服过程中动作轻柔、语气温和			5		

婴幼儿安全照护

续　表

程序	考核内容	考核要点	说明要点	评分要求	分值	扣分	得分
		5. 喂服后注意观察脱水改善情况					
	时间要求	10分钟		超时扣3分	3		
总分					100		

知识点小结

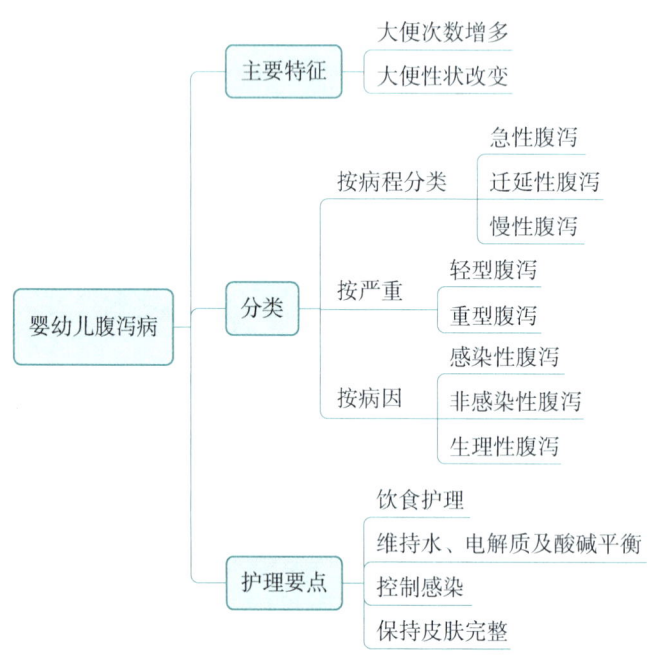

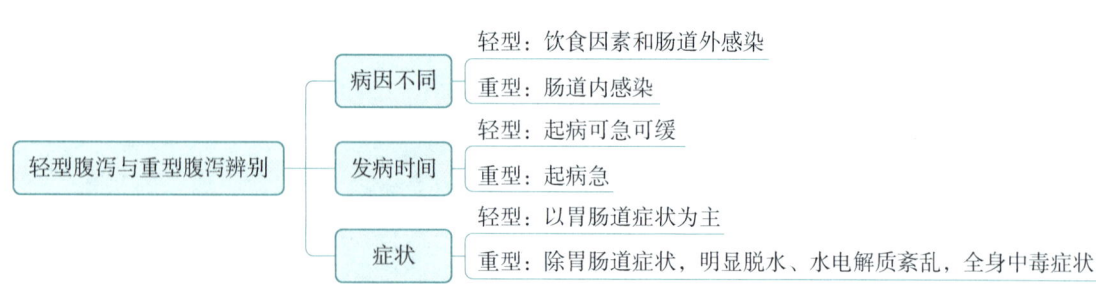

4-28

项目四 日常保健

 测一测

请扫二维码。

测试题

（周艳琼）

任务四　常见幼儿传染病防护

学习目标

1. 素质目标　具有发现和防止传染病传播的责任感；具有较好的沟通表达和解决问题的能力；能在操作中关心爱护幼儿。
2. 知识目标　能正确叙述手足口病、疱疹性咽峡炎、流感的表现、原因；熟知儿童口服给药、口腔护理、一般洗手的操作流程。
3. 能力目标　能独立正确完成手足口病、疱疹性咽峡炎、流感的防护；能独立正确完成的口服给药、口腔护理、一般洗手法；能说出儿童口服给药、口腔护理、一般洗手法的注意事项。

学习活动一　手足口病防护

案例导入

嘟嘟，2岁2个月，女。3天前患儿出现咳嗽伴发热，体温波动在38～39.5℃，1天前患儿双手出现丘疹，后发展为双足底、臀部及肩背部皮肤均出现丘疹和疱疹，起病以来无腹泻及呕吐。患儿来自农村，当地有较多手足口病患者，但患儿与手足口病患儿无密切接触。妈妈担心嘟嘟是不是得了手足口病，不知道怎么办，非常着急。

任务描述

正确判断手足口病，并进行指导正确防护及实施口服给药。

学习内容

一、如何判断是否手足口病

(一) 定义

手足口病是由肠道病毒引起的急性传染病，临床表现以手、足、口腔等部位皮肤黏膜的皮疹、疱疹、溃疡为典型表现，重者可出现无菌性脑膜炎、脑干脑炎、脑脊髓炎、神经源性肺水肿、循环障碍等严重并发症，并可导致死亡。

(二) 临床表现

手足口病潜伏期多为 2～10 天，平均 3～5 天。

1. 普通病例　急性起病，发热，口腔黏膜出现散在疱疹，多见于舌、颊黏膜和硬腭等处，常发生溃疡，可引起疼痛。手、足、臀等部位出现散在斑丘疹、疱疹，偶见于躯干部。疱疹周围可有炎性红晕，疱内液体较少。可伴咳嗽、流涕、食欲不振等症状。部分病例仅表现为皮疹或疱疹性咽峡炎；个别病例可无皮疹。皮疹消退后不留瘢痕，一般 1 周左右痊愈。

2. 重症病例　少数病例病情进展迅速，可出现脑膜炎、脑炎、脑脊髓炎、肺水肿、循环障碍等，极少数病例病情危重，可致死亡，存活者可留有后遗症。

根据发病机制和临床表现，分为 5 期。

(1) 第 1 期（手足口出疹期）：主要表现为发热，手、足、口臀等部出疹（斑丘疹、丘疹、小疱疹），可伴有咳嗽、流涕、食欲缺乏等症状。部分病例仅表现为皮疹或疱疹性咽峡炎，个别病例可无皮疹。

(2) 第 2 期（神经系统受累期）：少数 EV71 感染病例可出现中枢神经系统损害，多发生在病程 1～5 天内，表现为精神差、嗜睡、易惊、头痛、呕吐、烦躁、肢体抖动、急性肢体无力、颈项强直等脑膜炎、脑炎、脊髓灰质炎样综合征、脑脊髓炎症状体征。此期病例属于手足口病重症病例重型，大多数病例可痊愈。

(3) 第 3 期（心肺功能衰竭前期）：多发生在病程 5 天内。目前认为可能与脑干炎症后自主神经功能失调或交感神经功能亢进有关，亦有认为 EV71 感染后免疫性损伤是发病机制之一。本期病例表现为心率、呼吸增快，出冷汗、皮肤花纹、四肢发凉，血压升高，血糖升高，外周血白细胞升高，心脏射血分数可异常。此期病例属于手足口病重症病例危重型。及时发现上述表现并正确治疗，是降低病死率的关键。

(4) 第 4 期（心肺功能衰竭期）：病情继续发展，会出现心肺功能衰竭，可能与脑干脑炎所致神经源性肺水肿、循环功能衰竭有关。多发生在病程 5 天内，年龄以 0～3 岁为主。临床表现为心动过速（个别患儿心动过缓），呼吸急促，口唇发绀，咳粉红色泡沫痰或血性液体，持续血压降低或休克。亦有病例以严重脑功能衰竭为主要表现，肺水肿不明显，出现频繁抽搐、严重意识障碍及中枢性呼吸循环衰竭等。此期病例属于手足口病重症病例危重型，病死率较高。

(5) 第 5 期（恢复期）：体温逐渐恢复正常，对血管活性药物的依赖逐渐减少，神经系统受累症状和心肺功能逐渐恢复，少数可遗留神经系统后遗症状。

通常，患儿咽拭子、肛拭子或粪便、血液等标本肠道病毒特异性核酸阳性或分离到肠道病毒。

如何判断是否为手足口病？如何识别手足口病的临床表现？以及如何正确实施手足口病患儿的护理？让我们通过学习，正确掌握手足口病的防护措施。

(三) 鉴别

1. 麻疹　麻疹患儿发热 3～4 天出疹，出疹期为发热的高峰期，皮疹先是头面部出疹，然后发展至颈、躯干，最后四肢，退疹后有色素沉着，而且麻疹患者往往伴有结膜炎和流涕等卡他症状，可出现口腔麻疹黏膜斑。

2. 水痘　水痘患者一般为发热 1 天后出疹，全身症状轻微，皮疹呈向心性分布，以躯干为多，面部及四肢较少，最初为红色斑疹和丘疹，继之变为透明水疱，疱壁较薄易破，瘙痒明

显,且皮疹分批出现,各种皮疹同时存在。

3. 幼儿急疹　幼儿急疹为高热3~5天后出疹,但热退疹出是该病的特点。

4. 风疹　风疹患儿发热1天后出疹,全身症状轻,而且消退的很快,退疹后无色素沉着。

5. 丘疹样荨麻疹　为梭形水肿性红色丘疹,丘疹中心有针尖或粟粒大小水泡,触之较硬,多分布于四肢或躯干,不累及头部或口腔,不结痂,伴奇痒。

(四) 并发症

严重者可出现脑膜炎、脑炎(以脑干脑炎最为凶险)、脑脊髓炎、神经源性肺水肿、肺出血、呼吸衰竭及循环障碍等,主要见于EV71感染,极少数病例病情危重,可致死亡。

二、如何正确处理手足口病

(一) 治疗要点

1. 普通病例

(1) 注意隔离,避免交叉感染,适当休息,清淡饮食,做好口腔和皮肤护理。

(2) 对症治疗包括发热、呕吐、腹泻等给予相应处理。

2. 重症病例　神经系统受累者,使用甘露醇等降低颅内高压,酌情使用糖皮质激素和免疫球蛋白,给予降温、镇静、止惊等对症治疗。循环、呼吸衰竭者给予吸氧,保持呼吸道通畅;维持血压稳定并适量限制液体摄入量;及时应用血管活性药物;监测生命体征、血氧饱和度,根据病情应用呼吸机,保护脏器功能等。恢复期给予支持疗法,促进各脏器功能恢复;肢体功能障碍者给予康复治疗。

3. 护理要点

(1) 观察情况:密切观察患儿生命体征及病情,尤其是重症患儿。若出现烦躁不安、嗜睡、肢体动、呼吸及心率增快等表现时,提示有神经系统受累或心肺功能衰竭的表现,立即通知医生,并积极配合治疗,给予相应护理。保持呼吸道通畅,积极控制颅内压;使用脱水剂等药物治疗时,应观察药物的作用及不良反应。

(2) 维持正常体温:密切监测体温,高热者遵医嘱使用退热剂。加强监测有高热惊厥史患儿的病情,预防惊厥发作。

(3) 皮肤护理:保持室内适宜温湿度,衣被不宜过厚,及时更换汗湿衣被,保持衣被清洁。避免用肥皂、沐浴露清洁皮肤,以免刺激皮肤。剪短指甲以免抓破皮疹。手足部疱疹未破溃处涂炉甘石洗剂、冰硼散、金黄散等;疱疹破溃、有继发感染者,局部用抗生素软膏。臀部有皮疹者,保持臀部清洁干燥,及时清理大小便。

(4) 口腔护理:保持口腔清洁,进食前后用温水或生理盐水漱口。有口腔溃疡者可涂金霉素、鱼肝油。西瓜霜、冰硼散、珠黄散等可促进溃疡面愈合。

(5) 饮食护理:给予营养丰富、易消化、流质或半流质饮食,如牛奶、粥类等。饮食定时定量,少食零食,减少对口黏膜的刺激。因口腔溃疡疼痛拒食、拒水造成脱水、酸中毒者,给予补液以纠正水、电解质紊乱。

(6) 消毒隔离:住院患儿进行床边隔离,轻症患儿居家隔离,隔离至体温正常、皮疹消退,一般2周左右。房间每天开窗通风2次,并定时空气消毒。接触患儿前后均要消毒双手。用具消毒、暴晒处理,呕吐物及粪便用含氯消毒液处理2小时后倾倒。尽量减少陪护及探视人员,并做好陪护宣教,要求勤洗手、戴口罩等。

(7) 健康教育:向家长介绍手足口病的流行特点、临床表现及预防措施。指导家长培养婴幼儿良好的卫生习惯,饭前、便后洗手;玩具、餐具定期清洗消毒等。确诊者需立即隔离,其中不需住院治疗者可居家隔离,教会家长做好口腔护理、皮肤护理及病情观察,如有病情变化应及时到医院就诊。流行期间不要带孩子到公共场所。指导婴幼儿加强锻炼,增强机体抵抗力。我国研发的 EV-A71 灭活疫苗对 EV-A71 所致的手足口病保护效果不低于 90%,对 EV-A71 所致重症手足口病的保护效果达 100%,可达到一定的预防作用。

问题分析

"案例导入"中的嘟嘟被确诊为手足口病,因患儿起病急,为学龄儿童,出现发热伴手、足、口、臀部皮疹,患儿当地有手足口病流行,诊断为手足口病。因此评估嘟嘟存在以下主要问题:体温过高、皮肤完整性受损、有感染的危险等,其中"体温过高"为首优问题,根据这些情况,照护者引导幼儿学习口服给药的方法,用于预防和治疗疾病,并观察药物作用。

1. 评估
(1) 幼儿:年龄、病情、意识、精神状态、合作程度、吞咽能力、口腔咽部情况。
(2) 环境:干净、整洁、安全,温湿度适宜。
(3) 照护者:洗手。
(4) 物品:用物齐全、放置合理。
2. 计划　预期目标如下:
(1) 幼儿能积极配合口服药物。
(2) 幼儿热退、心情愉悦。

措施分析

根据目前嘟嘟的情况及合作程度,照护员应给予正确的口服给药措施处理。

任务实施

一、口服给药的操作

1. 操作前准备　准备药物、小毛巾、温开水、水杯、吸管。
2. 操作步骤
(1) 评估:患者的病情、年龄、意识、吞咽能力、合作程度、过敏史,口腔咽部是否有溃疡、糜烂等情况及心理状况:有无惊恐、害怕。
(2) (操作+口述)协助患者取舒适体位。

(3)(操作+口述)倒温开水或使用吸管,协助患者服药。

(4)(操作+口述)确定患者服下药物。

(5)(操作+口述)再饮用少量(20 mL)温开水,确保药液进入胃内。

(6)(操作+口述)用小毛巾擦干净口周部。

3. 注意事项

(1) 在口服给药时注意药物名称及药物剂量。

(2) 在患儿哭闹时严禁强行灌入,以免造成误吸。

(3) 操作中、操作后注意观察和询问患者的感受。

(4) 告知服药后注意事项,(退热药)多饮温水以助汗出,汗出擦干,服药半小时后复测体温。

二、整理记录

(1) 整理用物、保持环境整洁。

(2) 洗手。

(3) 记录。

任务评价

口服给药评分标准详见表4-4-1。

表4-4-1 口服给药评分标准(100分)

程序	考核内容	考核要点	分值	说明要点	评分标准	扣分	得分
操作前准备(20分)	概念考核	口服给药的意义	4	按照医嘱准备药物,用于预防、诊断和治疗疾病,并观察药物作用(口述)	每一项未口述或口述不正确扣2分,最多扣4分		
	物品准备	模拟病房、照护床1张、幼儿仿真模型、药物、小毛巾、温开水、水杯、吸管	8		每项口述或者(操作)不正确扣1分,最多扣8分		
	评估	1. 儿童的病情、年龄 2. 评估患者的意识、吞咽能力、合作程度、过敏史,口腔咽部是否有溃疡、糜烂等情况 3. 心理状况:有无惊恐、害怕 4. 环境安静,整洁,安全,温、湿度适宜	6	检查幼儿口腔有无溃疡、糜烂	未评估扣6分、评估不全扣1分		

续 表

程序	考核内容	考核要点	分值	说明要点	评分标准	扣分	得分
操作流程（60分）	操作准备	照护者着装整齐，用物准备齐全、洗手	2		不洗手扣2分，一项不符合要求扣1分		
	操作实施	1.（操作＋口述）室内温度26～28℃，温湿度适宜，核对幼儿身份、药物及药物剂量	15	调节室温在26～28℃（口述）	每一项操作或者操作不正确，扣10分；每一项口述未口述或口述有误扣2分；最多扣60分		
		2.（操作＋口述）协助幼儿取舒适体位	5	"宝宝，阿姨现在准备喂药，请把身体转向阿姨这边，对了，宝贝做得很好"			
		3.（操作＋口述）倒温开水或使用吸管，协助患者服药	10	"宝贝，张开嘴巴，阿姨把药片放到你嘴巴里，含着药物后做吞咽的动作，很棒，宝贝做得很好"			
		4.（操作＋口述）确定患者服下药物	5	"宝贝，药片吞下去了吗"			
		5.（操作＋口述）再饮用少量（20 mL）温开水，确保药液进入胃内	15	"宝贝，我们再用吸管喝一些温开水"			
		6.（操作＋口述）用小毛巾擦干净口周部	10	"好了，药片我们吃完了，阿姨给你擦擦嘴巴"			
操作后评价(20分)	用物处理	按消毒技术规范要求分类整理使用后物品	5		一处不符合要求扣2分		
	工作人员评价	1. 普通话标准 2. 声音洪亮 3. 操作中与幼儿亲切交流	6		态度言语不符合要求各扣2分；沟通无效扣2分		
	注意事项	1. 在患儿哭闹时严禁强行灌入，以免造成误吸 2. 操作中、操作后注意观察和询问患者的感受 3. 告知服药后注意事项，（退热药）多饮温水以助汗出，汗出擦干，服药半小时后复测体温	6		一项回答不全或回答错误扣2分		
	时间要求	10分钟	3		超时扣3分		
总分			100				

4—35

婴幼儿安全照护

知识点小结

```
手足口病护理
├─ 判断手足口病
│   ├─ 流行病学
│   │   ├─ 传染源 ── 手足口病患者
│   │   │            隐性感染者
│   │   ├─ 传播途径　接触传播
│   │   └─ 易感人群　婴幼儿和儿童
│   ├─ 临床表现　分期
│   │   ├─ 手足口出疹期
│   │   ├─ 神经受累期
│   │   ├─ 心肺功能衰竭前期
│   │   ├─ 心肺功能衰竭期
│   │   └─ 恢复期
│   ├─ 鉴别
│   │   ├─ 麻疹
│   │   ├─ 水痘
│   │   ├─ 幼儿急疹
│   │   └─ 风疹
│   └─ 治疗要点
│       ├─ 普通病例
│       ├─ 重症病例
│       └─ 恢复期治疗
└─ 正确实施手足口病护理
    ├─ 病情观察　生命体征和病情
    ├─ 维持正常体温　密切监测体温
    ├─ 皮肤护理
    │   ├─ 室内温度适宜、及时更换湿衣被、疱疹未破溃外涂炉甘石
    │   ├─ 修剪指甲、避免抓挠
    │   └─ 保持臀部皮肤干燥清洁
    ├─ 口腔护理
    │   ├─ 保持口腔清洁，进食前后温水、生理盐水漱口
    │   └─ 溃疡：涂金霉素、鱼肝油等
    ├─ 饮食护理　营养丰富、易消化、流质、半流质
    ├─ 消毒隔离
    │   ├─ 轻症居家隔、住院患儿床边隔离
    │   └─ 用具消毒、减少探视
    └─ 健康教育
        ├─ 介绍病因、疾病特点
        ├─ 指导家长培养患儿良好卫生习惯
        └─ 玩具、餐具定期消毒
```

 测一测

请扫二维码。

测试题

学习活动二 疱疹性咽峡炎防护

 案例导入

周末,妈妈带妞妞去公园玩。今天早上起床,妈妈发现妞妞有点不爱说话,蔫蔫的,一摸发现妞妞的头部发热,起床后给妞妞测量体温为38.5℃,于是给妞妞喝水。妞妞告诉妈妈她的头痛、嗓子疼不想喝水。妈妈发现妞妞咽部发红。如果你是照护者,请问妞妞是不是得了疱疹性咽峡炎?

 任务描述

正确判断疱疹性咽峡炎,并教导实施疱疹性咽峡炎的口腔护理操作。

 学习内容

一、如何判断是否为疱疹性咽峡炎

(一)疱疹性咽峡炎定义

疱疹性咽峡炎是由肠道病毒引起的以急性发热和咽峡部疱疹溃疡为特征的儿童急性上呼吸道传染性疾病,主要病原体是柯萨病毒 A 型和肠道病毒 71 型。

(二)临床表现

本病的潜伏期为 3~5 天。疱疹性咽峡炎急性起病,常突然出现发热和咽痛,多为低或中度发热,部分患儿为高热,高达 40℃ 以上,可引起惊厥,热程 2~4 天,可伴咳嗽、流涕、呕吐、腹泻,有时有头痛、腹痛或肌痛,咽痛严重者可影响吞咽。发热期间年幼患儿因口腔疼痛会出现流涎、哭闹、厌食。局部体征为初起时咽部充血,在咽腭弓、软腭、悬雍垂及扁桃体上可见散在多个 2~4 mm 灰白色疱疹,周围有红晕,1~2 天后破溃形成小溃疡。全身和咽部症状体征一般在 1 周左右自愈,预后良好。

如何判断是否为疱疹性咽峡炎?如何识别疱疹性咽峡炎的临床表现?以及如何正确实施疱疹性咽峡炎防护?让我们通过学习,正确掌握疱疹性咽峡炎防护。

(三)鉴别

1. **流行性感冒** 简称流感,由流感病毒、副流感病毒引起,有明显的流行病学史,潜

期一般1～3天,起病初期传染性最强。典型流感,呼吸道症状可不明显,而全身症状重,如发热、头痛、咽痛、肌肉酸痛、全身乏力等,有的可引起支气管炎、中耳炎、肺炎等并发症及恶心、呕吐等呼吸道外的各种病症。

2. 咽-结膜热　咽结膜热病原体为腺病毒37型,常发生于春夏季,散发或发生小流行。以发热、咽炎、结膜炎为特行证。临床主要表现为高热、咽痛、眼部刺痛、咽部充血,一侧或双侧滤泡性眼结膜炎,颈部、耳后淋巴结肿大,有的伴胃肠道症状。病程1～2周。

3. 手足口病　手足口病是由肠道病毒引起的急性传染病,临床表现以手足、口腔等部位皮肤黏膜的皮疹、疱疹、溃疡为典型表现。

(四)并发症

脑干脑炎、急性迟缓性麻痹、无菌性脑膜炎、心肌炎等。

二、如何正确实施疱疹性咽峡炎的处理措施

(一)治疗要点

1. 一般治疗

(1) 首先要做好隔离,居家隔离2周,尽量不要去人口密集的地方,以免交叉感染,并密切观察病情。

(2) 注意卧床休息,多饮水、及时通风,做好呼吸道隔离,预防交叉感染和并发症发生。

(3) 饮食应为易消化的流质或半流质饮食,不宜进食过烫、辛辣、酸、粗、硬等刺激性食物,应少量多餐。对于进食困难的幼儿,可适当给予补充液体治疗。

2. 对症治疗

(1) 高热幼儿给予物理降温或药物降温。

(2) 高热惊厥者给予镇静、止惊处理;咽痛者可含服咽喉片。

3. 抗感染治疗　早期发病可在医生的指导下给予抗病毒药物治疗。

(二)护理要点

1. 病情观察　密切观察幼儿的精神状态和饮食状态,如出现精神差、烦躁不安、面色苍白等症状应及时就医,防止并发症发生。

2. 高热处理

(1) 卧床休息,保持室内安静、温度适中、通风良好。

(2) 衣被不可过厚,以免影响机体散热。

(3) 保持皮肤清洁,及时更换汗液浸湿的衣被。

(4) 加强口腔护理,饮食不宜进食过烫、辛辣、硬等刺激性食物,应进食流质或半流质饮食。

(5) 测量体温,鼓励多饮水;若超过38.5℃(腋温)或幼儿不舒服,且情绪不好,给予物理降温,如退热贴、头部冰敷等,也可以遵照医嘱给予退热等药物降温并观察退热效果,警惕高热惊厥发生。

(6) 若患儿出现精神差、烦躁不安、面色苍白等就要及时去医院就诊,防止并发症的发生。

(7) 将幼儿交给家长并进行有效沟通,并告知所做高热处理,缓解紧张情绪;动作轻柔,

保护幼儿,避免不必要的伤害。

（8）保证充足的营养及水分,给予营养易消化的饮食。

3. 疱疹性咽峡炎的健康教育

（1）加强疱疹性咽峡炎的宣教,向家长介绍疱疹性咽峡炎的相关知识,出现症状及时就医,并做好相关隔离措施。

（2）指导家长培养幼儿养成良好的卫生习惯,如勤洗手、勤剪指甲、不咬玩具等。

（3）疾病高发季节尽量少去人口密集的公共场所,避免与幼儿接触。

（4）在流行期间,托儿所、幼儿园等疾病高发场所应做好消毒工作。

问题分析

"案例导入"中的妞妞被确诊为疱疹性咽峡炎。目前以发热、咽痛等症状为主要特征,因此评估妞妞存在以下主要问题：体温过高、疼痛等,其中"体温过高"为首优问题。根据这些情况,照护者应引导患儿做好口腔护理,保持口腔清洁卫生。

1. 评估

（1）幼儿：年龄、生命体征、身体状况、口腔情况、意识、精神状态、配合程度。

（2）环境：干净、整洁、安全、温湿度适宜。

（3）照护者：着装整齐,洗手。

（4）用物：用物齐全、放置合理。

2. 计划　预期目标如下：

（1）幼儿能积极配合口腔护理。

（2）幼儿口腔清洁、心情愉悦。

措施分析

根据目前妞妞的情况及配合程度,照护员应给幼儿做好口腔护理。

任务实施

1. 操作前准备　手消毒液,治疗盘、漱口液、手电筒、棉签、温开水、水杯、吸水管、口腔护理包(换药碗、干棉球、镊子、弯头血管钳、弯盘、治疗巾、压舌板)。

2. 操作步骤

（1）做好口腔护理前的物品准备,携用物至患儿床旁,核对患儿的信息及棉球数量。

（2）（操作＋口述）告知患儿配合的方法。协助患儿侧卧或平卧,头偏向一侧。

（3）（操作＋口述）颌下铺小毛巾或围嘴,以防护理时沾湿衣服,并置弯盘于口角处,电筒检查口腔。

(4)（操作＋口述）用棉签蘸温开水湿润口唇、口角。

(5)（操作＋口述）协助并指导患儿正确漱口。

(6)（操作＋口述）评估口腔情况。

(7)（操作＋口述）擦洗口腔。

1）年长儿：口唇→左外侧面→右外侧面→左上内侧→左上咬合→左下内侧→左下咬合→弧形擦洗左颊黏膜→右上内侧→右上咬合→右下内侧→右下咬合→弧形擦洗右颊黏膜→擦洗硬腭→舌面→漱口。

2）年幼儿：口唇→左外侧面→右外侧面→上内侧面口唇→下内侧面→上咬合面→下咬合面→左颊黏膜→右颊黏膜→硬腭→舌面→口唇。

(8)擦拭面部。

(9)清点棉球。

(10)协助患儿恢复体位。

3．注意事项

(1)擦洗过程中，动作轻柔，特别是对凝血功能障碍的患者，应防止碰上黏膜及牙龈。

(2)棉球避免过湿，以防患儿将溶液吸入呼吸道。

(3)及时清点棉球，防止棉球遗留在口腔内。

二、整理记录

(1)整理用物、保持环境整洁。

(2)洗手。

(3)记录。

任务评价

口腔的护理评分标准详见表4－4－2。

表4－4－2　口腔的护理评分标准（100分）

程序	考核内容	考核要点	分值	说明要点	评分标准	扣分	得分
操作前准备(20分)	概念考核	口腔护理的意义	3	1. 保持口腔及牙齿清洁,消除口臭 2. 预防口腔感染,防止并发症			
		3. 观察口腔黏膜和舌苔有无异常，便于了解病情变化（口述）	3	每一项未口述或口述不正确,扣1分,最多扣3分			

续 表

程序	考核内容	考核要点	分值	说明要点	评分标准	扣分	得分
	物品准备	模拟病房、照护床1张、幼儿仿真模型、手消毒液、治疗盘、漱口液、手电筒、棉签、温开水、水杯、吸水管、口腔护理包(换药碗、干棉球、镊子、弯头血管钳、弯盘、治疗巾、压舌板)	8		每项口述或者(操作)不正确扣1分,最多扣8分		
	评估	1. 患儿年龄、身体状况、口腔情况,有无吞咽障碍 2. 意识、生命体征 3. 心理状况:有无惊恐、害怕,配合程度 4. 环境:安静、整洁,安全,温、湿度适合	4	检查幼儿的口腔黏膜及牙龈等有无破损、出血、疼痛	未评估扣4分,评估不全一项扣1分		
	操作准备	照护者着装整齐,清洗双手、准备用物齐全	2		不洗手扣2分,一项不符合要求扣1分		
操作流程(60分)	操作实施	1. (操作+口述)调节室温26~28℃,温度适宜,做好口腔护理的物品准备,携用物至患儿床旁,核对患儿的信息及棉球数量	6	"宝贝,是不是嘴巴痛呀?现在阿姨给你做口腔护理,护理后嘴里就不痛了,待会在做护理的过程中不用紧张,跟着阿姨说的做就可以了"	每一项步骤不正确或者步骤操作不正确,扣2分;每一项步骤未口述或口述有误扣2分;最多扣60分		
		2. (操作+口述)告知患儿配合的方法。协助患儿侧卧或平卧,头偏向一侧	6	"宝贝,我们侧着睡,阿姨给你垫一个小毛巾以免蘸湿衣服"			
		3. (操作+口述)颌下铺小毛巾或围嘴,以防护理时蘸湿衣服,并置弯盘于口角处,电筒检查口腔	6	"在护理前,阿姨要检查一下你的口腔情况,张开嘴巴,很好,阿姨检查完了,可以闭上嘴巴了"			
		4. (操作+口述)用棉签蘸温开水湿润口唇、口角	6	"宝贝,阿姨用温开水棉签给你湿润下口唇、口角。现在舒服吗"			
		5. 协助并指导患儿正确漱口	6	"接下来阿姨教你漱口,在漱结束后不要把水吞下去,你跟着阿姨的口令来做:喝口清清水,闭起嘴,			

续 表

程序	考核内容	考核要点	分值	说明要点	评分标准	扣分	得分
				咕噜咕噜吐出水。嗯很棒,宝贝做得非常好"			
		6.(操作+口述)评估口腔情况	4	"宝贝再张开嘴让阿姨检查一下漱口干净了没有"			
		7. 擦洗口腔(操作+口述) (1)年长儿:口唇→左外侧面→右外侧面→左上内侧→左上咬合→左下内侧→左下咬合→弧形擦洗左颊黏膜→右上内侧→右上咬合→右下内侧→右下咬合→弧形擦洗右颊黏膜→擦洗硬腭→舌面→漱口 (2)年幼儿:口唇→左外侧面→右外侧面→上内侧面口唇→下内侧面→上咬合面→下咬合面→左颊黏膜→右颊黏膜→硬腭→舌面→口唇	20	"现在阿姨给你清洁口腔了,阿姨动作轻轻的,宝宝张开嘴巴配合阿姨就好了,宝宝真乖" "宝贝,现在还好吗?痛不痛呀?有没有舒服一点呀" "宝贝,阿姨清洁好口腔了,真棒,我们配合得很好,谢谢宝宝"	每一项步骤不正确或者步骤操作不正确,扣2分;每一项步骤未口述或口述有误扣2分;最多扣20分		
		8.(操作+口述)擦拭面部,清点棉球	4	"宝贝,阿姨帮你擦擦脸,真乖"	未擦拭面部扣2分,未清点棉签扣2分		
		9.(操作+口述)协助患儿恢复体位	2	"好了,我们现在躺平,休息一会儿"	未整理体位扣2分		
操作后评价(20分)	用物处理	按消毒技术规范要求分类整理使用后物品	5		一处不符合要求扣2分		
	工作人员评价	1. 普通话标准 2. 声音洪亮 3. 操作中与幼儿亲切交流	6		态度言语不符合要求各扣2分;沟通无效扣2分		
	注意事项	告知患儿在操作过程中的配合事项;指导正确的漱口方法,避免呛咳或者误吸	6		一项回答不全或回答错误扣2分		
	时间要求	10分钟	3		超时扣3分		
总分			100				

知识点小结

疱疹性咽峡炎
- 病原体：肠道病毒
- 临床表现
  - 潜伏期 3~5日
  - 症状体征
    - 发热、咽痛
    - 伴咳嗽、流涕、呕吐、腹泻等
    - 局部咽喉充血
    - 可见散在多个2~4 mm大小灰白色疱疹、周围有红晕
- 鉴别
  - 流行性感冒
  - 咽-结合膜热
  - 手足口病
- 治疗要点
  - 一般治疗
    - 做好隔离
    - 卧床休息
    - 清淡饮食
  - 对症治疗
    - 高热：物理降温或药物降温
    - 惊厥：镇静、止惊
    - 咽部痛：含服咽喉片
  - 抗感染治疗　遵医嘱用药
- 护理措施
  - 病情观察　精神状态、饮食状态，出现精神差、面色苍白、烦躁不安等及时就医
  - 高热处理
    - 卧床休息、室内温湿度适中、通风良好
    - 衣被不可过厚
    - 保持皮肤清洁、及时更换湿衣被
    - 加强口腔护理
    - 监测体温
  - 保证充足的营养及水分
  - 健康教育
    - 加强宣教
    - 指导患儿养成良好习惯
    - 避免去人群过多地方，防止交叉感染

测一测

请扫二维码。

测试题

学习活动三　流感的防护

案例导入

患儿,豆豆,男,3岁。于昨日开始出现发热,体温达39℃,诉头痛和肢体疼痛,伴流涕、鼻塞和咳嗽,无恶心呕吐、腹泻、关节肿痛及活动受限,至发病精神善可,皮肤未见皮疹,口腔黏膜光滑,咽部充血,二便正常,妈妈给予豆豆口服退热药及降温贴敷额头。

任务描述

正确判断流感,实施流感护理,指导使用一般洗手法。

学习内容

一、如何判断是否为流感

(一) 定义

流行性感冒(influenza)简称流感,是由流感病毒引起的急性呼吸道传染病。临床特点为急起高热、畏寒、头痛、乏力、全身肌肉酸痛和轻度呼吸道症状。婴幼儿和机体免疫功能低下者易并发肺炎,重者可导致死亡。我国将流行性感冒纳入法定丙类传染病管理。

(二) 临床表现

潜伏期一般为1~3天,可短至数小时,长至7天。

1. 单纯型流感　急性起病,畏寒、发热、头痛、乏力和全身酸痛,体温可达39~40℃,可伴有鼻塞、流涕、咽痛和咳嗽等上呼吸道症状。通常全身症状重,而呼吸道症状相对较轻。婴幼儿流感常不典型,可出现高热惊厥,易引起中耳炎、喉炎、气管支气管炎、毛细支气管炎及肺炎等,腹泻和呕吐等胃肠道症状较常见。新生儿流感少见,可呈败血症样表现,易合并肺炎。体检可见眼结膜轻度充血,咽部充血,肺部听诊正常或闻及干啰音。发病3~4天后体温逐渐下降,全身症状好转。轻症者如同普通感冒,症状轻,2~3天即可恢复。

2. 肺炎型流感　多见于婴幼儿和老年人、慢性心肺疾病及免疫功能低下者。常以流感症状起病,发病1~2天后病情加重,可出现持续高热、精神萎靡、气急、发绀、阵咳及咯血等。体检可发现双肺呼吸音降低,可闻及哮鸣音和湿啰音,但无实变体征。

3. 胃肠型流感　除发热外,以呕吐和腹泻为显著特点,多见于婴幼儿和学龄前儿童。2~3天即可恢复。

4. 重症流感　病情发展迅速,多在病后1~2天出现肺炎,体温常持续在39℃以上,呼吸困难,伴顽固性低氧血症,可快速进展为急性呼吸窘迫、脑病、休克、心肌损伤或心力衰竭、心脏停搏和急性肾损伤或肾衰竭,甚至多器官功能障碍。

(三) 鉴别

1. **普通感冒** 以上呼吸道卡他症状为主,全身症状较轻,主要靠病原学检测鉴别。
2. **下呼吸道感染** 流感合并气管支气管炎或肺炎时需要与其他病原所致下呼吸道感染鉴别,包括细菌性肺炎、病毒性肺炎、支原体肺炎、衣原体肺炎及真菌性肺炎等,主要依据临床表现和影像学特征及病原学检查帮助鉴别诊断。

(四) 并发症

肺炎、气管炎、鼻炎、中毒性心肌炎、心包炎、心力衰竭、脑炎、脑膜炎、脊髓炎等。

二、如何正确实施流感处理措施

(一) 治疗要点

1. **对症治疗** 应卧床休息,多饮水,预防并发症和继发感染。高热及全身酸痛时可适量使用解热镇痛药,应避免剂量过大而导致出汗过多以致虚脱。儿童禁用阿司匹林,以防并发 Reye 综合征。高热和中毒症状较重者,可给予静脉输液补充水分。继发细菌感染者可选用适宜的抗菌药物。
2. **抗病毒药物治疗** 在出现流感症状后 48 小时内使用最为有效。凡病原学检查确认或高度怀疑流感且有并发症高危因素的儿童,无论基础疾病、流感疫苗免疫状态及流感病情严重程度,都应在发病 48 小时内给予抗病毒药物治疗,疗程通常为 5 天。对于重症住院患者即使病程超过 48 小时,亦应给抗病毒药物治疗,疗程可延长至 10 天。选择神经氨酸酶抑制剂,对甲型和乙型流感病毒均有抑制作用。

(二) 护理要点

1. **一般护理** 注意休息,减少活动。采取分室居住和佩戴口罩等方式进行呼吸道隔离。保持室内空气清新,但应避免空气对流。
2. **促进舒适度** 保持室温 18~22℃,湿度 50%~60%,以减少空气对呼吸道黏膜的刺激。保持口腔清洁,婴幼儿饭后喂少量的温开水以清洗口腔,年长儿饭后漱口,口唇涂油类以免干燥。鼻塞严重时先清除鼻腔分泌物后用 0.5% 麻黄碱滴鼻,或是艾灸百会穴、按摩迎香穴等,保持鼻腔通畅,并保持口周清洁。
3. **发热护理**
   (1) 卧床休息,保持室内安静、温度适中、通风良好。
   (2) 衣被不可过厚,以免影响机体散热。
   (3) 保持皮肤清洁,及时更换汗液浸湿的衣被。
   (4) 加强口腔护理。
   (5) 保证充足的营养和水分:给予富含营养易消化的饮食。有呼吸困难者,应少食多餐。婴儿哺乳时取头高位或抱起,呛咳重者用滴管或小勺慢慢喂,以免进食用力或呛咳加重病情。因发热,呼吸增快会增加水分消耗,所以注意保证充足的水分摄入,入量不足者必要时可进行静脉补液。
4. **病情观察** 密切观察病情变化,注意咳嗽的性质、神经系统症状、口腔黏膜改变及皮肤有无疹等,以便早期发现麻疹、猩红热、手足口病、流行脑脊膜炎等急性传染病。注意观察咽部充水肿、化脓情况,疑有咽后壁脓肿时,及时报告医师,同时注意防止脓肿破溃后脓液流入气管引起窒息。有可能发生惊厥的幼儿应加强巡视,密切观察体温变化,床边设置床挡,以防患儿坠床,备好急救物品和药品。

5. 健康教育

(1) 儿童居室应宽敞整洁、采光好。室内应采取湿式清扫,经常开窗通气,成人应避免在儿童居室内吸烟,保持室内的空气新鲜。

(2) 合理喂养儿童,婴儿提倡母乳喂养,及时添加换乳期食物,保证摄入足量的蛋白质及维生素;要营养平衡,纠正偏食,增强体质。

(3) 在气候骤变时,应及时增减衣服,注意保暖,出汗后及时更换衣物。

(4) 在上呼吸道感染的高发季节,避免带儿童去人多拥挤、空气不流通的公共场所,做好手卫生。体弱儿童建议注射流感疫苗。

问题分析

"案例导入"中的豆豆被确诊为流行性感冒。目前以发热、头痛、乏力等症状为主要特征,因此评估豆豆存在以下主要问题:舒适度改变、体温过高、疼痛等,其中"舒适度改变"为首优问题。根据这些情况,照护者应引导患儿做好日常洗手的方法,清除手上的灰尘、污垢及大部分的细菌,减少传染病的传播,预防疾病。

1. 评估

(1) 幼儿:生命体征、精神状态、配合程度。

(2) 环境:干净、整洁、安全,温湿度适宜。

(3) 照护者:着装整齐,洗手。

(4) 物品:准备齐全、放置合理。

2. 计划 预期目标如下:

(1) 幼儿能积极配合洗手。

(2) 幼儿手部清洁、心情愉悦。

措施分析

根据目前豆豆的情况及配合情况,照护员应引导儿童学习一般洗手法,养成良好的卫生习惯。

任务实施

一、一般洗手的使用

1. 操作前准备 洗手液或肥皂、毛巾/纸巾、流动自来水、洗手池、水龙头、盛污物容器。

2. 操作步骤

（1）（操作＋口述）洗手前应先摘除手部饰物，并修剪指甲，长度不超过指尖，用肘或适宜方法打开水龙头，在流动水下使双手充分淋湿，取适量洁净洗手液或肥皂均匀涂抹至整个手掌、手背、手指和指缝。

（2）（操作＋口述）洗掌心：掌心相对，手指并拢，相互揉搓。

（3）（操作＋口述）洗手背：手心对手背沿指缝相互揉搓，交换进行。

（4）（操作＋口述）洗指缝：掌心相对，双手交叉指缝相互揉搓。

（5）（操作＋口述）洗指背：弯曲手指关节使关节在另一手掌心旋转揉搓，交换进行。

（6）（操作＋口述）洗拇指：一手握住另一手大拇指旋转揉搓，交换进行。

（7）（操作＋口述）洗指尖：将5个手指尖并拢放在另一手掌心旋转揉搓，交换进行。

（8）（操作＋口述）在流动水下彻底冲净双手。

（9）（操作＋口述）采用防止手部再污染的方法关闭水龙头。

（10）（操作＋口述）用毛巾/一次性纸巾/暖风吹手设备擦/吹干双手。

3. 注意事项

（1）洗手时注意洗净指尖、指缝、指关节等处。

（2）洗手用的肥皂要保持干燥。

（3）洗手后可待其自然干燥，或用个人专用毛巾/纸巾擦干，毛巾一用一消毒。

（4）手未受到患者血液、体液等明显污染时，可以用速干手消毒剂消毒双手代替洗手。

二、整理记录

（1）整理用物，清洁环境。

（2）洗手。

（3）记录。

任务评价

一般洗手的评分标准详见表4－4－3。

表4－4－3　一般洗手的评分标准（100分）

程序	考核内容	考核要点	分值	说明要点	评分标准	扣分	得分
操作前准备（20分）	概念考核	一般洗手的意义	6	去除手部皮肤污垢、碎屑和部分致病菌，减少将病原体带给幼儿、物品及个人的机会（口述）	每一项未口述或口述不正确，扣3分，最多扣6分		

续 表

程序	考核内容	考核要点	分值	说明要点	评分标准	扣分	得分
	物品准备	模拟病房、照护床1张,洗手池、水龙头、洗手液或肥皂,毛巾/纸巾/暖风吹手设备,流动自来水	8		每项口述或者操作不正确扣1分,最多扣8分		
	评估	1. 观察幼儿手部皮肤情况 2. 环境安静、整洁、安全,温、湿度适宜	4	检查幼儿手部皮肤情况	未评估扣4分,评估不全一项扣1分		
	操作准备	照护者着装整齐、用物准备齐全	2		不洗手扣2分,一项不符合要求扣1分		
操作流程(60分)	操作实施	1.(操作+口述)洗手前应先摘除手部饰物,并修剪指甲,长度不超过指尖,用肘或适宜方法打开水龙头,在流动水下使双手充分淋湿双手,取适量洁净洗手液均匀涂抹至整个手掌、手背、手指和指缝	9	调节室温在18~22℃(口述) "宝贝,阿姨要教你怎么洗手,减少生病,先取一些洗手液,把泡泡涂抹整个手掌、手背、手指和指缝"	一项操作不符扣2分,未口述或口述有误扣2分,最多扣9分		
		2.(操作+口述)洗掌心:掌心相对,手指并拢,相互揉搓	6	"涂满泡泡后,我们掌心对掌心,手指并拢,相互揉搓"	一项操作不符扣2分,未口述或口述有误扣2分,最多扣6分		
		3.(操作+口述)洗手背:手心对手背沿指缝相互揉搓,交换进行	6	"接下来我们把手心压手背,十指交叉搓一搓,洗完了再交换进行"	一项操作不符扣2分,未口述或口述有误扣2分,最多扣6分		
		4.(操作+口述)洗指缝:掌心相对,双手交叉,沿指缝相互揉搓	6	"跟着阿姨做掌心相对,双手交叉指缝相互揉搓"	一项操作不符扣2分,未口述或口述有误扣2分,最多扣6分		
		5.(操作+口述)洗手指:弯曲手指关节使关节在另一手掌心旋转揉搓,交换进行	6	"继续跟着阿姨指尖掌心揉:我们弯曲左边小手指,让5个小手指在右手掌心旋转揉搓,洗完了再交换进行"	一项操作不符扣2分,未口述或口述有误扣2分,最多扣6分		
		6.(操作+口述)洗拇指:一手握住另一手大拇指旋转揉搓,交换进行	6	"接下来是洗洗大拇指,右手握住左边大拇指旋转揉搓。洗完了再交换进行"	一项操作不符扣2分,未口述或口述有误扣2分,最多扣6分		

4—48

续表

程序	考核内容	考核要点	分值	说明要点	评分标准	扣分	得分
		7.（操作＋口述）洗指尖：将5个手指尖并拢放在另一手掌心旋转揉搓，交换进行	6	"最后一步：将左手的5个手指尖并拢放在右手的掌心旋转揉搓，完毕再交换手指揉搓"	一项操作不符扣2分，未口述或口述有误扣2分，最多扣6分		
		8.（操作＋口述）在流动水下彻底冲净双手	6	"在流动水下把小手冲干净，再用一次性纸巾擦干手"	一项操作不符扣2分，未口述或口述有误扣2分，最多扣6分		
		9.（操作＋口述）用毛巾/一次性纸巾/暖风吹手设备擦/吹干双手，如水龙头为手拧式开关，则应采用防止手部再污染的方法关闭水龙头	9	"好了，我们的小手现在白白的很干净，勤洗手就不容易生病"	一项操作不符扣2分，未口述或口述有误扣2分，最多扣9分		
操作后评价(20分)	用物处理	按消毒技术规范要求分类整理使用后物品	5		一处不符合要求扣2分		
	工作人员评价	1. 普通话标准 2. 声音洪亮 3. 操作中与幼儿亲切交流	6		态度言语不符合要求各扣2分；沟通无效扣2分		
	注意事项	1. 洗手时注意洗净指尖、指缝、指关节等处 2. 洗手用的肥皂要保持干燥 3. 洗手后可待其自然干燥，或用个人专用毛巾/纸巾擦干，毛巾一用一消毒	6		一项回答不全或回答错误扣2分		
	时间要求	10分钟	3		超时扣3分		
总分			100				

婴幼儿安全照护

知识点小结

```
流行性感冒
├─ 病因不同 ── 由流感病毒引起的急性呼吸道传染病
├─ 临床特点 ┬─ 高热、畏寒、头痛乏力
│           ├─ 全身肌肉酸痛
│           └─ 轻度呼吸道症状
├─ 鉴别 ┬─ 普通感冒
│       └─ 下呼吸道感染
├─ 治疗要点 ┬─ 对症治疗 ┬─ 预防继发感染和并发症
│           │           └─ 高热适量使用解痉镇痛药
│           └─ 抗病毒治疗 ── 48小时内给予抗病毒治疗
└─ 护理措施 ┬─ 一般护理 ── 注意休息，减少活动
            ├─ 促进舒适度 ┬─ 温度适中，通风良好
            │             ├─ 保持口腔清洁
            │             └─ 清除鼻腔及咽喉部分泌物
            ├─ 发热护理 ┬─ 衣服被子不宜过厚，及时更换湿衣服
            │           ├─ 保持皮肤清洁
            │           ├─ 口腔护理
            │           └─ 保证充足水分和营养
            ├─ 病情观察 ┬─ 注意咳嗽性质
            │           ├─ 观察咽喉部水肿情况
            │           └─ 注意体温变化
            └─ 健康教育 ┬─ 合理喂养
                        ├─ 增强体质
                        ├─ 防寒保暖
                        └─ 接种疫苗
```

测一测

请扫二维码。

测试题

（何翠红）

4—50

项目四 日常保健

任务五　幼儿心理保健

学习目标

1. 素质目标　具有与儿童及其家庭有效沟通的能力,以理解、友善、平等的心态,为儿童及其家庭提供帮助。
2. 知识目标　能简述儿童神经心理发育及评价的主要内容;能叙述儿童常见发育与行为问题;能简述促进幼儿身心健康发展的内容。
3. 能力目标　能根据促进幼儿身心健康发展的内容进行健康教育。

案例导入

轩轩,3岁,男。轩轩从小生活在奶奶身边。因为家住6楼,奶奶腿脚不便极少带他下楼,偶然下楼也是紧紧拉着奶奶的手不放,不与其他同龄孩子玩耍。平时喜欢吮拇指咬指甲,去到人多的地方尤甚。近期奶奶发现轩轩愿望得不到满足时经常发脾气,躺地板大喊大叫,轩轩父母安抚打骂均不见收敛。家长十分着急,不知所措。

任务描述

了解儿童神经心理发育及评价的主要内容,明晰常见发育与行为问题,进而进行正确的幼儿身心健康发展干预。

学习内容

一、儿童神经心理发育及评价

幼儿心理发育是幼儿生长发育的重要组成部分,其物质基础是神经系统的生长发育,婴幼儿心理发育可反映在多个方面,如感知觉(视觉、听觉、嗅觉、味觉、触觉、知觉等)、运动(大动作、精细运动)、言语、心理活动(注意、记忆、思维、想象、情绪、情感、意志和性格)等。

(一) 感知觉发育

感觉是通过各种感觉器官从环境中选择性地获取信息的能力。知觉是人脑对直接作用于感觉器官的事物的整体反映,是对感觉信息的组织和解释过程。感知觉的发育对儿童运动、语言、社会适应能力的发育起着重要促进作用。

(二) 运动发育

运动和幼儿的心理发展有密切关系,因为心理活动是在活动中产生,又在活动中表现出

来,因此,幼儿的运动发育对心理发育非常重要。

(三)语言发育

语言为人类特有的高级神经活动,是儿童学习、社会交往、个性发展中的一个重要能力,与智能关系密切。儿童语言发育是儿童全面发育的标志。正常儿童天生具备发展语言技能的机制和潜能,但是环境必须提供适当的条件,如与周围人群进行语言交往,其语言能力才能得以发展。通过语言符号,儿童获得更丰富的概念,提高解决问题的能力,同时吸收社会文化中的信念、习俗及价值观。语言发育必须是听觉、发音器官和大脑功能正常并需经过发音、理解和表达3个阶段。

(四)心理活动的发展

1. 注意的发展　注意是人的心理活动集中于一定的人或物,是一切认知过程的基础。注意可分无意注意和有意注意,前者为自然发生的,不需要任何努力;后者为自觉的、有目的的行为。两者在一定条件下可以互相转化。

2. 记忆的发展　记忆是将所获得的信息"储存"和"读出"的神经活动过程,可分为感觉、短暂记忆和长久记忆3个阶段。长久记忆又分为再认和重现两种,再认是以前感知的事物在眼前重现时能认识;重现则是以前感知的事物虽不在眼前出现,但可在脑中重现,即被想起。

3. 思维的发展　思维是人应用理解、记忆和综合分析能力来认识事物的本质和掌握其发展规律的一种精神活动,是心理活动的高级形式。

4. 其他心理活动发展　想象,情绪、情感发展,意志,个性和性格发展。

(五)社会行为的发展

儿童社会行为是各年龄阶段心理行为发展的综合表现,其发展受外界环境的影响,也与家庭、学校、社会对儿童的教育有密切关系,并受神经系统发育程度的制约。

(六)儿童睡眠

睡眠是生命中的一个重要生理过程,人的一生中有1/3的时间在睡眠中度过。在儿童时期,睡眠是早期发育中脑的基本活动,在生命的早期所需睡眠时间更长。

(七)神经心理发育评价

幼儿心理发育的水平表现在感知、语言、运动和心理过程等各种能力及性格方面,对这些能力和性格特点的检查统称为心理测验。

丹佛发育筛查测验:是测量儿童心理发育最常用的方法,适用于2个月~6岁儿童(实际应用<4.5岁)。共104个项目,各以横条代表,分布于个人-社会、精细动作-适应性、语言、大运动4个能区,检查时逐项检测并评定其及格或失败,最后评定结果为正常、可疑、异常、无法解释。对可疑或异常者应进一步作诊断性测验。

二、儿童常见发育与行为问题

(一)儿童常见心理行为问题

心理行为问题在儿童生长发育过程中较为常见,对儿童身心健康的影响较大。儿童行为问题多表现在儿童日常生活中,容易被家长忽略或过分夸大。儿童行为问题一般可分为以下几种:

1. 生物功能行为问题　如遗尿、夜惊、睡眠不安、磨牙等。
2. 运动行为问题　如吮手指、咬指甲、挖鼻孔、儿童擦腿综合征、活动过多等。
3. 社会行为问题　如攻击、破坏、说谎等。
4. 性格行为问题　如忧郁、社交退缩、违拗、发脾气、屏气发作、胆怯、过分依赖、嫉妒等。
5. 语言问题　如口吃等。

儿童行为问题的发生与生活环境、父母教养方式、父母对子女的期望等显著相关。男孩的行为问题多于女孩，男孩多表现为运动行为问题和社会行为问题，女孩多为性格行为问题，多数行为问题可在发育过程中自行消失。

（二）注意缺陷多动障碍

也称多动症，是指智力正常或基本正常的儿童，表现出与年龄不相称的注意力不集中，不分场合的过度活动，是情绪冲动并可有认知障碍或学习困难的一组症候群，是儿童、青少年最多见的发育行为问题之一。

（三）孤独症谱系障碍

是一组以社交障碍、语言交流障碍、兴趣和活动范围狭窄以及重复刻板行为为主要特征的神经发育性障碍。

（四）睡眠障碍

是指在睡眠过程中出现的各种影响睡眠的异常表现，常见的有入睡相关障碍、睡眠昼夜节律紊乱、夜惊、睡行症、遗尿症、磨牙等，可直接影响儿童的睡眠结构、睡眠质量及睡眠后复原程度。

（五）学习障碍

属特殊发育障碍，是指在获得和运用听、说、读、写、计算、推理等特殊技能上有明显困难，并表现出相应的多种障碍综合征。

如何正确进行幼儿身心健康发展干预？让我们通过学习，正确掌握促进幼儿身心健康发展的内容。

 问题分析

案例中轩轩的日常表现符合儿童常见心理行为问题。

1. 评估
(1) 幼儿生命体征正常、意识清楚，有无惊恐、害怕、排斥、哭闹。
(2) 环境干净、整洁、安全，温湿度适宜。

2. 计划　预期目标如下：
(1) 口述儿童常见发育与行为问题。
(2) 口述幼儿身心健康发展干预内容。

三、鉴别

（1）注意缺陷多动障碍：多动症是儿童青少年最多见的发育行为问题之一，常表现为注意力不集中,不分场合的过度活动。

(2) 孤独症谱系障碍:孤独症是以社交障碍、语言交流障碍、兴趣和活动范围狭窄以及重复刻板行为为主要特征的神经发育性障碍。

(3) 睡眠障碍:是指在睡眠过程中出现的各种影响睡眠的异常表现。

(4) 学习障碍:学龄儿发生学习障碍较多,小学 2～3 年级是发病高峰,男孩多于女孩。

四、并发症

性格表现为情绪消极、易激怒、易攻击、孤僻、冷漠、退缩,从而形成不健全的人格。

"案例导入"中轩轩的心理行为问题由生活环境、父母教育方式引发。目前以运动行为问题和性格行为问题为主要特征。根据目前轩轩的情况,照护员应给予家长指导幼儿身心健康发展干预宣教。

一、观察情况

幼儿生命体征正常、意识清楚,有无惊恐、害怕、排斥、哭闹。

二、干预措施

1. 开展适合幼儿年龄的早期教育

(1) 促进幼儿语言发展,创设一个良好的语言环境,培养幼儿良好的口语表达能力。

(2) 促进幼儿动作发展,保证幼儿每天户外活动时间不少于 2 小时,利用各种游戏活动发展幼儿身体平衡和协调能力。

(3) 培养幼儿良好的情绪与个性,幼儿心理健康表现为智力发展正常,情绪稳定,乐于与人交往,性格特征良好。良好的气氛具有潜移默化的特点,能够对幼儿身心健康产生感染和熏陶。在日常活动中,家长要为幼儿营造一个温暖、安全、信任、互动的情感氛围,使幼儿找到培养积极情绪的途径。

2. 培养幼儿良好的生活习惯　从睡眠、饮食、大小便、卫生、户外活动锻炼等方面满足幼儿生长发育的需要。

3. 合理安排幼儿膳食　合理营养是幼儿生长发育的物质基础,家长要为幼儿提供谷物、蔬菜、水果、肉、奶、蛋、豆制品等营养丰富的食物,均衡的饮食搭配、多样化的食物结构是幼儿身体健康的主要来源。

4. 加强幼儿健康管理

(1) 幼儿体格发育评价是儿童生长发育评价中的一个重要指标,可以及时反映儿童是否存在营养不良的危险。通过婴幼儿体格发育评价,能更好地为相关人员提供保健咨询建议,并引导儿童的生长发育和身体健康水平向良性方向发展。

(2) 幼儿生长发育监测。幼儿定时体格检查和预防接种,让医生和父母全面、系统地观察幼儿营养、体格生长、智力发育和心理行为发育状况,了解在护理、喂养、教养和环境中存在的问题,尽早发现孩子生长发育的异常情况和筛查常见疾病,及时采取相应措施,指导科学育儿与疾病防治,促进幼儿身心健康发展。

任务评价

丹佛发育筛查测验评分标准详见表 4-5-1。

表 4-5-1 丹佛发育筛查测验评分标准(100 分)

程序	考核内容	考核要点	分值	沟通要点	评分标准	扣分	得分
操作前准备(20分)	概念考核	丹佛发育筛查测验的意义	4	1. 对感觉有问题的儿童可用此筛查方式加以证实或否定 2. 能筛出一些可能有问题,但临床上无症状的儿童 3. 对高危儿童进行发育监测(口述)	口述不全或口述不正确,每项扣 2 分		
	物品准备	红色绒线团、葡萄干或类似大小的糖丸若干、细柄摇荡鼓 1 个、8 块每边 2.5 cm 长的正方形木块(红色 5 块,蓝、黄、绿色各 1 块)、透明无色玻璃小瓶 1 个(口径为 1.5 cm)、小铃铛 1 个、花皮球 2 个(直径分别为 7cm 及 10cm)、红铅笔 1 支、白纸 1 张	8		少一件扣 1 分,未评估一项扣 2 分		
	评估	1. 儿童年龄、精神状态、合作程度 2. 环境干净、整洁、温馨童趣,温湿度适宜	6	受检儿童安定舒适,配合度好;家长配合度好(口述)	未评估扣 6 分,评估不全一项扣 1 分		
	操作准备	照护者着装整齐,修剪指甲,清洗双手、摘掉饰物	2		一项不符合要求扣 1 分		

续 表

程序	考核内容	考核要点	分值	沟通要点	评分标准	扣分	得分
操作流程(60分)	操作实施	1. (操作＋口述)个人-社会能区测试:根据儿童年龄在测验图上从顶线至底线,经各能区画一条年龄线,并在顶线点写明检查日期 (1) 测量个人-社会能区年龄线的左侧项目,至少先做3个项目,再测右侧的项目,因右侧项目的难度渐高。每一项目可重复测试3次,再决定成败 (2) 提问家长时切忌暗示家长答案 (3) 各项目评分记在该项目横条处,"P"表示通过,"F"表示失败,"R"表示儿童不合作,"NO"表示儿童无机会或无条件完成,"NO"在计算总分时不予考虑	12	1. 检测前在测验表画年龄线:"轩轩奶奶,轩轩是××年××月××日出生对吗" 2. "轩轩奶奶不用紧张,这个测试是为了解轩轩现阶段的发育情况,待会有些问题需要您配合回答,可以吗" 3. "目前阶段轩轩在您协助下可以自己穿上衣服吗?妈妈上班时能容易地和妈妈分开吗" 4. "轩轩,来和阿姨做游戏吧,你能帮阿姨把这件衣服的扣子扣上吗?轩轩真棒真能干"(口述)	未从左侧项目进行测查扣3分,测查3项项目每漏一项扣3分,最多扣12分		
		2. (操作＋口述)精细动作-适用性能区测试:测验方法同上	12	1. "轩轩,你能画这个'＋'图案吗?好棒呀" 2. "轩轩,来看看这些图片,两根线哪根线长一些呀,很聪明,轩轩很棒" 3. "轩轩,你能把这些积木叠高高吗?轩轩真棒,叠得又稳又高"(口述)	未从左侧项目进行测查扣3分,测查3项项目每漏一项扣3分,最多扣12分		
		3. (操作＋口述)语言能区测试:测验方法同上	12	1. "轩轩,奶奶要是冷了怎么办;要是饿了怎么办;累了怎么办" 2. "轩轩奶奶,平时轩轩能说出自己的全名吗"	未从左侧项目进行测查扣3分,测查3项项目每漏一项扣3分,最多扣12分		

续　表

程序	考核内容	考核要点	分值	沟通要点	评分标准	扣分	得分
				3. "轩轩,把这个积木给奶奶,很棒;把这个积木给阿姨,很棒;再把这个积木放在地上。非常好,轩轩很听话哟"(口述)			
		4.（操作＋口述）大运动能区测试:测验方法同上	12	1. "轩轩,我们来做游戏,把一只脚抬起来,阿姨数到'5'看看你能坚持多久,好棒呀,轩轩做到了" 2. "轩轩,我们现在单脚向前跳,加油,轩轩很厉害呢,能完成单脚跳了" 3. "轩轩奶奶,家里有轩轩的三轮自行车吗?他能自己骑吗"（口述）	未从左侧项目进行测查扣3分,测查3项项目每漏一项扣3分,最多扣12分		
		测验结果评定如下： 1. 异常:2个或更多能区,每个能区≥2项发育延迟;1个能区具有≥2项发育延迟,加上1个能区或更多能区有1项发育延迟,该能区切年龄线的项目均为"F" 2. 可疑:1个能区具有2项或更多能区发育延迟;1个或更多能区具有1项发育延迟和该能区切年龄线的项目均为"F" 3. 无法判断:由于儿童不合作,评为"NO"的项目太多,以至于结果无法评定。不能将不合作误评为失败 4. 正常:无上述情况	12	"轩轩奶奶,轩轩测验结果为正常,现阶段心理生长发育都很健康,轩轩的表现很好哟,谢谢轩轩和奶奶的配合"	评定不准确一项扣3分,最多扣12分		

续 表

婴幼儿安全照护

程序	考核内容	考核要点	分值	沟通要点	评分标准	扣分	得分
操作后评价(20分)	用物处理	按消毒技术规范要求分类整理使用后物品	5		一处不符合要求扣2分		
	工作人员评价	1. 仪态大方,态度和蔼 2. 操作规范,动作熟练 3. 操作中与幼儿亲切交流 4. 与家长沟通有效,取得合作	6		态度言语不符合要求各扣2分;沟通无效扣2分		
	注意事项	1. 合理安排测查顺序,要先易后难,使儿童建立自信,并根据情况随机调整 2. 测验过程中观察儿童的行为、注意力、自信心、有无异常活动等 3. 第一天测验结果为异常、可疑或无法判断者,1个月后应予复试。复试时更为慎重,选择更为合适的时间和环境,如复试结果仍为异常、可疑或无法判断,家长认为检查结果与儿童日常表现一致,应进一步作诊断性测验或转至有关专业人员处做进一步处理	6		一项回答不全或回答错误扣2分		
	时间要求	15分钟	3		超时扣3分		
总分			100				

4—58

 知识点小结

```
幼儿心理保健
├── 神经心理发育及评价的主要内容
│   ├── 感知觉发育
│   ├── 运动发育
│   ├── 语言发育
│   ├── 心理活动发展
│   │   ├── 注意的发展
│   │   ├── 记忆的发展
│   │   ├── 思维的发展
│   │   └── 其他心理活动发展
│   ├── 社会行为的发展
│   ├── 儿童睡眠
│   └── 神经心理发育评价
├── 儿童常见发育与行为问题
│   ├── 儿童常见心理行为问题
│   │   ├── 生物功能行为问题
│   │   ├── 运动行为问题
│   │   ├── 社会行为问题
│   │   ├── 性格行为问题
│   │   └── 语言问题
│   ├── 注意缺陷多动障碍
│   ├── 孤独症谱系障碍
│   ├── 睡眠障碍
│   └── 学习障碍
└── 如何正确进行幼儿身心健康发展干预
    ├── 开展合适幼儿年龄的早期教育
    │   ├── 促进幼儿语言发展
    │   ├── 促进幼儿动作发展
    │   └── 培养幼儿良好的情绪与个性
    ├── 培养幼儿良好的生活习惯
    ├── 合理安排幼儿膳食
    └── 加强幼儿健康管理
        ├── 幼儿体格发育评价
        └── 幼儿生长发育监测
```

 测一测

请扫二维码。

测试题

（阮超明）

项目五
早期发展

任务一 幼儿动作发展与指导

学习目标

1. 素质目标　热爱幼儿，具有正确的儿童教育观；尊重幼儿动作发展水平的个体差异，耐心指导幼儿动作发展。
2. 知识目标　理解幼儿动作发展与幼儿整体发展的关系；掌握幼儿走、跑、跳、钻、攀爬等动作发展的特点。
3. 能力目标　能够根据0~3岁不同年龄幼儿的特点，设计和实施促进幼儿动作发展的活动；掌握针对幼儿动作发展出现的问题进行干预的基本方法与步骤。

案例导入

在小区体能活动的娱乐场，2岁多的男孩吴忧右脚踏上了平衡木，但立刻又放了下来，几经尝试，最终在妈妈的鼓励下，吴忧小朋友低下头、耸着肩、身体左右摇晃，始终右脚在前，左脚在后，一步一移，颤颤巍巍地走过了平衡木。

任务描述

了解幼儿平衡能力的发展特点及内容，从而更好地实施提高幼儿平衡能力的措施。

学习内容

平衡是人体在身体运动或静止状态时，能够维持身体稳定的一种能力。身体控制和平衡能力是个体维持身体姿势、运动的基本前提。幼儿时期是人的平衡能力发展的关键期，如单腿站立、单脚跳跃、控制物体平衡等能力都是在这一阶段迅速发展的。因此，抓住2~3岁幼儿平衡能力发展的关键时期，对幼儿进行培养，将会对他们日后的身体协调能力、学业表现等方面形成积极影响。幼儿平衡能力的发展特点有以下三点。

一、身体控制和平衡能力的发展遵循从头到脚的顺序

依次表现为头部控制、坐立、站立和行走。身体控制和平衡能力的发展被称为"运动发育的里程碑"。新生儿进入重力世界后，必须对抗重力才能保持身体平衡，有效地进行身体移动，学习在变化的环境中做出合适的动作反应。例如，6个月的婴儿能够在仰卧位时把头抬离支撑面；7、8个月的婴儿能够坐立，这是人类获得的第一个直立的姿势。站立是婴儿出

生后 1 年内出现的一个重要的里程碑,婴儿要双脚站立、保持直立姿势,使头重脚轻的身体在很小的支撑面(双脚)上保持平衡,必须控制和协调身体多个部分,行走不仅要保持身体直立的姿势,而且要将重心从一侧转移到另一侧,保持一只或两只脚始终与地面接触。能独立行走意味着个体进入了动作发展的新时期,即基本动作技能时期。幼儿需练习并逐渐掌握在出生后第 1 年所获得的基本动作技能,同时在完成动作的过程中提高控制度和精确度。

二、身体控制和平衡能力的发展存在性别差异

平衡能力分为静态平衡能力和动态平衡能力。静态平衡能力是指维持人体重心与姿势相对静止的静态姿势能力。动态平衡能力是指在运动状态下,对人体重心与姿势的调整和控制能力。

男孩动态平衡能力发展优于女孩,女孩静态平衡能力发展优于男孩。例如女孩单脚睁眼站立、单脚闭眼站立时间均比男孩长,这不仅说明女孩静态平衡能力比男孩强,还说明随着年龄的增长,女孩静态平衡能力一直优于男孩,性别优势显著。男孩动态平衡能力优于女孩。

三、从保持单一身体姿势控制到完成变换身体姿势控制

单一身体姿势控制指的是幼儿在完成坐、走、跑等单一动作时能够控制身体、保持平衡,但要求环境条件不发生改变如在平地上行走、快跑,而变换身体姿势控制指的是幼儿在完成连续多个不同动作时能够控制身体、保持平衡。在环境条件发生变化时,就需要改变原有的身体姿势,建立新的身体控制从而保持平衡。例如小班幼儿在完成速度较慢且无其他干扰(障碍分散注意物)的走、跑运动时基本能保持身体的平衡,但是在快跑、转弯、急停、跳跃等身体运动速度产生急剧变化时或地面不平、有障碍物时,不会根据环境的改变而调整身体姿势常常会摔倒或发生碰撞,身体控制能力较弱;随着身体控制能力的提高,中大班幼儿遇到地面不平、有障碍物等环境变化时或者在运动任务改变时(如快速完成快跑、转弯、急停等多个动作),也能快速改变身体姿势,更好地控制身体、保持平衡。

问题分析

"案例导入"中的吴忧走平衡木时,出现低头、耸肩、身体左右摇晃,两脚不敢交替向前迈步,属于平衡能力发展较弱的表现。

措施分析

动态发展的平衡能力不仅仅是一种运动能力,还是一种身体的自我保护能力,这种能力是在各种活动中发展起来的。根据目前吴忧平衡能力发展较弱的情况,照护员应给予有效的指导措施。

1. 帮助幼儿克服害怕的情绪,鼓励幼儿大胆参与平衡游戏 在进行平衡能力训练初期,部分幼儿有害怕心理,这势必影响动作发展。针对这种情况,我们首先应鼓励幼儿要勇敢、大胆,增强他们的信心,同时采取一定的保护措施。如让幼儿在一定高度的平衡木上走,

先拉着幼儿的手帮助他通过,再逐步过渡到靠近幼儿跟着走,以便在幼儿万一落地时及时加以保护,直至幼儿独立走过平衡木。又如在练习前滚翻时,教师一手按头,一手托住臀部帮助幼儿翻滚,这样逐个辅导,便于幼儿掌握动作,从而达到练习的目的。

2. 变换形式,训练幼儿平衡能力 以游戏方法做平衡练习能激发活动兴趣,消除紧张情绪。例如在练习单脚站立时,根据幼儿爱模仿小动物的心理特点,用单脚站立动作编了"大公鸡"游戏。在练习中模仿大公鸡站立姿势,昂首挺胸,双臂后摆,单脚站立,同时唱儿歌:"我是大公鸡,清早喔喔啼,叫醒小朋友,快来做游戏。"活动过程中,注意力集中,兴趣盎然,继而变换多种形式玩法,反复练习。再如,通过"小小飞行员"游戏,让幼儿扮演小小飞行员,坐上飞机,听指挥员的命令,起飞时单脚站立,闭目自转,飞过高山,即走平衡木。通过"小小飞行员"的游戏,练习幼儿走平衡木的能力。

3. 由易到难,循序渐进,发展平衡能力 在平衡练习中,为了加大难度,可把其一活动的玩法复杂化。如蒙眼听音乐往前走,或者在平行线中走,或者在平衡木上走,等等。又如教幼儿在物体上走动时,先在场地上放置许多高低不等的正方体或者长方体、圆柱体等木块,让每个幼儿都取一块放在地上,然后大家在上面自由走动,以脚步落地为好。整个练习应该坚持循序渐进的原则,由慢到快、由易到难、由简到繁,逐渐增加难度,充分促进幼儿平衡能力的发展。

一、评估

(1) 幼儿精神状态良好,情绪稳定。
(2) 环境干净、整洁、安全,温湿度适宜。
(3) 活动实施的相关材料准备齐全,干净、无毒无害。
(4) 活动名称:过小桥。

二、计划

预期目标如下:
(1) 尝试在平衡器械上走,提高身体的控制能力,发展平衡能力。
(2) 克服胆怯心理,增强自信心。

三、实施

1. 活动准备 平衡木2个。在场地一端,画出一个能容纳所有幼儿站立的大圆圈,作为不倒娃娃的家。

2. 活动过程
(1) 热身运动。
(2) 创设游戏情境导入活动。
(3) 游戏1——不倒翁。

(4) 游戏 2——过小桥。

(5) 放松运动。

(6) 整理游戏器械,洗手,记录。

3. 活动评价

(1) 幼儿平衡能力。

(2) 幼儿动手能力。

(3) 幼儿注意力是否集中。

任务评价

幼儿动作发展教育评估评分标准详见表 5-1-1。

表 5-1-1 幼儿动作发展教育评估评分标准表

考核内容		考核要点	分值	评分要求	扣分	得分
评估 (15分)	幼儿	情绪愉快、积极参与	6	未评估扣 6 分,不完整扣 2 分		
	环境	干净、整洁、安全、温湿度适宜	3	未评估扣 3 分,不完整扣 1 分		
	照护员	着装整齐	3	不规范扣 1~2 分		
	物品	平衡游戏实施相关玩(教)具及材料准备齐全,干净、无毒、无害	3	不完整扣 1 分		
计划 (5分)	预期目标	口述目标:①目标具体明确,符合幼儿已有经验和发展需要;②突出大动作发展领域活动的特点;③关注幼儿情感、习惯、态度、能力的培养	5	少一项扣 2 分		
实施 (60分)	活动开始	1. 情景设置:新颖、富有童趣	4	不够童趣扣 2~3 分		
		2. 活动导入:自然、有吸引力	4	不够自然扣 1~2 分		
	活动过程	3. 教育观念正确,尊重幼儿的认知规律	5	方法不对扣 1~3 分		
		4. 对教学活动的重点、难点安排频度适量	5	方法不对扣 1~3 分		
		5. 突出游戏化教学,游戏环节的设计围绕教学目标	10	游戏不突出扣 5~8 分		
		6. 教师语言亲切规范,富有感染力,讲解清晰	4	不达标扣 1~3 分		
		7. 教态自然、生动形象	4	不达标扣 1~3 分		

续 表

考核内容	考核要点	分值	评分要求	扣分	得分
	8. 师幼关系和谐	4	不达标扣 1～3 分		
	9. 幼儿回溯游戏过程	8	不达标扣 3～5 分		
整理记录	10. 指导家长耐心记录	4	不记录扣 1～3 分		
	11. 家长和孩子总结反馈	4	不达标扣 1～3 分		
	12. 教师肯定性评价	4	不达标扣 1～3 分		
评价（20 分）	1. 教学过程愉快，目标达到	5	不达标扣 1～3 分		
	2. 与家长沟通有效，合作顺畅	5	不达标扣 1～3 分		
	3. 幼儿能积极主动参与活动，乐意表达表现	5	不达标扣 1～3 分		
	4. 操作规范，流程熟练	5	不达标扣 1～3 分		
总分		100			

知识点小结

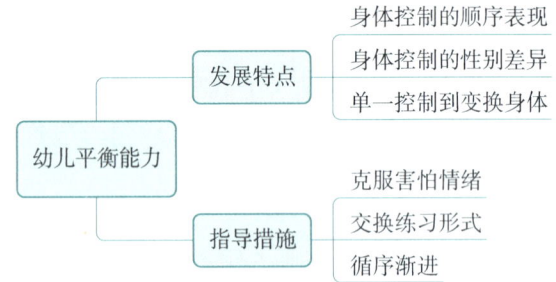

测一测

请扫二维码。

测试题

（苏　红）

任务二　幼儿语言能力发展与指导

学习目标

1. **素质目标**　关注幼儿语言能力发展，精心为幼儿创设语言表达的机会，并使幼儿体验语言交往带来的乐趣；在幼儿语言发展中做到耐心、细致，能在活动中关心和爱护幼儿。

2. **知识目标**　掌握幼儿倾听和口语表达发展的年龄特点；掌握幼儿早期语言表达能力和阅读习惯的发展特点。

3. **能力目标**　为幼儿创设语言表达的机会，鼓励幼儿模仿发音，能用语言表达自己的想法；在活动中培养幼儿感知语言，正确的听音，倾听他人说话的能力；培养幼儿乐意听故事，看图书，有初步的语言欣赏和表达能力。

案例导入

小皓，2岁10个月。他活泼好动，能听懂别人的话，却不愿意主动与他人说话，平时会叫"爸爸、妈妈"或说一些叠音词"饭饭""手手"，还不能完整地说一句话，就连简单的问候和回答也很吃力。

任务描述

掌握婴幼儿语言发展的特点及影响因素，并对其进行初步指导。

学习内容

语言表达是将思维所得的成果用语言、语音、语调、表情、动作等方式反映出来的一种行为。表达以交际、传播为目的，以物、事、情、理为内容，以语言为工具，以听者、读者为接收对象。

一、婴幼儿语言发展特点

（一）实践和调整

该阶段的幼儿语音的听觉表象与语音的动觉表象之间并不是吻合的，需要不断实践和调整。这期间，成人的语音模式非常重要。

（二）从词汇上

要求幼儿运用并理解常用的词，同时掌握和运用表示周围常见物体和各种活动的名词和动词。这是由这个年龄幼儿思维的直觉行动性所决定的。因为名词是代表具体东西的,动词是与具体动作相联系的,所以幼儿易于理解和掌握。在形容词上只教幼儿掌握一些易于理解的、能直接感知的、说明物体具体特点的词。

(三) 从句子上

句子是能够表达一个相对完整的意思,并且有一个特定语调的语言单位,它由词或词组根据一定的规则组合而成。幼儿这时是从不完整句到完整句的发展。幼儿开始产生词序策略,从句子结构中理解词义。

二、幼儿语言表达的指导方法

很多研究已经表明,如果父母能够在童年时期,把幼儿当作大人一样,不停地和他聊天、探讨甚至争论,那么在这种环境下成长起来的幼儿,将比那些随着"沉默是金"的父母一起成长的幼儿,拥有更丰富的词汇量,和更清晰、多样的表达方式。

三、影响婴幼儿语言发展的因素

(一) 生理因素

语言能力的发展很明显受年龄发展的影响。随着年龄的增长,其词汇量不断增加,短语结构逐步出现,语法日趋规范。婴幼儿能够用更多的语言策略来区分自己的角色,根据人际间的熟悉程度和年龄而进行语言调整。到了相应的年龄阶段,婴幼儿能够把先进的交流技巧运用到自己的语言中,并采取相应的语言策略来适应听众的需求。

(二) 社会因素

家庭是婴幼儿早期最重要的活动场所,不同形态的家庭环境与婴幼儿语言的发展密切相关。家庭生活质量、教育条件、教养方式等与婴幼儿语言的发展具有一定的相关性。

(三) 心理因素

心理因素包括3个方面。

1. **知识经验的积累**　在婴幼儿说话之前,他们已经能够理解许多话语的意思。

2. **认知能力的发展**　某些婴幼儿因具有较敏锐的学习和模仿能力,语言发展得较早、较好;反之,则语言发展容易有偏差、迟缓的情形。

3. **心理素质的差异**　内向的婴幼儿语言的发展相对会滞后于同龄人。所以我们主张内向的孩子应该获得更多人际交往的机会,以弥补其先天的不足。切不可因为婴幼儿的退缩行为就剥夺其与人接触的机会。

 问题分析

"案例导入"中小皓的表现可能是由于家庭语言环境不佳或幼儿语言发育迟缓、心理因素等原因造成的。

措施分析

幼儿的语言能力是在交流和运用的过程中发展起来的。应为幼儿创设自由、宽松的语言交往环境,鼓动和支持幼儿与成人、同伴交流,让幼儿想说、敢说、喜欢说并能得到积极回应。为幼儿提供丰富、适宜的低幼读物,经常和幼儿一起看图书、讲故事,丰富其语言表达能力。针对小皓的表现,根据幼儿语言发展的规律,照护员应该给予家长、幼儿及时有效的指导措施。

1. **给家长的指导建议** 父母在每天的生活中可以做一些事情来帮助幼儿提高语言表达能力。

（1）说说说,不停地说。家长需要做的,是把日常生活中发生的每一件事情,通过清晰准确、生动形象的表达告诉幼儿。当幼儿坐在澡盆里洗澡的时候,可以不停地讲:"小肚皮上是不是觉得温温的?""你听,洗澡水溅在澡盆上'噗——噗——'的声音……""好了,现在该出水了。看看小手指的指肚,泡在水里的时间长了,都起了小皱褶。"总之,运用你的经验和所有感官,帮助幼儿增加体验,并且学会如何描述。当幼儿有回应,跟着发音时,家长可重复,以示肯定。

（2）不要指责幼儿的发音。幼儿在学习语言的过程中,肯定有吐字不清晰,甚至沾染了其他口音和错误发音的地方。这个时候不要模仿,更不要嘲笑他,你只要用正确的发音重复一遍他的话就可以了。

（3）迎合孩子的兴趣,不要主观地按照你的喜好,给幼儿安排阅读内容。平时多增加幼儿的兴趣点,抓住要害,才能强化效果。如果幼儿对车辆感兴趣,可以给他提供更多、更详细的各种汽车的图片和知识。如果幼儿最近沉迷于水果,可以多带去超市转转,告诉他每种水果的来源、口味和营养。总之,有兴趣才有效果,做父母的需要见机行事,灵活处理。

（4）有节制地使用电视和教育软件。父母不要因为幼儿能够重复某个电视广告词而心花怒放,其实这是对幼儿强大的语言模仿能力的一种浪费。按照美国儿科学会的观点,2岁以内的幼儿是不应该看电视的,而2岁以后,也仅限于每天40分钟以内的教学片。因为电视里充斥了大量的不规范语言,而且无论是电视节目还是电脑学习软件,都很难做到与幼儿之间的相互表达,所以它们对于提高幼儿的语言表达能力,具有一定的局限。

（5）保护好耳朵。幼儿很容易患上一些和耳朵有关的疾病,特别是那些已经上了幼儿园的幼儿,很容易成为交叉感染的受害者。而一旦幼儿的听力受到影响,他的语言表达能力也势必受到影响。所以,平时多留意幼儿的小动作,随时捕捉幼儿耳朵方面的不适。

（6）多带幼儿出去玩。动物园、海洋馆、博物馆不仅仅能帮助幼儿多认识些动物、植物和星星,也可以拓宽幼儿的知识面,进而激发幼儿的求知欲。能够让幼儿从心底里好学的关键,就是激发出幼儿的求学潜能,所以应该多带幼儿接触外界环境。

2. **照护员的教养措施**

（1）多给幼儿提供倾听和交谈的机会,如经常和幼儿一起谈论他感兴趣的话题,或一起看图书、讲故事。书籍是人类进步的阶梯,幼儿从小养成的阅读习惯,将很大程度上影响他今后的学习习惯。

(2) 一起听歌、唱歌。歌曲是幼儿接受和掌握语言的最佳形式,他们在学会旋律的同时,自然而然就记住了歌词。唱的过程中,教师可以配上相应的手势,帮助幼儿理解歌词的含义。

(3) 与幼儿交谈时,尽可能为幼儿创造说话的机会,使用幼儿听得懂的语言耐心地讲解和交流,及时地肯定,都是幼儿口语表达的动力。

(4) 开展丰富多彩的游戏活动,善于创设环境和机会,提供幼儿语言实践的机会,对幼儿进行语言培养。

任务实施

一、评估

(1) 幼儿精神状态良好,情绪稳定。
(2) 环境干净、整洁、安全,温湿度适宜。
(3) 活动实施的相关材料准备齐全,干净、无毒无害。
(4) 活动名称:小青蛙"呱呱呱"。

二、计划

预期目标如下:
(1) 跟随老师学说儿歌,愉快的模仿小动物的叫声,并用身体语言表达儿歌内容。
(2) 提高幼儿参与游戏的积极性,在集体面前说话声音响亮。

三、实施

1. 活动准备　儿歌 PPT,小青蛙玩具、头饰。
2. 活动过程
(1) 情景导入,吸引幼儿学习的兴趣,稳定幼儿的情绪(做律动)。
(2) 教师(出示 PPT)让幼儿边看图边听老师讲故事。
(3) 教师(出示青蛙图 PPT)请小朋友仔细观察,说说小青蛙的样子。
(4) 教师(示范读儿歌)让幼儿仔细听后,请小朋友跟老师一起说儿歌。
(5) 请幼儿跟老师边说儿歌边做相应的动作(做两遍)。
(6) 请表现好的小朋友上前表演(其余小朋友仔细看),然后全体幼儿一起表演。
(7) 互动游戏——模仿小青蛙的动作和叫声。
3. 活动评价。

任务评价

幼儿语言能力评估标准详见表 5-2-1。

表 5-2-1　幼儿语言能力评估标准表

考核内容		考核要点	分值	评分要求	扣分	得分
评估 (15分)	幼儿	经验准备,精神状况良好,情绪稳定	6	未评估扣 6 分,不完整扣 2 分		
	环境	干净、整洁、安全、温、湿度适宜	3	未评估扣 3 分,不完整扣 1 分		
	照护员	着装整齐,普通话标准	3	不规范扣 1~2 分		
	物品	具体活动实施相关玩(教)具及材料准备齐全,干净、无毒、无害	3	少一个扣 1 分		
计划 (5分)	预期目标	口述目标:活动目标具体明确,符合幼儿已有的经验和发展需要,能体现幼儿的特征	5	少一项扣 2 分		
实施 (60分)	活动开始	1. 情景设置:新颖、富有童趣	4	不够童趣扣 2~3 分		
		2. 活动导入:自然、有吸引力	4	不够自然扣 1~2 分		
	活动过程	3. 尊重幼儿的想法	5	方法不对扣 1~3 分		
		4. 活动重点、难点安排适量	5	方法不对扣 1~3 分		
		5. 教学方法突出游戏特点	10	游戏不突出扣 5~8 分		
		6. 教师语言生动形象	4	不达标扣 1~3 分		
		7. 师幼关系和谐	4	不达标扣 1~3 分		
		8. 亲子互动愉快	4	不达标扣 1~3 分		
		9. 幼儿回溯游戏过程	8	不达标扣 3~5 分		
	整理记录	10. 指导家长耐心记录	4	不记录扣 1~3 分		
		11. 家长和孩子总结反馈	4	不达标扣 1~3 分		
		12. 教师肯定性评价	4	不达标扣 1~3 分		
评价 (20分)		1. 教学过程愉快,目标达到	5			
		2. 与家长沟通有效,合作顺畅	5			
		3. 过程态度亲切,关爱幼儿	5			
		4. 操作规范,流程熟练	5			
总分			100			

知识点小结

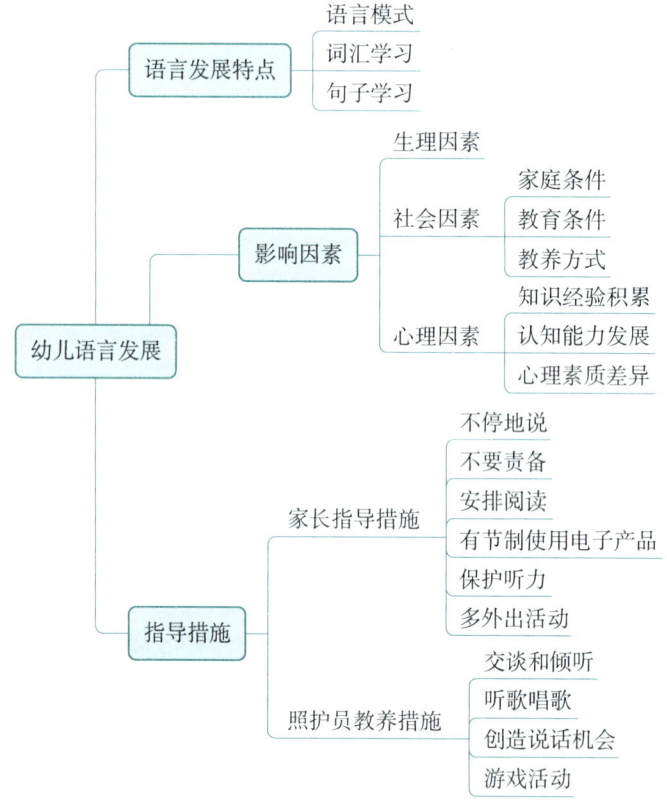

测一测

请扫二维码。

测试题

（李丽丽）

任务三　幼儿认知发展与指导

学习目标

1. **素质目标**　热爱幼儿,能耐心引导幼儿在认知领域的学习,具有正确的儿童教育观;具有强烈的责任心,能够科学地组织幼儿进行认知发展的活动。
2. **知识目标**　培养幼儿充分运用各种感官探索周围环境,有好奇心和探索欲;逐步发展幼儿注意、观察、记忆、思维等认识能力;学会想办法解决问题,有初步的想象力和创造力。
3. **能力目标**　能对0～3岁幼儿感知觉发展进行初步指导;能对幼儿注意力、观察力、记忆力、思维能力进行初步指导。

案例导入

3岁的明明正在聚精会神地听欣欣老师讲绘本故事,这时,一只蜜蜂飞进了教室,明明的注意力都转移到了蜜蜂的身上,其他幼儿的注意力也转移到了蜜蜂的身上。欣欣老师只好停下来赶走蜜蜂,重新再组织教学活动。

任务描述

1. 掌握幼儿注意力发展的特点。
2. 了解幼儿注意力发展的意义。
3. 幼儿注意力发展的初步指导。

学习内容

注意力和专注力是认知发展中非常重要的一部分,因为它们直接影响到孩子的学习和发展。注意力是一种心理状态,是心理活动对一定对象的指向和集中。人们想要有效地进行活动,就必须集中注意力。注意力贯穿于心理活动的始终,但它本身不是一个独立的心理过程,而是伴随感知、记忆、思维过程而存在的一种心理状态。指向性和集中性是注意力最基本的两个特点。

根据注意力产生时是否有目的或是否需要克服困难,注意力可以分为无意注意和有意注意。如案例导入中描述的蜜蜂飞进教室时,幼儿就会不由自主地去注视它,这就是无意注意。幼儿在教室里开展活动时,听老师讲述并举手回答问题,这时表现的就是有意注意。

婴幼儿安全照护

一、幼儿注意力发展的特点

(一) 注意力敏感期

一般来说,幼儿3岁左右进入注意力敏感期,这个时候起幼儿开始发展自己的有意注意,在幼儿阶段,基本上都是以无意注意为主,有意注意逐步发展。

(二) 注意范围小,稳定性低

受到大脑发育水平的局限,幼儿的注意范围非常小,稳定性很低,很容易受到周围环境的影响,需要成人的帮助和支持。

(三) 注意力的发展具有个体差异性

不同气质类型和个性,都会对幼儿注意力的发展产生一定的影响,要尊重幼儿的年龄特点和学习方式,不能给幼儿提过高的要求,也不要随便给幼儿贴上注意力不集中的标签。

二、幼儿注意力发展的意义

注意力是一切学习的开始,我们只有先注意到了一定的事物,才有可能进一步去观察、记忆和思考,所以说注意力是幼儿学习的门户,是幼儿一生成长的基础。只有从小具有良好的注意力品质,才有可能在对自己感兴趣的事情上坚持不断地努力,最终获得成功。

三、幼儿注意力发展的初步指导

提高幼儿的注意力品质,需要从注意力的稳定性、注意的范围、注意力的分配和注意力的转移等方面进行初步指导。

(一) 发展注意力稳定性的活动

注意力的稳定性是有意注意极为重要的品质,我们可以在活动中要求幼儿将注意力较长时间地维持在同一事物上,从而提高他们注意力的稳定性。

(二) 发展注意范围的活动

可以拿一些幼儿喜欢的玩具、生活用品等实物放在桌子上,数量不要多,控制在3~4个。让幼儿看一下,然后用布遮盖起来,让幼儿说一说看到了几个东西,培养有意注意的能力。幼儿注意力发展的初期指导发展注意力分配和注意力转移的活动。

问题分析

"案例导入"中明明的表现为无意注意。当蜜蜂飞进教室,幼儿会不由自主地去注视它。幼儿在教室里开展活动时,听老师讲述,并举手回答问题,这时的表现就是有意注意。导致这种结果的原因是什么?应该如何帮助幼儿集中注意力,如何避免注意力分散的问题?

措施分析

1. 注意力集中时间有限 孩子集中注意力的时间是随着年龄的增长而不断延长的。1岁以下的婴儿集中注意力的时间不超过15秒。1岁半的幼儿对有兴趣的事物,可集中注意

1分钟以上。3岁幼儿集中注意力的平均时间约为5分钟。

2. 从感兴趣的游戏入手　孩子什么时候的专注力最强呢？毋庸置疑——他感兴趣、喜欢的事情，也就是受自身内驱力驱使，想要不断满足自己好奇心的时候。有了兴趣，就会有专注力。

3. 不要打扰正专注的孩子　父母有时不分时间、场合打断孩子正在做的事情，例如善意的"递水果"、孩子搭积木时不停地指导、在旁边打电话等，这些都会对孩子的专注力产生影响。所以，只要确保周围环境安全，其他的就放手让他们独立地去探索。

4. 培养阅读习惯　孩子专注力的培养，其实是可以通过阅读习惯提升的。亲子阅读可以找到孩子的兴趣点，在日常不断强化，巩固好的习惯。每天安排一个时间，让孩子选择他喜欢的绘本大声为父母朗读，这是一个使孩子口、眼、脑相互协调的过程。孩子的注意力能逐步提高，理解能力也会增强。

一、评估

（1）幼儿精神状态良好，情绪稳定。
（2）环境干净、整洁、安全，温湿度适宜。
（3）活动实施的相关材料准备齐全，干净、无毒无害。
（4）活动名称：小花猫钓鱼。

二、计划

预期目标如下：
（1）尝试通过玩钓鱼游戏，培养幼儿的专注力。
（2）幼儿愉快的参与游戏，培养手眼的协调配合能力。

三、实施

1. 活动准备。
2. 活动过程
（1）活动导入：老师给每位幼儿戴上小猫头饰，边念儿歌边引导幼儿自取钓鱼竿。
（2）教师示范钓鱼的方法。
（3）鼓励幼儿尝试玩钓鱼的游戏。
（4）鼓励幼儿体验活动的成功，引导幼儿收拾游戏材料。
3. 活动评价。

幼儿认知发展行为教育评估评分标准详见表5-3-1。

表 5-3-1 幼儿认知发展行为教育评估评分标准表

考核内容		考核要点	分值	评分要求	扣分	得分
评估 (15 分)	幼儿	经验准备	6	未评估扣 6 分,不完整扣 2 分		
	环境	精神状况良好,情绪稳定	3	未评估扣 3 分,不完整扣 1 分		
	照护员	着装整齐,普通话标准	3	不规范扣 1~2 分		
	物品	准备齐全	3	少一个扣 1 分		
计划 (5 分)	口述目标	①目标描述符合幼儿已有经验;②有机整合知识、能力、情感 3 个维度发展	5	少一项扣 2 分		
实施 (60 分)	活动实施	1. 围绕目标,突出重点	4	不规范扣 2~3 分,		
		2. 活动导入:自然、有吸引力	4	不够自然扣 1~2 分		
		3. 尊重幼儿的想法	5	方法不对扣 1~3 分		
		4. 活动重点、难点安排适量	5	方法不对扣 1~3 分		
		5. 教学思路清晰,教学环节循序渐进	10	游戏不突出扣 5~8 分		
		6. 教师语言生动形象	4	不达标扣 1~3 分		
		7. 师幼关系和谐	4	不达标扣 1~3 分		
		8. 教态自然大方,有活力、活泼	4	不达标扣 1~3 分		
		9. 时间分配合理	8	不达标扣 3~5 分		
	整理记录	10. 整理物品,安排幼儿休息	4	无整理扣 2 分		
		11. 家长和孩子总结反馈	4	不达标扣 1~3 分		
		12. 教师肯定性评价	4	不达标扣 1~3 分		
评价 (20 分)	教学内容	1. 教学过程愉快,目标达到,指导策略适宜	5			
		2. 与家长沟通有效,合作顺畅	5			
		3. 过程态度亲切,关爱幼儿	5			
		4. 规范、流畅完成领域展示与活动设计	5			
总分			100			

 **知识点小结**

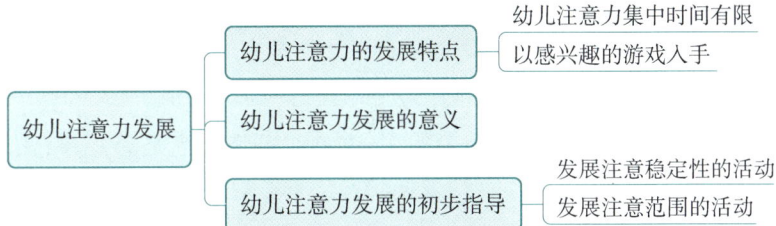

 **测一测**

请扫二维码。

测试题

（班冬玲）

任务四　幼儿社会性发展与指导

学习目标

1. 素质目标　关心幼儿的社会性发展，尊重幼儿社会性发展的规律；能在社会性活动中尊重，并耐心引导幼儿，为幼儿创设温暖、关爱、平等的学习氛围。

2. 知识目标　理解和掌握幼儿社会性发展的特点，进一步了解幼儿社会性发展的重要性；掌握幼儿社会性发展活动设计、实施的原则和方法。

3. 能力目标　能够掌握幼儿社会性发展中社会认知、社会交往、社会行为的主要内容，尊重幼儿社会性发展的规律；能够根据0～3岁不同年龄段幼儿的特点，设计和实施社会认知、社会交往、社会行为的活动。

案例导入

新新今年2岁1个月了，平时家里有小朋友来做客时，一开始他总能把自己的部分玩具分享给别人，可是，才玩了一会，他就把玩具全都抢了回来。一天，新新和妈妈一起到小区花园玩耍时，紧紧地抱着玩具，自己不玩，也不与别人分享。如果有小朋友过来摸一摸，他立即把人推开了。

任务描述

1. 掌握幼儿早期社会性行为中同伴交往的特点。
2. 明晰幼儿社会性行为的性质及措施。

学习内容

幼儿社会性行为是指幼儿在交往过程中对他人或事件表现出来的态度、语言和行为反应，是幼儿同外界环境相互作用的过程中逐渐实现的，它对幼儿的健康成长有重要意义，是幼儿健全发展的重要组成部分，对其未来的发展也具有至关重要的作用。

一、幼儿早期社会性行为中与同伴交往的特点

（一）第一阶段：以客体为中心阶段

幼儿交往的注意力更多地集中在玩具或物品上，而不是与同伴的交往过程。

（二）第二阶段：简单交往阶段

幼儿已能对同伴的行为做出反应，经常做出企图去控制玩具和另一个幼儿的行为表现。

(三) 第三阶段：互补性交往阶段

幼儿同伴间的行为趋于互补，出现了更多更复杂的社交行为，相互间模仿已比较普遍，幼儿不仅能较好地控制自己的行动，而且还可以与同伴开展需要合作的游戏。

二、幼儿社会性行为据其性质分类

(一) 积极行为

积极行为主要是指对他人或集体有利的、建设性的行为，如帮助、分享、谦让、关心、安慰和合作等。0~3岁的幼儿各类积极行为开始出现并逐渐发展，但发展状况存在一定差异，如：儿童合作行为出现的频率最高，其次为分享和帮助行为，安慰行为最少。随着年龄的增长，儿童的积极行为逐渐增多。但也有研究发现，互助和合作等行为并不随儿童年龄增长而增多，有的甚至出现减少趋势。

(二) 消极行为

消极行为是指对他人或集体具有侵犯性、破坏性的行为，如：推打、抢夺、骂人、招惹、嘲讽、威胁等。0~3岁幼儿的消极行为尤其突出的是身体攻击行为（如推打、抢夺等），但随年龄增长而逐渐减少，言语攻击行为（如骂人、嘲讽等）逐渐增多。

幼儿的社会性行为存在性别差异，积极行为的性别差异较小，男孩和女孩都具有积极的行为倾向，甚至在比较危险或需要帮助的情境中，男孩则比女孩表现出更多的帮助行为；在消极行为方面，男孩比女孩表现出更多的冲突性、攻击性的行为。

问题分析

"案例导入"中新新的表现正是幼儿社会性行为中，男孩消极行为的典型：身体攻击行为（推打、抢夺等）。他正处在幼儿早期社会交往中的第二个阶段——简单交往阶段：幼儿已能对同伴的行为做出反应，经常企图去控制另一个幼儿的行为。

措施分析

幼儿社会性行为活动的目的是引导幼儿遵从社会交往规则，提高人际交往能力，了解社会交往技能，从而增强他们的社会性发展。对于0~3岁的幼儿，可以通过情景式教学，在愉快的游戏活动中，促进幼儿分享、谦让、关心、合作等社会交往能力的提高。

根据新新目前的行为特点，照护员应给予及时有效的教育措施如下。

1. 建立亲密的关系　照护员主动亲近和关心幼儿，经常和他一起游戏或活动，让幼儿感受到与成人交往的快乐，建立亲密的亲子关系和师生关系。

2. 学习交往的技能　结合具体情境，鼓励幼儿参加小朋友的游戏，感受有朋友一起玩的快乐，指导幼儿学习交往的基本规则和技能。如：当幼儿不知怎样加入同伴游戏，或提出请求不被接受时，建议他拿出玩具邀请大家一起玩；或者扮成某个角色加入同伴的游戏。

3. 尊重幼儿的表现　能以平等的态度对待幼儿，使幼儿切实感受到自己被尊重。对幼儿与别人分享玩具、图书等行为给予肯定，让他对自己的表现感到高兴和满足。

4. 解读幼儿的行为　与幼儿进行回溯性谈话，解读并记录儿童行为的真实过程，发现儿童的真实想法，通过换位思考，引导他们想想"假如你是那个小朋友，你有什么感受？"让幼儿学习理解别人的想法和感受。

5. 进行总结评价　以谈话或作品鉴赏的方式，对幼儿参与活动的情况进行积极有效的评价，肯定幼儿在活动中的表现，鼓励幼儿大胆参与下一次游戏。和家长、幼儿一起收拾物品，进行评价记录。

任务实施

一、评估

（1）幼儿精神状态良好，情绪稳定。
（2）环境干净、整洁、安全，温湿度适宜。
（3）活动实施的相关材料准备齐全，干净、无毒无害。
（4）活动名称：我们一起摘果果。

二、计划

预期目标如下：
（1）能随着音乐做游戏，提高参与游戏的积极性。
（2）幼儿愿意大胆尝试与同伴分享活动的快乐。

三、实施

1. 活动开始。
2. 活动过程
（1）通过 PPT 课件，老师用生动的语言引出活动情景。
（2）老师示范摘果果的动作，引导小朋友观察和模仿。
（3）老师播放音乐，家长和幼儿听音乐，和老师一起做摘果子的律动。
（4）游戏：我们一起摘果果。
（5）整理物品。
3. 活动评价
（1）幼儿积极性。
（2）幼儿动作跟随能力。

任务评价

幼儿社会性行为教育评估评分标准详见表 5-4-1。

表 5-4-1 幼儿社会性行为教育评估评分标准

考核内容		考核要点	分值	评分要求	扣分	得分
评估 (15分)	幼儿	情绪愉快、积极参与	6	未评估扣6分,不完整扣2分		
	环境	干净、整洁、安全、温湿度适宜	3	未评估扣3分,不完整扣1分		
	照护员	着装整齐	3	不规范扣1~2分		
	物品	准备齐全	3	少一个扣1分		
计划 (5分)	预期目标	口述目标:①目标描述以幼儿为主体;②突出社会领域特点,关注幼儿能力、情感的培养	5	少一项扣2分		
实施 (60分)	活动开始	1. 情景设置:新颖、富有童趣	4	不够童趣扣2~3分		
		2. 活动导入:自然、有吸引力	4	不够自然扣1~2分		
	活动过程	3. 尊重幼儿的想法	5	方法不对扣1~3分		
		4. 活动重点、难点安排适量	5	方法不对扣1~3分		
		5. 教学方法突出游戏特点	10	游戏不突出扣5~8分		
		6. 教师语言生动形象	4	不达标扣1~3分		
		7. 师幼关系和谐	4	不达标扣1~3分		
		8. 亲子互动愉快	4	不达标扣1~3分		
		9. 幼儿回溯游戏过程	8	不达标扣3~5分		
	整理记录	10. 指导家长耐心记录	4	不记扣1~3分		
		11. 家长和孩子总结反馈	4	不达标扣1~3分		
		12. 教师肯定性评价	4	不达标扣1~3分		
评价 (20分)		1. 教学过程愉快,目标达到	5			
		2. 与家长沟通有效,合作顺畅	5			
		3. 过程态度亲切,关爱幼儿	5			
		4. 操作规范,流程熟练	5			
总分			100			

知识点小结

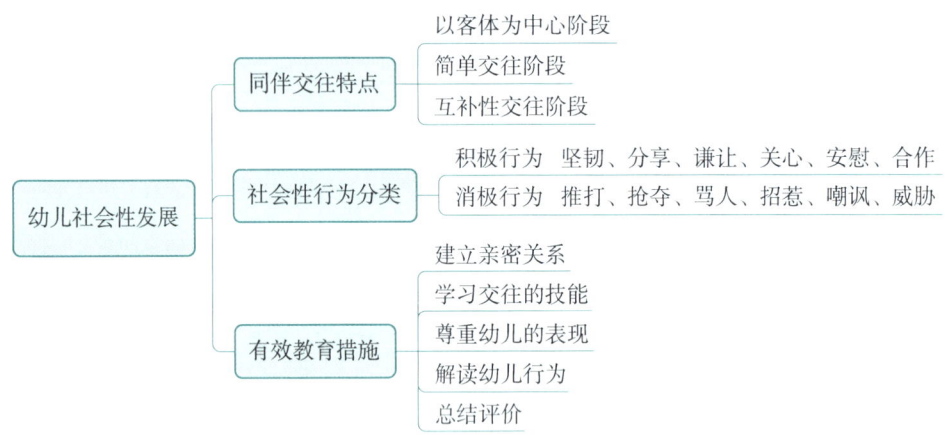

测一测

请扫二维码。

测试题

（谈柔辰）

任务五　亲子活动设计与指导

学习目标

1. **素质目标**　关心爱护幼儿,培养与婴幼儿的情感联系和情感交流;亲子活动中做到耐心细致,增强师幼间的亲密感和合作意识。
2. **知识目标**　了解0~3岁婴幼儿的认知、行为和情感发展特点;了解亲子活动对婴幼儿发展的作用和重要性。
3. **能力目标**　掌握指导家长进行适宜的亲子活动的基本方法和技巧;能设计和组织具有一定教育意义、适合0~3岁婴幼儿的亲子活动。

案例导入

朵朵2岁3个月了。周末妈妈带她参加同学聚会,她不和小朋友玩,喜欢躲在妈妈的身后。当妈妈抱她的时候,她才会开心地笑,妈妈一离开就放声哭泣。

任务描述

1. 了解0~3岁婴幼儿发展特点,以及亲子活动的目的。
2. 根据幼儿情感发展的特点设计合适的亲子活动,指导家长与幼儿的互动措施。

学习内容

亲子活动是由专业人员有目的、有计划、有组织地指导家长开展的具有互动性的亲子游戏与学习活动,旨在普及科学的育儿理念和方法,促进0~3岁儿童积极主动发展的一种具有现场示范性、指导性、时间性的活动。

一、0~3岁婴幼儿的发展特点

(一) 身体发育

婴幼儿的身体由无力到有力的演变过程。他们的身体部位是不协调的,缺乏掌握和控制能力。尽管身体小,但头部比例较大,能够帮助他们控制身体的平衡和姿态。

(二) 感知发育

婴幼儿开始感知外界的各种刺激,对声音、视觉及触觉都有着极其敏锐的感知能力,对新事物极具好奇心,能够通过触摸、品尝、闻味等方式去感知环境。

（三）语言发育

在这个阶段，婴幼儿正在学习并逐渐掌握语言能力，在发音、听取语言、词汇理解、表达以及沟通能力等方面逐渐增强，但还不能进行完整的语言表达和理解。

（四）智力发育

婴幼儿的智力主要在观察、模仿、想象和记忆方面发展，开始建立对事物的概念和逻辑观念。

（五）情感发展

在这个阶段，婴幼儿对家人的依赖感特别强，对待事物缺乏判断力和思考能力，全身心地与家人互动，通过高认可提高情感联系，通过情感表达获得关爱。

二、亲子活动对婴幼儿发展的作用和重要性

（一）促进婴幼儿身心健康发展

通过亲子活动，儿童可以参与到各种有趣的游戏和运动中，锻炼身体，提升体质，增强免疫力，减少易感病发生，同时也能够促进儿童智力、情感和社交能力的发展。

（二）增强亲子情感交流

亲子活动可以增进父母和孩子之间的情感，增加相互了解，让孩子体验到家庭的温暖和关爱，加强亲子间的情感联系。

（三）培养儿童的社交能力

从很小的时候就让孩子参与到亲子活动中，有机会与其他孩子、其他成年人、环境和文化等多种因素接触交流，培养孩子的社交能力和合作精神，增加孩子获得社交信息的机会。

（四）促进儿童知识技能的提升

亲子活动可以通过各种讨论、互动和游戏，让孩子在玩乐的过程中掌握更多的知识和技能，促进其认知和学习能力的提升。

（五）增进家长的教育意识和家庭教育技能

通过亲子活动，家长可以了解有关儿童成长的最新科学知识、教育理念和实践技能，帮助家长们提高教育意识和培养良好的家庭教育技巧。

问题分析

"案例导入"中朵朵的表现正是儿童情感发展中典型的情感依赖表现，这时候的孩子具有强烈的情感认知能力，对亲人朋友有明确的喜好和依赖，对父母的离开表现出焦虑，会通过抱、哭的方式表达自己的情感。

措施分析

0～3岁是一个非常关键的发展阶段，婴幼儿感性认知和情感体验开始形成，通过交互和互动逐渐发展社交行为等。为了促进婴幼儿全方面发展，根据幼儿目前的发展特点，照护

员给予适当的教育措施。

1. 物理环境的安全　确保亲子活动场所的安全,避免婴幼儿受到潜在的威胁,要做好预防措施,注意卫生和防护措施。

2. 设计有趣的亲子活动　根据幼儿年龄和兴趣设计活动,每个年龄段的幼儿有其自己的特点和兴趣,要通过观察和了解幼儿的特点和兴趣,为他们设计适当的亲子活动,包括身体运动、语言交流、认知发展等。不断创新亲子活动,如一起模仿动物、讲故事、搭积木等。这样有助于婴幼儿的身体、认知和语言及社交等各方面的发展。

3. 建立密切互动关系　在亲子活动中,家长要与孩子建立一个互动的关系,多注重亲子互动,家长可以创造很多亲子互动的机会,如抱着婴幼儿欣赏书本、随着音乐舞动、唱儿歌、一起创作画作,等等。家长的陪伴能够为婴幼儿提供安全感,让孩子能够感受到家长的关爱和情感上的支持。

4. 增强情感表达能力　婴幼儿的情绪丰富多彩,但是由于语言表达能力的短缺,往往不能表达自己的情感和需求,因此需要在亲子活动中适当提供机会,让婴幼儿有更多的机会表达自己的情感和思想。

5. 评价　活动时尊重婴幼儿的兴趣和个性特点,对孩子的表现和效果适时给予鼓励,增强孩子的自信心。

一、评估

(1) 幼儿精神状态良好,情绪稳定。
(2) 环境干净、整洁、安全,温湿度适宜。
(3) 活动实施的相关材料准备齐全,干净、无毒无害。
(4) 活动名称:我是汽车小司机。

二、预设目标

(1) 体验和爸爸妈妈、小伙伴在一起的快乐情感,并学会分享。
(2) 在父母的配合下,完成小跑、蹲、钻等动作及黏贴等小肌肉动作的发展。
(3) 在音乐游戏中模仿开汽车的动作,愿意与小伙伴交往、游戏。

三、实施

1. 活动开始。
2. 活动过程
(1) 亲子游戏一:说名字。
(2) 亲子游戏二:开汽车。
(3) 亲子操。
(4) 我与大家来分享(准备轻柔的音乐)。

3. 活动评价。

 任务评价

儿童亲子活动设计评估评分标准详见表5-5-1。

表5-5-1 儿童亲子活动设计评估评分标准表

考核内容		考核要点	分值	评分要求	扣分	得分
评估 (15分)	幼儿	精神状况良好,情绪稳定	2	未评估扣2分,不完整扣1~2分		
	环境	干净、整洁、安全、舒适	4	未评估扣4分,不完整扣2~3分		
	照护员	着装整齐,适宜组织活动,创设事宜的活动环境	4	未评估扣4分,不完整扣2~3分		
	物品	材料准备齐全,安全、无毒、无害	5	少一个扣1分		
计划 (5分)	预期目标	口述目标:①教学目标明确,包括幼儿发展目标与家长指导目标;②幼儿发展目标符合幼儿已有经验和发展需求;③幼儿发展目标整合知识、能力、情感3个维度的发展要求	5	少一项扣2分		
实施 (60分)	活动开始	1. 情景设置:新颖、富有童趣	4	不够童趣扣2~3分		
		2. 活动导入:自然、有吸引力	4	不够自然扣1~2分		
	活动过程	3. 围绕目标组织教学,重点突出	5	方法不对扣1~3分		
		4. 教学思路清晰,教学环节完整,环节过渡自然	5	方法不对扣1~3分		
		5. 能恰当运用多元化教学方法和手段,采用适宜的指导策略	10	游戏不突出扣5~8分		
		6. 教态自然大方,生动活泼,有亲和力	4	不达标扣1~3分		
		7. 家长指导语简洁明了,重点突出	4	不达标扣1~3分		
		8. 尊重幼儿的个体差异,实施因人而异的个体化指导	4	不达标扣1~3分		
		9. 活动过程中具有一定的安全意识	8	不达标扣3~5分		
	整理记录	10. 指导家长耐心记录	4	不记录扣1~3分		
		11. 家长和孩子总结反馈	4	不达标扣1~3分		
		12. 教师肯定性评价	4	不达标扣1~3分		

续 表

考核内容	考核要点	分值	评分要求	扣分	得分
评价 (20分)	1. 教学内容符合幼儿年龄特点,具有一定的趣味性、教育性	5			
	2. 与家长沟通有效,合作顺畅	5			
	3. 过程态度亲切,关爱幼儿	5			
	4. 操作规范,流程熟练	5			
总分		100			

知识点小结

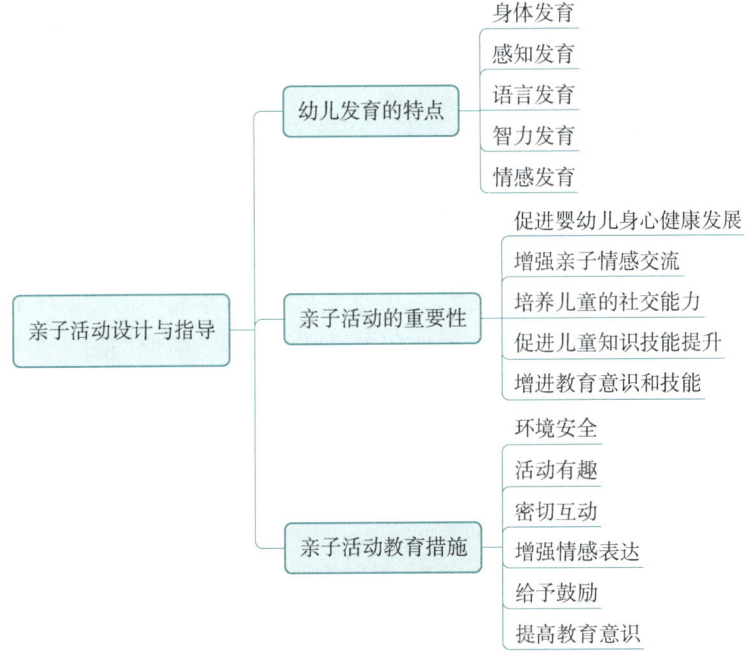

测一测

请扫二维码。

测试题

（谢冬艳）

任务六　幼儿常见心理问题疏导与预防

学习目标

1. **素质目标**　在对幼儿进行心理问题疏导的过程中,关心爱护幼儿,培养幼儿积极的情绪;感受心理健康对学前儿童身心发展的重要性,能认真细致的对幼儿进行心理疏导教育。
2. **知识目标**　了解幼儿心理问题的疏导策略,树立正确的幼儿心理健康观念;理解和掌握幼儿常见心理问题的相关知识及预防对策。
3. **能力目标**　能够对幼儿常见心理问题提出解决对策,制定具体的实施方案;能借助日常教学、游戏等活动,帮助幼儿疏导不良的心理问题,激发学习学前儿童心理健康相关知识的热情。

案例导入

2岁的涵涵是个性格内向的小姑娘。每天早上,她来到育儿中心总是不肯进教室,老师好不容易把她送进教室她又跑出去,宁可坐在大门口。老师了解原因后才知道,她要在门口等待妈妈的到来,生怕妈妈找不到她。

任务描述

了解幼儿的分离焦虑表现、类型及影响因素,从而更好地帮助幼儿缓解分离焦虑。

学习内容

分离焦虑是指一个人在陌生的环境中,以及与亲人分离后对陌生人的焦虑和恐惧,这是幼儿进入育儿中心初期最常见的心理问题之一。在进入育儿中心以前,孩子很少离开爸爸妈妈和自己的家,因此,当他们独自面对陌生的环境和人时,往往会产生与父母分离的焦虑感,从而表现出各种身体和心理上的不适。

不足3岁幼儿的情绪情感是丰富而又外显的,在进入育儿中心后,与亲人分离的焦虑也会通过某些行为表现出来。

一、不足3岁幼儿的分离焦虑行为的分类

可以分为三类:抗拒性行为、反常性行为和依赖性行为。

(一) 抗拒性行为

通常发生在家长送孩子去育儿中心时,主要包括入园时幼儿的哭闹、不愿意进入育儿中心和在地上打滚。例如,当家长把孩子送到育儿中心后,孩子们会产生抵触心理,抓着家长拒绝让他们离开,或者家长强行走后在地上哇哇大哭,等等。

(二) 反常性行为

通常发生在与家长分离后,主要包括饮食不正常、不午睡、弄湿裤子、一遍又一遍地说同一件事情、自己一个人静静地坐着玩耍,甚至不愿进教室。

(三) 依赖性行为

主要表现为孩子总是抱着家里带来的熟悉物品或一直跟随老师。孩子们将对家长的依赖转移为对照护员和家里熟悉物品的依赖。当他们的东西被别的孩子抢走时,情绪会表现得极度不稳定。

二、造成幼儿分离焦虑的原因

(一) 环境的变化

幼儿离开了熟悉的环境,来到了一个新的环境,在育儿中心不像在家里可以随心所欲,想干什么就干什么,育儿中心在不同的时间段应该做什么都有相应的规定。研究表明,幼儿分离焦虑的原因之一是生活作息发生了改变,这样的环境和心理的变化让幼儿深感离家的痛苦,从而产生哭闹、厌食、悲伤等。

(二) 幼儿自身因素造成

幼儿自理能力欠缺也会让其对育儿中心有抵触心理,产生分离焦虑。例如,午睡时幼儿不能自己脱衣服,口渴了不会自己接水喝。这时的幼儿常常会表现出挫败和自卑,特别是自身性格内向的幼儿,更是不喜欢接近老师和小朋友,由此就会沉默寡言,社会性焦虑比较强烈。

(三) 家长因素

由于家长的溺爱,在家时幼儿吃饭不自己吃,而且自理能力、独立性差,做事依赖家人,动作迟缓。家长干涉过多,不允许和其他幼儿交流,导致幼儿的社会性发展缓慢。还有一些家长言语不当,例如对孩子说:"如果你不听话就把你送到育儿中心让老师教训你。"

(四) 照护员的因素

照护员如果对幼儿哭闹、沉默寡言以粗暴训斥、恐吓来处理,或总是一副严肃刻板的形象面对幼儿,随意地批评、惩罚幼儿,这样会加深幼儿与照护员之间的隔阂,增加了幼儿的恐惧心理。

问题分析

"案例导入"中的涵涵因为去一个新的环境无法适应,因此不愿意走进教室,宁可一个人安静地坐着,这符合反常性行为的表现和特征。这种反常性行为体现出孩子的分离焦虑。

措施分析

根据涵涵目前的行为特点,家长、照护员作为照护者应积极采取措施在一定程度上缓解小班新生入园所产生的分离焦虑。

1. 照护员方面　照护员应积极为幼儿创设一个宽松舒适的环境,精心布置富有童趣的活动室,可以在墙面粘贴一些卡通形象或是幼儿的全家福,在各个区域投放幼儿喜欢的玩具、手工、图画及娃娃家,让幼儿有家的感觉。还可以组织一些有趣的游戏活动,让幼儿玩起来。照护员与幼儿在娃娃家扮演妈妈喂小宝宝喝奶,爸爸煮饭菜的游戏;或是在阅读区给幼儿讲故事;在户外场地,带领幼儿开小火车、跳彩圈、滑滑梯等,转移幼儿的注意力,让他们在玩中交到新朋友,缓解幼儿入园的焦虑。同时照护员在生活中应该更多地关注幼儿,与幼儿建立良好的情感,如摸摸她的头、抱抱她,拉着她的小手倾听幼儿讲话并给予鼓励和认可,让幼儿感到亲切、信任和依恋照护员。

2. 家长方面　家长应树立正确的教育观念,以身作则,不能盲目地溺爱孩子,平时多了解一些育儿知识,学会用科学的教育方法培养孩子的自理能力,增强孩子的独立意识,从而在一定程度上缓解分离焦虑。在孩子面前要保持积极乐观的情绪,不要在孩子面前表现过度担忧。送幼儿入园后立即转身离开,不要在门口张望,坚持送幼儿入园。家长在家也要给予幼儿正面的教育暗示,告诉幼儿"你在育儿中心里学到了好多本领""你真棒,你长大了"等,使幼儿更加喜欢老师,喜欢上育儿中心。

3. 家园合作　在入园初期召开育儿中心新生家长会,详细介绍幼儿在园的一日活动。每天的接送环节多和家长交流,肯定幼儿的进步,鼓励家长继续帮助幼儿抑制焦虑,有意识地培养幼儿的交往能力。并设立班级交流QQ群、微信群,方便家长和老师、家长和家长之间的交流。开展"家园开放日"活动,使家长看到育儿中心丰富的活动,感受幼儿的成长,进一步增加对老师的信任。在家访时,照护员应向家长宣传一些处理孩子分离焦虑的知识,以便家长正确对待孩子的分离焦虑。

一、评估

(1) 幼儿精神状态良好,情绪稳定。
(2) 环境干净、整洁、安全,温湿度适宜。
(3) 活动实施的相关材料准备齐全,干净、无毒无害。
(4) 活动名称:幼儿园里真好玩。

二、计划

预期目标如下:

(1) 通过情境活动,帮助幼儿进一步学习对新环境适应。
(2) 在与同伴交流中,感受集体的快乐,减少分离焦虑情绪。
(3) 初步体验与同伴相处及游戏的乐趣,增进幼儿对幼儿园的喜爱。

三、实施

1. 活动准备。
2. 活动过程

（1）导入活动。

（2）教师向幼儿介绍3位小客人，出示指玩具：小羊、小猫和小狗。

（3）请幼儿仔细观看，教师手拿指偶展开情境表演。

（4）观看情景后，请幼儿自己说一说在幼儿园里的事。

（5）结合情景，请家长和幼儿一起讨论。

（6）幼儿参与情境，感受玩幼儿园的玩具、和朋友交往的乐趣。

（7）教师手拿小羊指偶玩具，引导幼儿思考。

（8）请幼儿用指偶表演小羊的行动。

（9）教师带幼儿到户外活动场地，请幼儿自己选择一个小动物的角色，结合情境尝试与身边的朋友一起玩玩具和跷跷板，感受和小伙伴们一起在幼儿园玩的乐趣。

3. 活动评价。

任务评价

幼儿常见心理问题教育评估评分标准详见表5-6-1。

表5-6-1 幼儿常见心理问题教育评估评分标准表

考核内容		考核要点	分值	评分要求	扣分	得分
评估 （15分）	幼儿	情绪愉快、积极参与	6	未评估扣6分，不完整扣2分		
	环境	干净、整洁、安全、温湿度适宜	3	未评估扣3分，不完整扣1分		
	照护员	着装整齐	3	不规范扣1~2分		
	物品	准备齐全	3	少一个扣1分		
计划 （5分）	预期 目标	口述目标：①目标描述以幼儿为主；②突出健康、社会领域特点，关注幼儿情绪、情感的培养	5	少一项扣2分		
实施 （60分）	活动 开始	1. 情景设置：新颖、富有童趣	4	不够童趣扣2~3分		
		2. 活动导入：自然、有吸引力	4	不够自然扣1~2分		
	活动 过程	3. 尊重幼儿的想法	5	方法不对扣1~3分		
		4. 活动重点、难点安排适量	5	方法不对扣1~3分		
		5. 教学方法突出游戏特点	10	游戏不突出扣5~8分		
		6. 教师语言生动形象	4	不达标扣1~3分		
		7. 师幼关系和谐	4	不达标扣1~3分		
		8. 亲子互动愉快	4	不达标扣1~3分		

续 表

考核内容	考核要点	分值	评分要求	扣分	得分
	9. 幼儿回溯游戏过程	8	不达标扣3～5分		
整理记录	10. 指导家长耐心记录	4	不记录扣1～3分		
	11. 家长和孩子总结反馈	4	不达标扣1～3分		
	12. 教师肯定性评价	4	不达标扣1～3分		
评价（20分）	1. 教学过程愉快，目标达到	5			
	2. 与家长沟通有效，合作顺畅	5			
	3. 过程态度亲切，关爱幼儿	5			
	4. 操作规范，流程熟练	5			
总分		100			

知识点小结

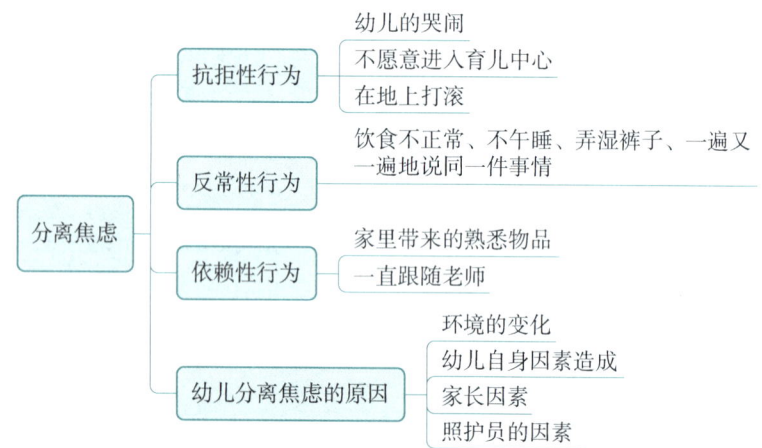

测一测

请扫二维码。

测试题

（黄　燕）

任务七　家庭照护指导

学习目标

1. **素质目标**　能以幼儿为本,耐心细致的培养儿童良好的生活习惯,建立良好的照护氛围;具有稳定的情绪、乐观开朗的性格和高度责任心;照护幼儿时做到关心、爱护幼儿。

2. **知识目标**　了解0~3岁儿童的生长发育规律和特点,能制定适宜的家庭照护计划;熟知婴幼儿睡眠、进餐、洗漱、清洁、出行等家庭生活照护的基础知识。

3. **能力目标**　掌握常见的家庭照护技能和处理常见疾病的方法,保证儿童的健康成长;帮助和指导家长掌握婴幼儿家庭生活照护的技能;有正确的儿童教育观。

案例导入

芳芳今年2岁10个月,身体健康,还有2个月芳芳就将上幼儿园了。妈妈计划培养她晚上早睡的习惯。晚上9点,妈妈把空调温度调到26℃,芳芳眯了一会眼睛又睁开了,妈妈关了大灯,芳芳爬起来开小灯,妈妈陪在身边芳芳会安静地躺一会,妈妈一起来马上哇哇大哭……妈妈一点办法都没有。

任务描述

了解0~3岁婴幼儿对睡眠环境的基本要求及影响因素,更好地促进婴幼儿睡眠。

学习内容

睡眠是一种周期性发生的知觉的特殊状态,是人的基本生理需求。睡眠时,机体处于低代谢、低氧耗的抑制状态,能量消耗降低,使全身组织器官尤其是大脑得到休息,消除疲劳。幼儿体格发育所必需的生长激素,有80%是在睡眠时分泌的,幼儿身体的生长和大脑皮层的发育离不开充足的睡眠。因此,照护者应创建温馨、舒适、安全的睡眠环境,合理组织安排睡前活动,帮助幼儿建立良好的睡眠习惯,提高幼儿睡眠质量,以促进幼儿身心健康发展。

一、3岁以下儿童睡眠环境的基本要求

(一)营造适宜的睡眠条件

1. **空间**　选择朝南、有窗、日照好的房间,在离母亲近的地方开辟出一块婴幼儿睡眠的

空间。床的近端不宜放照明灯和玩具。

2. 室温　室温不要过冷或过热,夏季 26～28℃、冬季 18～20℃ 为宜。无论夏天还是冬天,每天上、下午至少各通风 1 次,每次通风时间 20～30 分钟,让婴幼儿接触新鲜空气。但是入睡后风不可以直接吹在婴幼儿的身上。

3. 装修　一般的婴幼儿卧室或睡眠的地方,应避免新装修造成的环境污染,严禁使用不符合标准的油漆、板材等装修材料,以免造成甲醛、苯、氡、放射性物质污染。

4. 光线　光线较暗时婴幼儿较容易入睡,所以婴儿床可以放在暗处,也可以放下窗帘挡住光线。夜间可以开小灯,既便于照料婴幼儿又不影响睡眠。

（二）安抚婴幼儿入睡

1. 固定的睡前程序　每天睡前安排固定程序,例如,睡前整理玩具、洗澡、更换尿布、更换睡衣、拉上窗帘、讲故事或唱儿歌、关灯。

2. 尽早让幼儿养成独自睡觉的习惯　婴儿出生就要培养独立入睡,建议把婴儿床放在父母的房间。一般当幼儿 3 岁左右,就可为其安排独立的卧房了。

3. 入睡后观察　幼儿入睡后要观察他的睡姿、脸色,注意被子是否捂住口鼻,避免发生意外。睡姿有仰卧、侧卧和俯卧等,选择婴幼儿睡得舒服的睡姿。对容易惊哭、尿床和体弱的婴幼儿应加强观察,适时给予照料。例如,在体弱、多汗的婴幼儿背部垫上毛巾,等出汗后及时取走。

二、影响婴幼儿睡眠的因素

（1）睡前进食过饱,腹胀难受,或吃得太少有饥饿感。这都会刺激大脑出现睡眠不安,影响幼儿入睡。

（2）睡前精神过度兴奋,如玩耍时间过长、疲劳,或受到惊吓,情绪焦虑、恐惧、不安、精神紧张等,导致幼儿大脑皮层过度兴奋,不易抑制,导致幼儿不易入睡,睡眠不宁,多哭闹。

（3）幼儿感觉身体不舒适,如穿的衣服过厚、过紧,被子太厚,室内温度过冷、过热等,都会让幼儿感到不舒适,影响入睡。

（4）生活规律和睡眠环境的改变,扰乱了幼儿的睡眠,令幼儿难以入睡,如作息时间的改变、照护人的变换或出门访亲拜友、卧室的改动等。

（5）幼儿睡眠的方式不舒服,如手脚受压、胸口受压等,都会影响幼儿入睡。

（6）环境太吵或太过安静,使幼儿感觉到不适应,无法入睡。

（7）对某一物品的依恋,得不到满足,影响入睡,如安抚奶嘴、小被子、毛毯、毛绒玩具、布偶、方巾等。

（8）疾病的影响,如感冒、发热、鼻塞呼吸不畅、腹泻等都会引起幼儿哭闹不安,影响入睡。

 问题分析

本案例中芳芳不能安静的入睡主要是由于照护者改变了生活规律,也可能是因为幼儿房间的温度过高、空气闷热、不流通,影响入睡。

措施分析

3岁以下儿童睡前活动的组织方式有以下几方面。

1. 组织幼儿进入睡前活动,准备工作要做到"三要"一要,提醒幼儿如厕;二要,要求幼儿不做剧烈运动,不刺激幼儿情绪,让幼儿保持安静愉快的睡眠情绪;三要,要求幼儿安静地上床,不与同伴讲话、疯闹。

2. 照护者向幼儿介绍睡前活动的内容及要求 午睡前10分钟,做好及时提醒幼儿大小便的工作,排空膀胱内的尿液,清除生理因素对午睡的干扰。

3. 营造睡觉氛围 可以采用场景、音乐催眠法、讲故事、唱儿歌等。在睡觉前让幼儿听着和缓优雅的旋律、节奏舒缓宁静的音乐,如摇篮曲等。

任务实施

一、评估

(1) 幼儿精神状态良好,情绪稳定。
(2) 环境干净、整洁、安全,温湿度适宜。
(3) 活动实施的相关材料齐全、干净、无毒无害。
(4) 活动名称:洗洗小手真干净。

二、计划

预期目标如下:
(1) 能随着音乐做游戏,提高参与积极性。
(2) 幼儿愿意大胆尝试与大家一起念儿歌。
(3) 初步养成良好的卫生习惯。

三、实施

1. 活动准备。
2. 活动过程
(1) 照护者采用语言引发孩子学习的兴趣。
(2) 小朋友来猜猜布娃娃为什么会哭。
(3) 老师通过朗诵儿歌,示范洗手的正确方法。
(4) 我们一起边念儿歌边洗手,看看谁的小手真干净!
3. 活动评价。

任务评价

幼儿睡眠指导评分标准详见表5-7-1。

表 5-7-1　幼儿睡眠指导评分标准表

考核内容		考核要点	分值	评分要求	扣分	得分
评估 (15 分)	幼儿	生命体征、精神状态、意识状态、睡眠习惯	6	未评估扣 6 分，不完整扣 2 分		
	环境	干净、整洁、安全、温湿度适宜	3	未评估扣 3 分，不完整扣 1 分		
	照护员	着装整齐	3	不规范扣 1~2 分		
	物品	准备齐全	3	少一个扣 1 分		
计划 (5 分)	预期目标	口述目标：①目标描述以幼儿为主体；②突出社会领域特点，关注幼儿能力、情感的培养	5	未口述扣 5 分		
实施 (60 分)	观察情况	1. 检查睡眠环境	4	不达标 1~3 分		
		2. 布置睡眠环境	3	不达标 1~2 分		
	活动开始	3. 情景设置：新颖、富有童趣	4	不够童趣扣 2~3 分		
		4. 活动导入：自然、有吸引力	4	不够自然扣 1~2 分		
	活动过程	5. 幼儿进入睡前活动场地	4	方法不对扣 1~3 分		
		6. 照护者向幼儿介绍睡前活动的要求	4	不达标扣 1~3 分		
		7. 指导幼儿收拾活动用物	4	不达标扣 1~3 分		
		8. 指导或协助幼儿洗手、用小毛巾擦干	4	不达标扣 1~3 分		
		9. 指导或协助幼儿如厕、协助幼儿脱衣上床睡觉	5	不达标扣 3~5 分		
		10. 照护者播放舒缓或轻柔的儿歌、摇篮曲	5	不达标扣 1~3 分		
		11. 开展讲故事活动或看绘本	5	不达标扣 1~3 分		
	整理记录	1. 指导家长耐心记录	5	不记录扣 1~3 分		
		2. 家长和孩子总结反馈	5	不达标扣 1~3 分		
		3. 整理用物、洗手、记录	4	不记录扣 1~3 分		
评价 (20 分)		1. 教学过程愉快，目标达到	5			
		2. 与家长沟通有效，合作顺畅	5			
		3. 过程态度亲切，关爱幼儿	5			
		4. 操作规范，流程熟练	5			
总分			100			

知识点小结

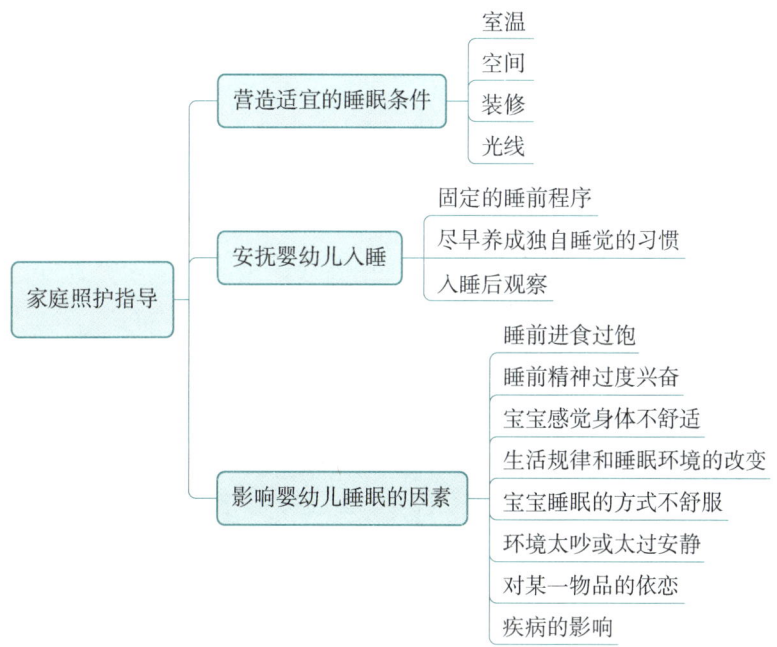

测一测

请扫二维码。

测试题

（莫　宁）

项目六
环境创设

任务一　婴幼儿照护服务机构环境创设

学习目标

1. 素质目标　培养照护员对于婴幼儿照护服务机构环境的规划能力。
2. 知识目标　理解和掌握环境对婴幼儿发展的影响;掌握婴幼儿照护服务机构环境创设包括的具体内容;掌握婴幼儿照护服务机构环境创设涵盖内容的具体实施措施。
3. 能力目标　能帮助和指导婴幼儿照护服务机构对环境创设进行分析评价;能根据0~3岁不同年龄段幼儿的特点,结合婴幼儿照护服务机构的实际情况,进行环境创设。

案例导入

某婴幼儿照护机构的婴幼儿教室与办公区之间有一个玻璃隔断门,一直开着。某天一名保教人员在教室课程结束后,进入办公区随手将玻璃门关上。随后一个小男孩习惯性地跑进来直接撞上了玻璃门,造成面部损伤,给小男孩的身心造成一定影响。

任务描述

1. 使婴幼儿照护机构理解环境对婴幼儿的影响。
2. 根据婴幼儿照护机构环境创设要求,指导符合婴幼儿发展需求的安全环境、区角环境、心理环境以及阅读环境的创设。

学习内容

我国《幼儿园教育指导纲要(试行)》指出"幼儿园应为幼儿提供健康、丰富的生活和活动环境,环境是重要的教育资源,应通过环境创设和利用,有效促进幼儿的发展"。

一、环境对婴幼儿的作用

(一)影响婴幼儿整体发展

0~3岁的婴幼儿是大脑最灵活、对周围环境的适应性最强的时期。通过与父母及其他照顾者和环境的日常互动,婴幼儿获得最初的社会、情感和认知技能,这些技能是他们后来发展的基础。

(二)影响婴幼儿习惯培养

婴幼儿的经历受制于周围的环境,婴幼儿经常生活的家庭和托育机构室内外的环境,有助于其发展。家庭和托育机构室内外环境的布置、文化氛围、保教人员或家长与婴幼儿的关系等构成的物质环境和精神环境,对婴幼儿的生理和心理发展有重要作用。

(三) 影响婴幼儿性格发展

婴幼儿获取知识经验,发展各种能力,以及婴幼儿的情感、气质和社会性等个性品质获取的主要途径,也是从其生活的环境中直接感知的。夫妻关系和谐、家庭成员之间和睦相处,托育机构保教人员温和地对待每位婴幼儿,为婴幼儿创设他们喜爱的玩耍环境等,有助于婴幼儿情绪与性格的平稳发展。

二、托育机构环境对婴幼儿的影响

(一) 有助于婴幼儿良好习惯养成

托育机构干净整洁的环境,有助于培养婴幼儿讲卫生的良好习惯。摆放的各种器材整齐有序,让婴幼儿亲身操作这些器材,有助于培养托育机构为婴幼儿设计符合其身心发展秩序的意识。

(二) 有助于婴幼儿智力开发

安全健康温馨的托育环境,有助于拓宽婴幼儿的视野,促进思维的发展。而且创设体验其他丰富多样环境的机会,有助于促进他们智力的发展。因此,有必要为婴幼儿创设符合其身心发展特点的区角环境,并在不同的区域投放相应的器材。婴幼儿操作材料的过程也会不同程度地促进他们认知、情绪、情感、社会性、语言等领域的发展。在操作这些材料的过程中,婴幼儿之间还会不断交流、讨论和合作,这也能促进他们智力的综合发展。

(三) 有助于婴幼儿能力发展

托育机构的保教人员有计划、有目的地训练婴幼儿,有助于培养其肢体能力、审美能力、语言表达能力和逻辑思维能力。适宜环境,能较好地激发婴幼儿的操作欲望,比如在区角提供串珠子、叠衣服、舀水、夹豆子等操作活动,在益智区提供磁铁钓鱼、穿扣子、拧插等活动,能较好地锻炼婴幼儿的手眼协调、手部精细动作以及手部控制能力;而诸如敲击乐鼓、色卡配对、翻绳游戏、益智七巧板等综合活动,以及保教人员引导婴幼儿进行的手指画、树叶黏贴画、创意折剪、撕纸等各种手工活动,在让他们的手部肌肉和手部力量得到锻炼的同时,也促使他们形成基本的审美意识、韵律美感。

(四) 有助于婴幼儿社会性的发展

良好的托育机构环境有助于保教人员在活动中相互学习、讨论、交流或合作。例如器材,让他们选择自己喜欢的器材开展集体或小组活动,有利于培养团队合作意识,进而建立良好的社会关系。

个体因素和环境的相互作用决定气质的表现,在人类生活的早期,气质特征或许更多受先天因素的制约,但随着孩子与环境交往的日益增多,环境在气质的影响因素中所占比重日益增大。因此,托育机构中的物质环境,以及保教人员的年龄、性别、性格特点、文化水平等精神环境对婴幼儿的气质有很大影响。

三、婴幼儿照护服务机构环境创设指导

婴幼儿照护服务机构环境包括安全环境、区角环境、心理环境和阅读环境。婴幼儿照护

服务机构安全环境创设要求及措施主要包含室内安全环境、室外安全环境以及所在社区安全环境3个方面,具体如下。

(一)室内安全环境创设要求及措施

1. 室内物质安全环境创设要求

(1) 整体建筑设计安全:安全的环境有利于婴幼儿的身心健康发展,能够将伤害事件发生的可能性降到最低。托育机构应统一设计、同步施工,以安全、实用为总体设计思路,做到人性化和经济实用。

同时还应考虑到柜子、桌椅凳子的移动性和扩展性,从而最大限度地保障婴幼儿的安全。机构室内环境的每个角落都应保障安全无危害,各种设备设施如教具玩具及其尺寸、各种装饰物如窗帘及其拉绳、画框、悬挂物等都要符合安全标准。对一些设备要配备安全装置如消防栓、水闸门、电表、气表、水表等都要有相应的防护和保护措施。

(2) 装修材质符合标准:托育机构的室内装修材料如油漆、地砖、墙砖、地板、墙纸都要选择无污染、天然绿色环保的材料,同时还要注重材质的多样性、柔软性和舒适性。室内装修材料,吊顶的防火要求为A级,墙面、地面、隔断、窗帘等材料不应低于B1级,其他家具、教学、娱乐设施材料不应低于B2级。地面装饰材料宜选用地毯、塑胶板、原木等;墙面的装饰材料应选用明亮、活泼、清新的暖色调。

(3) 室内设备设施符合标准:托育机构在选购家具、设备、材料时,都必须符合国家法规和现行相关技术标准的要求,并经检验和认证合格,如装修材料、家具以及桌椅板凳的甲醛含量要检查是否超标。根据入托婴幼儿的不同月龄段要选购相应的物品并符合国家相关质量安全和环保标准。

2. 安全的心理环境创设要求

(1) 符合婴幼儿身心发展特点:满足婴幼儿年龄特点的实际需要,只有这样才能切实保障每位婴幼儿的安全。安全稳定的环境对他们尤为重要,减少存在安全隐患的场地。

(2) 符合婴幼儿的认知水平:婴幼儿对事物的认知,主要通过自身的感知活动来获得,所以托育机构提供丰富多样的物品,更好地激发婴幼儿主动自我探索并获得相应的知识和经验,从而能够更好地发展。

3. 室内安全环境创设措施 托育机构中的生活用房主要包括婴幼儿的睡眠区、用餐区、盥洗区等;服务管理用房主要有教室、办公室、保健室、财务室、安保室,其他活动区如多功能活动室、大型感觉统合训练室、阅读区、艺术区、建构区、游戏区、角色扮演区、科学区,以及户外活动场地等多个功能区;后勤保障房如厨房、开水间、配电房、消毒室和储藏室;其他场所如楼梯、窗户、护栏、墙面、墙角不一样,托育机构应根据相应的标准进行创设。廊、通道、吊顶等在环境创设时,要考虑其安全性和环保性,不同的区域有相应的安全和卫生要求标准。

(1) 生活用房:具体应包括睡眠区、活动区、配餐区、清洁区、卫生间、储藏区等。

1) 就餐区:婴幼儿就餐环境的优劣直接影响到他们的进餐质量。进餐环境包括物质环境和心理环境两方面。健康的物质环境要求就餐区光线充足、空气流通、温度适宜,餐桌与食具清洁美观,大小适宜,室内地面干爽且具有防滑功能。托育机构可以创设食品加工区域,并提供热水器、纸杯、冰箱以及微波炉等。

2) 睡眠区:睡眠区应与活动区设在同一楼层。为每位婴幼儿选购一张便捷、易收纳、方便保教人员辅助午休的小床,不应提供双层床。严禁使用不符合标准的油漆、板材等装修材料,以免造成甲醛、苯、氨以及放射性物质带来的污染。室温不宜过冷或过热。此外,所购买的床上用品其燃烧性以及纤维类和羽绒羽毛填充物都应符合相应的标准。

3) 卫生间:应为每班设置独立且符合婴幼儿实际需求的卫生间,并与其他区域隔开,尤其是全日制托育机构。卫生间应符合我国住房和城乡建设部发布的《托儿所、幼儿园建筑设计规范》规定。所有设施的配置、形状、尺寸均应符合婴幼儿人体尺度和卫生防疫要求。

(2) 服务管理用房

1) 教室:应设置在通风、采光位置最佳处,房间尽量朝南。托育机构的相关人员还要消除室内污染和不安全的因素,合理摆放室内各种用具。室内的门窗、日光灯、桌子和墙角的转角等都应合理设计且符合安全标准,而且安放的器材要确保其稳定性并经常检查其螺丝、按钮等是否牢固或破损。配置的器材应无毒、无味、对婴幼儿无伤害隐患,同时还要安排专门的人员定期擦洗消毒并随时检修。

2) 多功能室:多是托育机构最大的活动空间,既可供不同月龄段的婴幼儿集会、跳舞、唱歌、表演、召开家长会等使用,也可以用作多个班级的婴幼儿播放电影、录像、幻灯片的场地。多功能活动室应临近教室或寝室,布局合理、朝向适宜、日照充足。与此同时,多功能活动室还可以有一些配套设施如衣帽区,用来存放婴幼儿的衣帽、书包、奶粉等个人物品。

3) 建构区:包括艺术区、积木区、沙水区。建构区摆放的各种操作材料和工具必须符合安全环保标准。建构区要有充足的自然光或人造光,且选址安静避免打扰以便婴幼儿能专心玩耍或操作;建构区的空间要足够大,方便婴幼儿自由建构的同时也能较好地减少彼此之间的冲突。

4) 其他服务区:包括中心门厅、晨检区、保健室、母婴室。这些区域需要每天消毒,不同的区域消毒时间间隔及其消毒方法有所不同。

(3) 楼梯等区域

1) 楼梯:在材料、空间、高度等方面的安全是非常必要的。首先,楼梯需设置在采光和自然通风条件好的地方,上下楼梯的标志可以用符合幼儿认知规律的脚丫形状的图案来表示方向。

2) 通道:日常通道、安全出口和消防通道要充分保障畅通,这些通道主要用于婴幼儿和保教人员平时的出入及发生各种灾害时的逃生。园内通道可以尽量做成透明的,通道上的窗户可以比较低,以方便婴幼儿往外看,从而产生一定的"安全感"。同时,保教人员也可通过玻璃通道观察了解婴幼儿的实时情况。通道不应设有台阶,如有高低差值时,应设置防滑缓坡且坡度不大于1∶12;通道要配有24小时照明灯及"停电照明灯"装置,以防停电时婴幼儿在过道内通行感到害怕或摔倒。

3) 护栏:主要设置在外廊、室内回廊、楼梯、阳台、平台、看台等临空处。防护栏选用的材料要坚固耐用,每年定期对护栏进行检查,一旦有破损、老旧松动、掉漆、摇晃等现象,必须在第一时间维修。

4) 地面:地面可采取地热采暖、铺设木地板或富有弹性的柔软地垫及地毯等。在装修地板时,托育机构需考虑防滑、防潮、防水等因素。不同地区、不同的楼层及房间,其要求又各有侧重。

5）墙面：墙面设计应简洁明了并配以简单图案，以产生舒适的空间视觉效果。墙面悬挂的宣传标识牌等物品须牢固，且材质不易破碎。

6）门窗：机构内部各区域的门是婴幼儿经常接触的物品，因此在设计中应特别注意门的安全性。托育机构选购的门，应双面平滑、无棱角。为了方便婴幼儿自己开关房门，应在距地面0.6米处加设婴幼儿专用拉手或门缝，门拉手可以参照婴幼儿及成人使用的标准来综合考虑。

（4）后勤保障用房：托育机构中的后勤保障用房包括厨房和储藏室等。

1）厨房：托育机构若需自行加工膳食，应设置满足供餐需要的厨房，厨房面积应与供餐人数相匹配，食堂应实行明厨亮灶及色标管理。非自行加工膳食的托育机构可不设厨房，但应设置与供餐规模相适应的备餐间，备餐间应配有备餐台、开水壶、微波炉、洗手池等设施。厨房应配备足够容量的冰箱、冷柜或消毒柜，自行加工膳食的托育机构还应配备电气式膳食烹饪设施，严禁使用明火和煤气设备。厨房应配备不同类型的清洗水池，如专用洗手水池、餐具专用清洗水池、水果专用清洗水池、消毒专用水池以及食品粗加工专用水池。

2）储藏室：有条件的托育机构，每个班可设有不小于9平方米的储藏室，封闭的储藏室还应设通风设施。储藏区域还可放置低矮的货架，并且储藏设施应结合家具一体化设计，同时摆放开放式储柜或货架。

（二）室外安全环境创设要求及措施

1. 室外安全环境创设要求

（1）室外活动区及其设施要符合国家相关标准：①生均室外活动场地面积应不小于3平方米；②在人口密集地区改、扩建室外活动场地的生均面积应不小于2平方米；③相关人员还应对托育机构室外场地以备定期进行维护与检修；④室外活动场地周围应设置防止婴幼儿攀爬或穿越的安全场地，周围还需采取安全防护栏等隔离措施。

（2）托育机构室外应布置一定的绿地：①生均面积在3平方米以上的机构应优先设置绿化用地，且绿地率不小于30%；②结合自身实际，设计绿化方案，要注意将绿化工作与保教活动、婴幼儿户外活动紧密结合。

（3）园门与外墙创设：既要符合安全标准，又要符合婴幼儿的审美特点以引起婴幼儿的兴趣和喜爱，缓解他们的入园焦虑。

1）园门的造型、色彩和寓意都应与机构的整体环境、建筑风格及其文化氛围相互协调。

2）园门是全封闭的且不能留有任何小的通道或者夹缝以免引发安全隐患。外墙的装饰要选用耐水性、耐碱性、耐污性的涂料。

3）在机构的入口处应设大门和警卫室，警卫室应有良好的视野，同时配有相关防御设施。

（4）游戏场地的环境创设

1）室外地表的游戏场地、运动设施、自然景观应该注意避开不可变更的排污、供气、供电、通信等公共地下管线和基础设施。

2）戏水池、游泳池、喷泉、鱼池、沙池要方便接入水龙头。

3）场地要做相应的软化处理。例如游戏场地面可以铺上沙子或种植天然草坪，游戏活动的设施设备需定期检修，游戏材料无毒无害以及无尖锐棱角等。

4）室外游戏活动空间应足够大且不易发生冲突和碰撞。托育机构应设专门的室外游戏场地，其面积不小于60平方米，共用活动场地的人均面积不应小于2平方米。可根据不同年龄段的孩子以班级为单位进行创设，也可以根据婴幼儿的不同活动方式来划分。

（5）室外活动区域要安全卫生：室外活动投放的各种器械也要符合国家安全卫生标准。室外活动材料和设备在使用的过程中还要注意清理、检查、维修和消毒以随时保证器材的安全和卫生。

（6）活动器械种类和数量与婴幼儿人数匹配：托育机构在户外应投放不同种类的活动器械，数量上应同时满足一次30名婴幼儿玩耍的要求，运动器械上的装饰物不能遮挡保教人员和婴幼儿的视线。

1）托育机构应配备不少于4种球类及与球类活动相适应的配套设置，其中小皮球数量不少于40个。

2）应配备3~4种供婴幼儿骑行的小车，其数量至少应同时满足15名婴幼儿玩耍的需要。

（7）残障婴幼儿的室外活动：残障婴幼儿需要更多的室外锻炼机会以促进身体康复，因此，托育机构在创设室外安全环境时，还应考虑残障婴幼儿户外活动时的特殊需求。

2. 室外安全环境创设措施

（1）建立完善的室外安全管理制度：为了更好地保障婴幼儿的安全，托育机构需要建立室外安全管理制度，这样可以有效地减少婴幼儿在户外活动时伤害事故的发生，需要构建完善的入园登记制度和离园制度，构建安全的门卫制度、各种设备设施检查维修制度。

（2）确保各个区域安全无危险：托育机构的室外活动场地通常应选择通风好、日照佳的地方，同时还要确保婴幼儿到达场地的路径、活动场地的坡度与排水、活动场地面积以及场地周围没有潜在危险等。托育机构的室外集散地及大门外应足够开阔，方便婴幼儿及其家长入园或离园时的等候。

（三）社区安全环境创设原则及措施

1. 社区安全环境创设原则

（1）方向性原则：托育机构应明确自身的责任，不仅要为本机构的婴幼儿服务，还应为所在社区的婴幼儿提供科学的护理和早期教育服务，为所在社区的家庭提供亲子活动的机会以及科学的家庭育儿指导。

（2）整体性原则：托育机构的保教人员应考虑婴幼儿的身心健康，秉持"安全健康第一"的教育理念，不断加强与社区、家庭的联系与合作。托育机构应与社区全方位、多维度合作，为婴幼儿提供护理和教育相关信息，共同促进婴幼儿的发展。

（3）协调性原则：在把握整体性原则的基础上，托育机构的员工要重视与家庭、社区的联系，协调好机构之间的人际关系，通过各种管理制度与措施，与社区形成良好的互动机制，如家园合作机制、园区合作机制等，充分利用社区现有的人力、物力和财力资源，为婴幼儿的发展创设良好的机会。

2. 社区安全环境创设措施

（1）安全健康的生活环境

1）物质环境：社区应为婴幼儿创设安全健康的生活环境，涉及婴幼儿居住的建筑、经常行走的道路、餐饮环境和购物环境等。

2）精神环境：应为婴幼儿营造无吸毒、无犯罪行为的环境，让他们生活在一个积极向上的健康社区中。与此同时，社区与家庭、托育机构以及其他部门构建和谐的关系，可以让婴幼儿获得更多的安全感和舒适感。

（2）方便快捷的交通环境：安全的和适合婴幼儿步行的社区道路设计方式可以促进婴幼儿更好地进行户外活动。各级政府和相关部门需要为婴幼儿创建安全健康、富有童趣的交通环境，在此过程中，社区和企业都可以积极参与进来。

（3）丰富多样的玩耍区域：社区工作人员在调查本区域不同月龄婴幼儿人数的基础上，可以为婴幼儿创设各种适合他们月龄特点、兴趣爱好和身心发展需求的玩耍区域。

3. 区角环境的创设原则及措施

（1）区角环境的创设原则：托育机构在区角环境创设时，除了考虑安全卫生原则之外，还要考虑不同区域的功能，根据不同区域的保教要求设计出不同的方案。在创设不同区域时，应遵循自主参与性原则、丰富多样性原则、趣味性原则和适宜性原则。

（2）区角环境的创设措施

1）生活区：主要功能是通过各种生活模仿性操作与练习，发展幼儿编、系、扣、穿、夹等基本生活操作能力。

2）语言区：主要功能是通过图书、图片、头饰、手偶等的观察、操作、拼摆等讲述活动，发展幼儿的观察能力和语言表达能力。

3）美工区：主要功能是通过撕、贴、剪、画、捏、做等美术操作表现活动，发展幼儿的动手操作能力及欣赏美、表现美和创造美的能力。

4）科学区：主要功能是通过各种科学小游戏及数学操作活动，从小培养幼儿对科学探索的兴趣，发展幼儿数学能力和动手操作等能力。

4. 保教区域的环境创设

1）教室：不同的保教目的，托育机构的教室可以划分成学习区、玩耍区、智力开发、阅读区、数学区、语言区、科学角等，各个区域之间可以用教具、矮柜等加以间隔。保教人员可以将不同区域的物品整齐、有序摆放，不同区域摆放的各种教玩具、器材及其色彩应符合婴幼儿的身心发展需求。如教室两侧宜悬挂具有遮光吸音效果的棉麻布料窗帘，铺设木头材质白滑地板或柔软的地垫；教室的洗手池和厕所的尺寸都要符合婴幼儿的身高，厕所安装小型马桶和便器，为婴幼儿提供可以照顾自己的环境；室内铺设瓷砖处以及洗手池旁边的地面都应铺设地毯。

2）主题墙：鲜明的主题特色、鲜艳的色彩和生动形象的装饰，具有丰富的审美内涵，可以培养幼儿的审美力和创造力，还可以让婴幼儿表达个性和情感，充分激活婴幼儿的创意。主题墙既可以布置在教室内，也可以布置在其他公共区域的墙面，体现趣味性、可操作性、生活性、教育性等特点，力求安全、环保、美观、经济适用。创设主题墙的材料，在保证安全卫生的前提下应该多元化和多样化，材料可以是婴幼儿收集的，也可以是保教人员根据主题内容提供的。同时可以设计如下板块：当月的教学任务、一周的教学与活动计划、每周的食谱等，向家长展示本班教学实施方案及具体时间安排等。

3）建构区：建构区是指婴幼儿使用结构材料（积木、积塑拼插等）实现社会生活再现和构建的区域，区分为小型建构区和大型建构区。小型建构区以小型建构材料为主，如长条的横木、长方体和正方体木块等,通常放在篮子里,方便婴幼儿取放,常见于教室内部。大型建构区以中大型建构材料放置在公共活动室或者户外。

4) 泥塑区:泥土和沙子是自然角区内婴幼儿能接触到的常见材料。创设泥塑区,需要根据不同月龄段的婴幼儿,提供不同材质的泥土沙子。

5) 精细动作区:在精细动作训练区域,保教人员可以为婴幼儿设计类似"喂娃娃"的活动,如提供嘴巴大小不同的娃娃,既有纸盒做的大河马嘴,也有用雪碧瓶做的小兔嘴,还有用矿泉水瓶口制作的小蚂蚁嘴。在精细动作区,保教人员可以为他们提供白纸、蜡笔、水彩、剪刀、胶带、胶水、废旧物品等材料,协助婴幼儿制作自己喜欢的各种作品,训练他们的手指精细动作。

6) 生活操作区:在这个区域,保教人员可以为婴幼儿提供与生活密切相关的物品,如服装类(粘扣、拉链、排扣、鞋子、袜子、帽子、娃娃及其不同的衣服等)、食育类(剥橘子、切香蕉、涂抹果酱、择菜、给蔬菜去皮、清洗蔬菜、剥大蒜头、剥蛋壳等活动)、照顾环境类(给植物浇水、给叶子擦灰、修剪枯叶、除尘、清扫地面、清扫桌面、使用抹布等)。

7) 感官区:为了更好地促进婴幼儿各种感官的发展,引导婴幼儿通过感官探索未知世界,托育机构需要为婴幼儿提供真实而丰富的感官训练场所及机会。感官认知活动能较好地发展婴幼儿对事物的分类、配对、排序的认识和理解能力,对基本几何形状的认识有助于加深婴幼儿对日常生活中物品形状的感知。在区角中的各类玩具感官区角,保教人员可为不同月龄段的婴幼儿提供不同的刺激。

8) 安静角和讨论区:可以为孩子提供一个柔软、轻松、舒适且相对私密的安静空间,满足孩子心情不好或独处的需求。保教人员可以为婴幼儿提供帐篷、软地毯、舒缓的音乐盒、毛绒玩具、让人开心的绘画、美丽的事物等。

9) 走廊通道:既是婴幼儿最能感受到园所内部特色的地方,也是他们经常活动的空间,往往被视为托育机构"亮丽的风景线"。因此,托育机构内部走廊通道的环境创设,应尽可能让婴幼儿感到亲切,从而产生归属感。在多数情况下,走廊通道都以悬挂各种物品(吊饰)加以装饰,这些装饰在配合某种教学活动的同时也能使环境更加形象生动而富有灵气。

5. 辅助区域的环境创设 在托育机构,除了保教区以外,还有提供后勤服务的区域如盥洗室、洗手台、如厕区、尿布台、喂养区和睡眠区。

1) 盥洗室:0~3岁婴幼儿的盥洗室主要由洗手间、淋浴室和如厕区组成,是培养婴幼儿养成良好卫生习惯的地方。因此,托育机构应该为婴幼儿创设方便、干净、整洁且富有童趣的盥洗环境,最小使用面积为6平方米。在这个区域,托育机构要为婴幼儿提供清洁通风、无异味,且地面干燥、无积水的防滑地面,以及安装有洗手台、洗手盆、扶手的温馨干净环境,设置婴幼儿使用的便器、尿布台,同时还应为婴幼儿准备如厕卫生纸、尿布垫、干净尿布等。所需如厕物品均应摆放在方便拿取的固定位置且能根据需要及时补充,对婴幼儿排便时使用的相关用具应及时清洁消毒以备随时使用。

2) 就餐区:与家庭喂养一样,托育机构同样需要为婴幼儿创设喂养环境,不同月龄段的婴幼儿有所不同。对于1~3岁的幼儿,就餐区的环境创设与婴儿的就餐区有所不同。首先,要为他们提供符合其桌椅板凳以及放置食物的矮柜等。餐椅与餐桌的规格多种多样,目的是适合不同身高的婴幼儿用。通常桌面高度为37~55 cm,椅子高度范围为16~30 cm,以便幼儿的双脚能够到地面。其次,要保证幼儿之间的用餐空间,尽可能不妨碍邻近幼儿用餐;留有幼儿自己取拿的充足空间。再次,要为婴幼儿提供餐具,如不锈钢勺、不锈钢餐瓷汤碗、餐垫、围兜等。

3) 睡眠区:睡眠环境对于婴幼儿来说非常重要,这将影响婴幼儿的睡眠质量。睡眠质量的好坏会直接影响婴幼儿的健康、智力以及身高的发展。营造安静舒适的睡眠环境有助于提高婴幼儿的睡眠质量。

6. 心理环境的创设措施

(1) 建立良好的人际关系:托育机构和谐温馨的人际关系主要包括保教人员之间的团结合作,保教人员与婴幼儿之间的和睦相处,保教人员与婴幼儿家长之间的关系融洽,婴幼儿之间的友好相处等。

1) 利用表情和声音传递积极情感:保教人员可以通过微笑和热情来营造积极的情感。保教人员在与婴幼儿互动的过程中充满热情并能面带真诚的微笑,这样的心理环境会使身处其中的员工、婴幼儿和家长随时体验到一种积极向上的美好情感。

2) 使用口头和肢体语言传递爱意:首先在保教活动中,保教人员与婴幼儿要经常用口头或肢体语言进行交流。在口头交流时,保教员可以使用赞赏、鼓励或激励等言语来回应婴幼儿活动时的动作、表现和努力。保教人员要适当使用态势语。

3) 用专业素养赢得婴幼儿及其家长的认可:保教人员应当热爱托育事业,具有良好的专业素养以及稳定的情绪和个人修养,这些是赢得婴幼儿尊重和信赖的前提条件。保教人员爱岗敬业,对婴幼儿充满爱心和耐心,对婴幼儿的身心健康发展都至关重要。

4) 创设融洽的同伴关系:同伴关系对婴幼儿的健康成长有重要影响。同伴关系是指年龄相同或相近的婴幼儿在共同活动中建立起来的一种相互协作的关系。同伴关系在婴幼儿的社交能力、认知、情感、自我概念、健康人格及社会适应能力的发展过程中,都起着重要的作用。而且,婴幼儿之间的同伴关系也是影响其心理发展的一个重要社会因素,因此应积极引导婴幼儿在托育机构中建立良好的同伴关系。

(2) 营造宽松和谐的保教氛围:无论是保育还是教育,都需要保教人员与婴幼儿进行良好的双向互动,这种双向互动,需要在和谐宽松的氛围中才能较好地完成。只有在良好的保教氛围中,才能更好地调动婴幼儿探索和学习的主动性和积极性。良好的保教氛围需要保教人员尊重和平等对待每个婴幼儿,用心照护每个婴幼儿,鼓励婴幼儿独立自主地探索和尝试各种活动等。

1) 尊重每个婴幼儿:对于0~3岁的婴幼儿来说,这一时期是他们身心发展最显著的时期,同时每个婴幼儿的发展速度和程度存在极大的差异。理性地分析婴幼儿出现的不良行为,并设身处地地感受婴幼儿的内心需求。

2) 细心照护:培养婴幼儿各种能力的最好保教方式是将其渗入到入园、进餐、午睡以及各种活动等一日常规活动中。例如,婴幼儿进餐或吃点心时,保教人员应与婴幼儿同坐,并利用进餐时间培养婴幼儿的生活自理能力,引导婴幼儿自己用餐具吃饭。

保教人员还应针对不同婴幼儿的睡眠习惯,给予相应的关照。对婴幼儿进行保育指导时,保教人员要引导婴幼儿严格遵守与安全相关的规章制度。

3) 鼓励自主探索:鼓励婴幼儿独立自主尝试探索各种活动,对于发展其自主和自我意识极其重要。保教人员要充分发挥自己的主导作用,引导婴幼儿不断发挥主体作用。婴幼儿通过亲身体验,可以真切地体会到日常生活以及保教活动中的快乐和乐趣,从而激发其不断参与各种活动的意愿。

(3) 构建有效的家园共育机制:对于婴幼儿的教育不是家庭教育能够独立完成的,仅仅学校教育也是不能够独立完成的,只有两者通力配合才能达到应有的效果。这段话充分表明家园共育对婴幼儿的影响极大。这是因为婴幼儿不仅需要托育机构的培养,更需要家长的积极支持和配合,他们的人格才能得到全面发展。

只有家长和保育人员对婴幼儿的护理和教育理念一致,他们才能积极配合保教人员的工作。另一方面,托育机构可以充分利用婴幼儿家长的资源,拓宽托育机构的教育资源途径。例如,婴幼儿的家长往往拥有不同的学历,从事不同的职业,而不同的学历背景和职业的家长都可以为托育机构带来丰富的教育资源,也可以为托育机构提供多种支持和帮助。

四、婴幼儿阅读环境的创设原则及措施

(一) 婴幼儿阅读环境的创设原则
创设婴幼儿阅读环境时,应遵循相应的原则,包括适宜性、稳定性、舒适性原则。

(二) 托育机构阅读环境的创设措施

1. 提供丰富的阅读材料　在此区域可以为婴幼儿提供相应的图画书、画册、图片、词语接龙游戏卡;不同季节、不同种类的厨具、陆地动物、海洋动物、人体不同部位、不同情绪、节日物品、班级管理模型等认知卡;适合不同月龄段婴幼儿翻阅的童话、儿歌、社会和自然科普绘本、故事书或其他读物。还可以摆放一些头饰、指偶、录音光盘、图书、卡通图片。

2. 营造温馨稳定的阅读场所　为婴幼儿提供温馨安静的阅读环境,为创设有组织、有计划、有步骤的阅读活动,提供相对固定或充裕的阅读时间和机会,有助于幼儿持续专注地阅读。在开展阅读活动时,保教人员还可以改变传统的课堂教学模式,为婴幼儿营造一个舒适而安静的区域,并在地上铺上漂亮柔软的卡通地毯。教师和婴幼儿席地围坐在地毯上,在一种类似家庭的温馨氛围里进行阅读。

3. 良好的幼幼互动　在阅读期间,保教人员要注重引导幼儿之间相互分享、相互合作、不断交流。例如,保教人员可以允许几个婴幼儿共读一本图书,并将有趣的图书及时推荐给其他伙伴;也可引导婴幼儿将自己的书带到托育机构来与其他孩子分享,以此发展婴幼儿分享读物的意识。在每次阅读活动中,保教人员可以播放视频或音频故事,引导婴幼儿仔细聆听;将婴幼儿分成小组并对阅读材料中的内容进行讨论;引导婴幼儿相互之间说说阅读材料中的不同故事情节。这些方法都可以激发婴幼儿之间的交流与互动。

问题分析

"案例导入"中某婴幼儿照护机构中小男孩习惯性地跑进来直接撞上了玻璃门,造成面部损伤,给小男孩的身心造成较大的困扰。这主要是室内安全环境创设没有做合适的评估而导致。

1. 评估
(1) 环境是否适合孩子自由活动。

(2)照护者保证孩子在视线范围之内,随时回应孩子的要求。
2. 计划 预期目标如下:
(1)为照护机构制订安全环境创设计划。
(2)根据照护机构制订安全环境创设要求,确定每个区域应该如何设置。

 措施分析

根据案例,目前需要跟婴幼儿照护服务机构详细分析创设安全的室内环境对婴幼儿的影响和必要性,在现有环境的基础上,设计适合婴幼儿年龄特征的环境区域划分计划,创设安全的室内环境。

 任务实施

一、观察

观察婴幼儿教室与附近区域的安全情况。

二、物品准备

准备玩具筐、玩具、绘本等。

三、实施

(一)不安全因素检查

(1)通道是否畅通,方便婴幼儿及照护人员遇到灾害时逃生。
(2)通道是否处于打开的状态,以便婴幼儿可以自由出入各个区域。
(3)通道内的玻璃是否选用破碎后无棱角的钢化玻璃。
(4)通道内是否设有台阶。
(5)窗户安全或加装防护窗,窗边不放凳子、柜子类的东西。

(二)安全环境创设计划

日常通道、安全出口和消防通道要充分保障畅通,主要用于婴幼儿和保教人员平时的出入及发生各种灾害时的逃生。园内通道可以尽量做成透明的,通道上的窗户可以比较低,以方便婴幼儿往外看,从而产生一定的"安全感"。同时,保教人员也可通过玻璃通道观察了解婴幼儿的实时情况。通道内的玻璃选用破碎后无棱角的钢化玻璃;通道不应设有台阶,如有高低差值时,应设置防滑缓坡且坡度比不大于1∶12;通道要配有24小时照明灯及"停电照明灯"装置,以防停电时婴幼儿在过道内通行感到害怕或摔倒。

 任务评价

婴幼儿家庭环境创设指导评分标准详见表6-1-1。

表6-1-1 婴幼儿照护服务机构环境创设指导评分标准

程序	考核内容		考核要点	分值	评分标准	扣分	得分
操作前准备(20分)	评估(15分)	幼儿	情绪愉快、积极参与	6	未评估扣6分,不完整扣2分		
		环境	干净、整洁、安全,适合孩子自由活动	3	未评估扣3分,不完整扣1分		
		照护员	着装整齐	3	不规范扣1~2分		
		物品	玩具框、玩具、绘本等	3	少一个扣1分		
	计划(5分)	预期目标	口述目标:①环境是否适合孩子自由活动;②照护者保证孩子在视线范围之内,随时回应孩子的要求	5	少一项扣2分		
操作流程(60分)	实施(60分)	不安全因素检查	1. 通道是否畅通,方便婴幼儿及照护人员遇到灾害时逃生	3	未检查扣2~3分		
			2. 通道是否处于打开的状态,以便于婴幼儿可以自由出入各个区域	6	少检查一个通道扣1分		
			3. 通道内的玻璃是否选用破碎后无棱角的钢化玻璃	5	玻璃未检查扣1分,未说明选择什么玻璃扣3分		
			4. 通道内是否设有台阶	5	未检查台阶扣3分		
			5. 窗户安全或加装防护窗,窗边不放凳子、柜子类的东西	2	一处不符扣1分		
		室内安全环境创设内容	1. 生活用房:就餐区、睡眠区、卫生间	10	少一处扣2分		
			2. 服务管理用房:教室、多功能室、建构区、其他服务区	10	少一处扣2分		
			3. 楼梯等区域:楼梯、通道、护栏、地面、墙面、吊顶、门窗	10	少一处扣2分		
			4. 后勤保障用房:厨房、储藏室	5	少一处扣1分		
	整理记录		1. 指导家长耐心记录	2	不记录扣2分		
			2. 家长和孩子总结反馈	2	不达标扣2分		
操作后评价(20分)	评价(20分)		1. 理解环境创设的必要性	5			
			2. 幼儿喜欢室内环境	5			
			3. 过程态度亲切,关爱幼儿	5			
			4. 操作规范,流程熟练	5			
总分				100			

婴幼儿安全照护

知识点小结

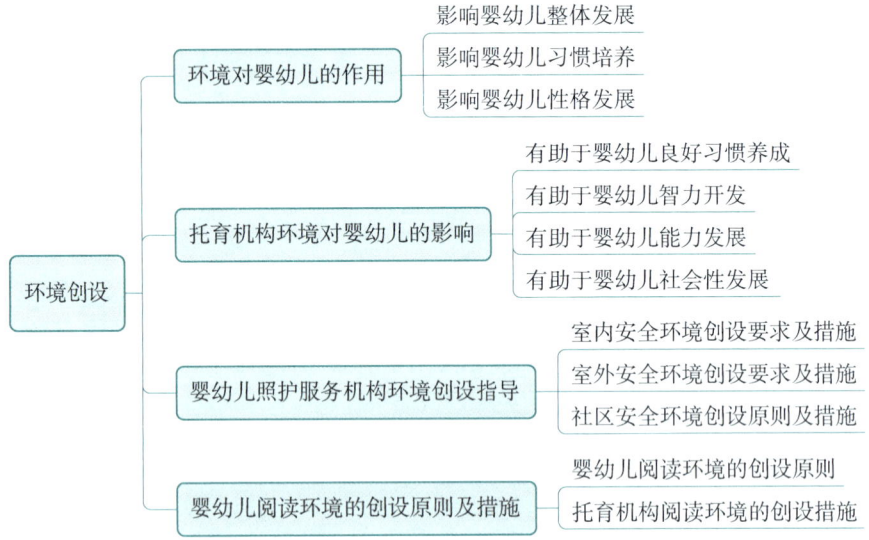

测一测

请扫二维码。

测试题

（徐 航）

项目六　环境创设

任务二　家庭环境创设指导

学习目标

1. 素质目标　关注婴幼儿的感受和体验，具备关爱婴幼儿、耐心细致的职业精神来帮助和指导有需求的家庭进行家庭环境创设。
2. 知识目标　理解和掌握婴幼儿家庭环境创设的必要性；掌握家庭物质环境创设的具体措施；掌握家庭精神环境创设的具体措施。
3. 能力目标　能帮助和指导家长对家庭环境中的幼儿心理环境和物质环境进行分析评价；能指导家庭成员创设温馨、柔和及充满爱的家庭环境。

案例导入

彤彤，女，今年 11 个月。由于彤彤的爸爸妈妈在装修房子时没有考虑到孩子的到来，因此按照自己的喜好对房子进行了装修，现在的彤彤经常在家爬行时被家具磕到，为此，彤彤的妈妈苦恼不已。

任务描述

1. 让彤彤的家长理解婴幼儿家庭环境创设的必要性。
2. 根据 0~3 岁不同年龄段幼儿的特点，结合彤彤家的具体情况，指导家长设计符合婴幼儿发展需求的区域划分计划。
3. 指导家长购买适合彤彤年龄和发展的玩具、游戏材料、家具和用具，并按照区域划分计划创设良好的家庭环境。

学习内容

孩子在成长的过程中受环境的影响，而形成不同的性格、人生观、价值观、世界观及人生态度。孩子早期大约三分之二的时间在家庭环境中度过，良好的家庭环境是儿童家庭教育成功的基本条件，也是儿童良好的心理素质和健康成长的土壤。

一、创设良好家庭环境的必要性

（一）良好的环境对婴幼儿大脑发育至关重要

脑科学的发展已经证明，儿童早期是大脑快速发展的重要时期，数以亿计的神经元突触或联结在儿童与环境的互动中形成。这些神经元突触或联结又在儿童与环境互动中不断发展形成更为强大的联结,进而形成健康的大脑网络。如果儿童与环境的互动较少,或者与某类环境的互动较少,相关的神经元突触感受不到外来的适宜刺激,这类神经元突触将会弱化甚至在大脑发育过程中被删除。因此,儿童早期的生活环境对健康的大脑神经元网络的形成起着非常重要的作用。

（二）良好的家庭环境有益于婴幼儿身心健康发展

家庭环境会影响婴幼儿注意力的发展,而家庭环境的质量会影响到婴幼儿早期语言的发展,父母作为家庭环境刺激的主要提供者,与婴幼儿的亲密关系和支持性互动的质量,会潜移默化地影响婴幼儿社会性及情绪的发展,并最终影响他们未来的学业水平。因此,为婴幼儿创设良好的家庭环境,有益于婴幼儿的身心发展。

（三）良好的家庭环境有利于激发婴幼儿的探究欲望及信任感的培养。

安全、温馨、舒适、友爱的家庭环境,可以让婴幼儿获得信任和安全感,激发婴幼儿敢于探索未知世界的勇气。婴幼儿在家长提供的符合年龄特征的环境中,可以随意操作,能更好地感受到家人的理解与关爱,让他们快乐、自由和舒适,也有助于婴幼儿与父母形成彼此信赖的依恋关系。

二、家庭环境创设指导

婴幼儿的家庭环境,包括物质环境和精神环境。

（一）物质环境的创设要求

婴幼儿家庭物质环境,主要指家庭中的家具、幼儿的玩具、房间等。在创设家庭物质环境时,需根据婴幼儿身心发展特点,为婴幼儿创设符合其兴趣、爱好、安全、健康的生活和活动区域,包含以下方面。

1. 安全的家庭环境　要创设安全的家庭环境,首先需要按照婴幼儿月龄发展的特点布置,其次便是妥善保管家里的危险物品,最后室内应保持干净、整洁,防止细菌病毒的感染。

2. 家中婴幼儿生活、活动区域的创设　婴幼儿活动区域的创设既要符合其年龄特点,又要考虑其兴趣爱好,因此在创设时需权衡家庭原来的装修设计,并考虑每个区域的家具、玩具、书籍、装饰物等的摆放。

（1）睡眠区:睡眠区设置在卧室。婴幼儿的卧室要有良好的通风采光条件,温湿度适宜,家具及装修要符合安全标准,可在房间悬挂或张贴一些装饰品,起到美化环境且促进婴幼儿相关能力的发展。

（2）进餐区:应考虑不同年龄段婴幼儿的需求,为婴幼儿配备符合年龄需求的就餐椅、碗筷、勺子、杯子等。

（3）洗漱区:根据婴幼儿年龄,摆放方便使用的洗漱用品、马桶、椅子、脚凳等。

（4）生活整理区:摆放婴幼儿日常用品的地方,例如属于婴幼儿自己的小抽屉、衣柜、挂钩固定的鞋柜等,方便婴幼儿整理自己的物品。

（5）游戏区:玩具的区域。在家里光线好的地方准备一个玩具角,空间大小可以是婴幼儿伸开双臂的距离,1平米的空间。有1~2个玩具架,准备5~8个玩具筐,玩具筐的大小正好可以放进玩具架里。及时归位、每周清洁卫生、每月检查玩具是否有损坏。

（6）阅读区：最好在光线好的地方（如果家庭的空间有限可设在玩具角）准备1～2个靠垫或舒适的小沙发，有1～2个方便孩子整理的小书架，可以准备几个玩偶或用旧衣服做的表演服装等。

（7）植物区：在阳台或有阳光的地方，给婴幼儿准备可以种植的绿色植物。

（二）精神环境的创设要求

家庭精神环境是指对婴幼儿的心理发展产生影响的家庭内在环境，是家庭内部形成的一种比较稳定的、对家庭中每一个成员产生直接或间接影响的情绪和情感氛围。健康的精神环境可以让婴幼儿的心理得到更全面的发展，对他们的成长起着非常重要的作用。家庭精神环境的创设主要有以下几个方面。

1. 夫妻共同养育婴幼儿　在养育婴幼儿的过程中，夫妻双方应在良好的沟通和交流下有意识地积极参与到婴幼儿的养育过程，构建和谐的夫妻关系，有利于婴幼儿的身心健康发展。

2. 无条件接纳完整的婴幼儿　每一名婴幼儿都是具有独特气质和个性的独立个体，有自己的长处和弱点。当父母无条件地接纳婴幼儿后，婴幼儿才能勇敢自信地接受自己的优点和不足。

3. 建立良好的亲子关系　安全性依恋关系有利于亲子关系的建立，在与婴幼儿沟通、相处中，要细致地观察婴幼儿发出的每个信号并及时回应，尝试以婴幼儿的角度去看待问题，为其提供宽松自由的探索环境。

4. 帮助婴幼儿建立规则意识　在家中，父母可与婴幼儿协商，共同制定家庭成员都应遵守的规则，只有全家人自觉、自愿遵守各项规章制度，才能为婴幼儿的健康成长构建一个有规则意识的环境。

问题分析

"案例导入"中，彤彤经常在家里被磕碰到，这主要的原因是目前大部分家长在家庭物质的选择和摆放上，都是以成年人的需求和审美来安排的，目前只是一些磕碰伤，长久生活在这样的环境中，会让幼儿的性格过于成人化，不利于婴幼儿独特个性的形成。现在还有很多家长为了追求室内环境的干净和整洁，经常制约婴幼儿的行为，束缚婴幼儿的行动。婴幼儿不能在家自由的游戏和玩耍，使婴幼儿在家中缺乏无拘无束、自由表现的空间，极大地影响了婴幼儿的探究行为。

1. 评估

（1）评估婴幼儿是否喜欢家庭环境。

（2）环境是否适合婴幼儿自由活动。

（3）照护者保证婴幼儿在视线范围之内，随时回应婴幼儿的要求。

2. 计划　预期目标如下：

（1）为家庭制订环境划分计划。

（2）根据家庭区域设计适合婴幼儿的区域，让婴幼儿知道在什么地方做什么事。

措施分析

根据案例,目前需要跟彤彤的家长详细分析创设良好的家庭环境对彤彤的影响和必要性。在现有家庭环境的基础上,设计适合婴幼儿年龄特征的家庭环境区域划分计划,并根据计划指导家长按照睡眠区、进餐区、洗漱区、生活整理区、游戏区、阅读区、植物区等区域特点创设良好的家庭环境。

任务实施

一、观察情况

观察婴幼儿家庭环境的安全情况。

二、物品准备

物品准备齐全(玩具筐、玩具、绘本等)。

三、实施

(一) 不安全因素检查

(1) 卫生间、厨房日常是否上锁或采取其他安全措施,防止婴幼儿轻易打开进去。

(2) 暖水瓶、饮水机、刀具、餐具、烤箱等物品的摆放位置是否安全,洗衣机盖是否盖好,每次用完需要切断电源和水。

(3) 插座使用是否使用安全插座,或堵上孔眼,注意所有电器的电源线的位置。

(4) 家具是否有棱角和凸起,处理圆滑。

(5) 窗户是否安全或加装防护窗,窗边不放凳子、柜子之类的东西。

(6) 注意绳子类用品是否妥善处理,如是否绑好窗帘绳。

(7) 是否把家里的小物件收好,给婴幼儿买的玩具不要太小,定期检查有没有松动的玩具。

(8) 药品是否放在婴幼儿拿不到的地方。

(二) 划分计划

(1) 要设置的区域包含类型游戏区、阅读分享区、生活整理区、进餐区、睡眠区、洗漱区、植物区等。

(2) 根据其环境面积大小、空间布局,合理确定活动区域的空间分布。

(3) 功能布局合理,生活的公共活动区域和比较私密的空间做到动静分区,行动路线合理方便。

(三) 区域划分

设计属于婴幼儿的活动区域,不同区域准备不同设备和玩具,有清晰的规则,方便婴幼儿自己整理。

1. **睡眠区** 睡眠区设置在卧室,婴幼儿的卧室要有良好的通风采光条件,温湿度适宜,婴幼儿房间的家具及装修要符合安全标准,可在房间悬挂或张贴一些装饰品,起到美化环境的作用且促进婴幼儿相关能力的发展,婴幼儿的床垫、床单、被子和枕头最好都是纯棉的,床垫不能太软以免影响婴幼儿脊柱的发育,小枕头高度在3～4 cm,床上不放置衣物或其他东西。

2. 进餐区　应考虑不同年龄段婴幼儿的需求,为婴幼儿配备符合年龄要求的就餐椅、碗、筷、勺子、杯子等。所有餐具宜选用不锈钢材质,其不易摔碎导致婴幼儿受伤。

3. 洗漱区　根据婴幼儿年龄,摆放方便使用的洗漱用品、马桶、椅子、脚凳等。

4. 生活整理区　摆放幼儿日常用品的地方,例如属于幼儿自己的小抽屉、衣柜、挂钩固定的鞋柜等,方便幼儿整理自己的物品。

5. 游戏区　玩具的区域。在家里光线好的地方准备一个玩具角,空间大小可以是幼儿伸开双臂的距离,1平方米空间。有1～2个玩具架,准备5～8个玩具筐,玩具筐的大小正好可以放进玩具架里。及时归位、每周清洁卫生、每月检查玩具是否有损坏。

6. 阅读区　最好在光线好的地方(如果家庭的空间有限可设在玩具角)准备1～2个靠垫或舒适的小沙发,有1～2个方便幼儿整理的小书架,可以准备几个玩偶或用旧衣服做的表演服装等。

7. 植物区　在阳台或有阳光的地方,给幼儿准备可以种植的绿色植物2～3盆。

婴幼儿家庭环境创设指导评分标准详见表6-2-1。

表6-2-1　婴幼儿家庭环境创设指导评分标准

程序	考核内容		考核要点	分值	评分要求	扣分	得分
操作前准备(20分)	评估(15分)	婴幼儿	情绪愉快、积极参与	6	未评估扣6分,不完整扣2分		
		环境	干净、整洁、安全,适合婴幼儿自由活动	3	未评估扣3分,不完整扣1分		
		照护员	着装整齐	3	不规范扣1～2分		
		物品	玩具框、玩具、绘本等	3	少一个扣1分		
	计划(5分)	预期目标	口述目标:①为家庭制订环境划分计划;②根据家庭区域设计合适婴幼儿的区域,让婴幼儿知道在什么地方做什么	5	少一项扣2分		
操作流程(60分)	实施(60分)	不安全因素检查	1. 卫生间、厨房日常上锁或采取其他安全措施,防止婴幼儿轻易打开进去	3	未上锁或婴幼儿能轻易进出扣2～3分		
			2. 暖水瓶、饮水机、刀具、餐具、烤箱等物品的摆放位置安全,洗衣机盖盖好,每次用完要切断电源和水	4	摆放位置不安全或洗衣机盖未盖好各扣1分		

续 表

程序	考核内容	考核要点	分值	评分要求	扣分	得分
		3. 插座使用安全插座,或堵上孔眼,注意所有电器的电源线的位置	3	未使用安全插座扣1分 插座未堵上眼扣3分		
		4. 家具无棱角和凸起,处理圆滑	3	家具突起未处理扣3分		
		5. 窗户安全或加装防护窗,窗边不放凳子、柜子之类的东西	2	一处不符扣1分		
		6. 绳子类用品妥善处理,绑好窗帘绳	2	一处不符扣1分		
		7. 家里的小物件收好,给婴幼儿买的玩具不要太小,定期检查有没有松动的玩具	2	一处不符扣1分		
		8. 药品放在婴幼儿拿不到的地方	2	不达标扣2分		
	区域划分过程	1. 睡眠区:通风、采光好,温湿度适宜,床上物品符合要求	5	一处不符扣1分		
		2. 进餐区:为婴幼儿配备符合年龄要求的就餐椅、碗、筷、勺子、杯子	5	一处不符扣1分		
		3. 洗漱区:根据婴幼儿年龄,摆放方便使用的洗漱用品、马桶、椅子、脚凳等	5	一处不符扣1分		
		4. 生活整理区:摆放婴幼儿的日常用品,方便婴幼儿整理自己的物品	5	不达标扣3～5分		
		5. 游戏区:光线充足,空间大小合适,有1～2个玩具架,准备5～8个玩具筐。玩具筐的大小正好可以放进玩具架里。清洁卫生、无损坏	5	一处不符扣1分		
		6. 绘本阅读区:光线明亮,准备1～2个靠垫或舒适的小沙发,有1～2个方便婴幼儿整理的小书架,可以准备几个玩偶或用旧衣服做的表演服装等	5	一处不符扣1分		
		7. 植物区:在阳台或有阳光的地方,给婴幼儿准备可以种植的绿色植物2～3盆	5	不达标扣3～5分		

续 表

程序	考核内容	考核要点	分值	评分要求	扣分	得分
操作后评价(20分)	整理记录	1. 指导家长耐心记录	2	不记录扣2分		
		2. 家长和婴幼儿总结反馈	2	不达标扣2分		
	评价（20分）	1. 家长理解家庭环境创设的必要性	5			
		2. 婴幼儿喜欢家庭环境	5			
		3. 过程态度亲切，关爱婴幼儿	5			
		4. 操作规范，流程熟练	5			
总分			100			

知识点小结

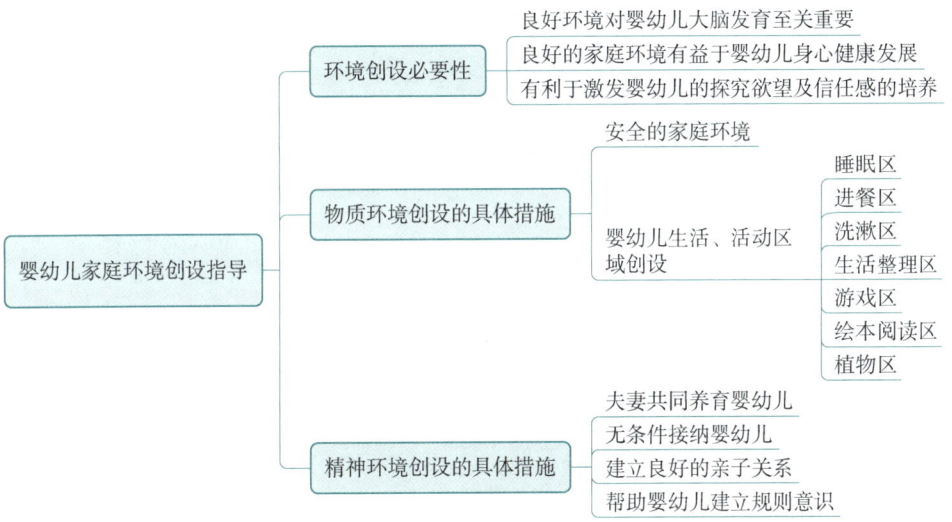

测一测

请扫二维码。

测试题

（吴卫群）

项目七
安全保护

任务一　婴幼儿安全保护基本知识学习

学习目标

1. 素质目标　具有发现幼儿安全风险的敏锐性和责任心;具有冷静、果断地发现问题和解决问题的能力。
2. 知识目标　熟悉幼儿常见安全防护的基本知识;了解幼儿安全教育内容。
3. 能力目标　能正确识别常见安全防护的基本知识;能正确开展幼儿安全教育。

案例导入

乐乐,4岁,男。他跟着照护者去公园玩,在跑步时摔了一跤,在草地上玩球时头被球击中了,傍晚时被蚊子叮了几下。对于活泼好动的幼儿来说,这些是经常发生的事情。

任务描述

1. 识别幼儿常见的安全风险点。
2. 照护者应怎样预防和处理安全问题。

学习内容

幼儿的安全工作是幼儿健康成长的基本保障,是幼儿园教育活动的基本前提,是实现教育目标的生命线。安全是家庭的头等大事,在每日生活中尤其是睡眠、饮食、游玩、清洁等方面要采取安全措施,加强防范。幼儿年龄小,对于生活中的一切都感到好奇、有趣,想去试探一下,但又不懂什么是危险,容易发生意外事故。因此,无论是家长还是托幼机构的照护者都应该掌握一些常见的安全防护知识。

一、睡眠的安全防护

(一) 幼儿喂奶后

幼儿在喂奶后不会立即入睡,通常过20~30分钟后才能睡觉,应采取头偏向右侧卧位,不能采取仰卧位。侧卧位能防止溢奶时奶液流入气道引起窒息。

(二) 幼儿独自入睡时

可将儿童床的底板安装在最低的位置,也不要在儿童床中保留其他物品,以免孩子爬出来。

（三）幼儿入睡困难时

在幼儿入睡困难时不能摇晃使其入睡，尤其是哭闹时。经常摇晃会使幼儿的脑组织与较硬的颅骨发生撞击，而且严重摇晃可能引起脑损伤。确实难以入睡时，可以轻抚其头部、手、足或背部，轻声细语地对他说话或轻轻哼唱催眠曲，安抚幼儿情绪，切不可抱着幼儿左右或上下摇晃。

（四）幼儿喜欢吸吮手指

如果幼儿喜欢吸吮手指或喜欢将东西放到嘴里，那么在枕边就不要放小玩具或其他小物品等，以免幼儿抓到这些物品塞住口鼻发生意外。

二、饮食的安全防护

（一）食物保持新鲜

幼儿食物要保持新鲜，防止污染变质。尤其在夏秋季，要食用新鲜食物，不要吃过夜食品。

（二）保持安静而愉快的进食环境

安静的气氛可使幼儿专心进食。在进食时不要逗笑、惹哭幼儿，因为在幼儿笑或哭时，食物容易误吸入气管，引起窒息。

（三）进食时不要铺餐巾

在吃饭时，幼儿喜欢拉餐巾，可能会导致边上的热汤、热粥打翻而烫伤。同时热汤、热粥、热水瓶等都要收好，不要放在桌子边，防止幼儿碰倒后被烫伤。

（四）尽可能使用安全带护身的儿童座椅

安全带护身的儿童座椅既可以防止幼儿爬出来摔伤，又能使得儿童坐稳安全进食。

（五）注意食物的安全

家长要妥善保管好家里花生、瓜子、糖丸和带核、带骨的食物等，避免幼儿好奇放在嘴里，不慎吞入气管发生意外。

三、游戏时安全防护

（一）幼儿跌跤时的安全防护

玩游戏时幼儿跌跤不起，如果照护者猛拉一侧手臂，可能会造成幼儿肩关节习惯性脱臼和桡骨小头半脱位。正确的方法是用两手扶着幼儿的两臂帮助他起来。由于幼儿学走路时，跌跤是经常发生的事，父母不必过分紧张。

（二）开关门的安全防护

尽量不要利用门做游戏。幼儿在玩开门、关门的躲藏游戏时，容易发生手指夹伤的意外，应让幼儿远离门边进行游戏，更不要把门当成游戏道具。

（三）户外游戏的安全防护

户外游戏时幼儿不要穿开裆裤，以免生殖器和肛门外露，引起细菌感染或蚊虫咬伤。在公园游玩时，需要防止幼儿发生溺水或爬高处引起摔伤等危险，做好安全防护。

（四）化学药物的安全防护

谨防化学药物伤害，家中的酸、碱、汽油、石灰等物品要妥善保管。幼儿园内如果有腐蚀性、有毒、易燃、易爆的物品，应有专人保管。农村家庭的农药、化肥、杀虫剂应放置在幼儿接触不到的地方,以免误食,造成生命危险。

四、盥洗时安全防护

(一) 水温调节

洗澡的水温要预先调好,最佳水温在 38~40℃,放水时应先放冷水再加热水,以免烫伤。

(二) 防止跌倒或溺水

洗澡时父母不可离开幼儿,不能让他独自坐在澡盆中玩水,防止幼儿因水滑而跌出盆外受伤或在浴缸中溺水。平时要将浴室门关好,以免在无人看管时幼儿独自进浴室发生溺水事故。

(三) 防止烫伤

冬季洗澡时如果采用电炉保暖,应将电炉放在幼儿接触不到的地方,以免烫伤。

问题分析

"案例导入"中,乐乐跑步时摔跤、玩球时头被球击中、被蚊子叮咬均属于游戏时的安全问题。

措施分析

爱玩游戏是孩子的天性,幼儿日常的活动主要以游戏为主。根据乐乐玩耍时发生的情况,应为照护者提供针对游戏过程中幼儿与环境、幼儿与玩具的安全教育。

1. 要教给幼儿不同玩具的正确使用方法　幼儿园里不同玩具的教育目标、制作材料各不相同,在幼儿使用或操作之前,照护者要教给幼儿这些玩具的正确使用方法并提出不同的安全要求。

2. 要教给幼儿在操作材料的过程中的注意事项　如在使用剪刀时,不能拿着剪刀随意挥舞,给同伴递剪刀时,要将手柄向外递出;在玩大型木质积木时,要注意轻拿轻放,不能用积木打其他幼儿的身体,特别是头部。

3. 要和幼儿讨论游戏规则　带领幼儿了解不同游戏中应该注意的安全事项,并提醒他们在游戏中严格遵守游戏规则,避免由于混乱而引发意外伤害事故。

4. 要和幼儿说明玩运动类游戏时的穿着　运动时穿运动鞋,可以保护他们,减少摔倒的可能。在不平坦的地方,不要跑太快,容易摔倒。还要教会幼儿发生意外时,及时呼救,迅速获得家长的帮助。同时需要指导照护者例如摔伤、扭伤、砸伤的评估及处理方法。

任务实施

一、实施条件评估

1. 幼儿　识字程度、家庭状况、心理状态。
2. 环境　环境舒适、安静、温湿度适宜,能保护幼儿隐私。
3. 照护者　着装整齐。

项目七 安全保护

4. 物品 笔、记录本、消毒剂。

二、实施步骤

1. 了解幼儿安全防护知识掌握程度 照护者可以利用准备好的教学图片,询问幼儿图片中行为是否安全,了解幼儿的安全防护知识掌握程度。

2. 指导幼儿常见安全防护要点和预防措施 照护者可以通过教学图片指导幼儿常见安全防护要点及预防措施。

3. 评价 通过幼儿随机抽取图片,说出图中安全风险点位置,照护者评价结果。

4. 注意事项
(1) 准备充分,图文并茂,授课内容通俗易懂,条理清晰。
(2) 宣教语速合适,普通话标准,教态从容淡定。
(3) 及时跟幼儿进行互动,了解掌握情况。

三、整理记录

(1) 整理用物,清洁环境。
(2) 洗手。
(3) 记录。

任务评价

婴幼儿安全保护评分标准详见表 7-1-1。

表 7-1-1 婴幼儿安全保护评分标准(100分)

程序	考核内容	考核要点	分值	沟通要点	评分要求	扣分	得分
操作前准备(20分)	理论考核	婴幼儿安全保护包括哪些方面的安全	4	婴幼儿安全保护包括睡眠安全、饮食安全、游戏安全、盥洗时安全(口述)	每一项未口述或口述不正确,扣1分		
	物品准备	桌子、椅子、安全防护宣传图纸、笔、记录本、消毒剂、教学一体机	7	设施完好、用物备齐	少一件扣1分		
	评估	1. 幼儿:识字程度、家庭状况、心理状态 2. 环境安静、整洁、安全、温湿度适宜	6	1. 幼儿能看懂简单的文字,会看图说话,情绪稳定 2. 环境安静、整洁、安全,温湿度适宜(口述)	一项未评估扣3分,评估口述不全一处扣1分		
	操作准备	照护者着装整齐、修剪指甲、清洗双手、摘掉饰物	3		一项不符合要求扣1分		

续 表

程序	考核内容	考核要点	分值	沟通要点	评分要求	扣分	得分
操作流程(60分)	操作实施	1. 照护者利用准备好的教学图片,询问幼儿图片中行为是否安全,了解幼儿的安全防护知识掌握程度	20	1. 展示图片时:"小朋友,阿姨这里有几张图片,你能说出哪些行为有危险吗" 2. 待幼儿回答后说:"小朋友真棒,你说对了×个" 3. 报告幼儿判断的结果(口述)	图片摆放合理,清晰可见,便于幼儿识图,不符合扣5分;幼儿回答后未给予回应或鼓励的扣5分;每一项未口述或者口述错误扣2分		
		2. 通过教学图片告知幼儿常见安全防护要点及如何预防	20	1. 逐张图片说明安全行为和危险行为:"小朋友,你们看这些图片,×××是对的,这样做很安全;而×××是很危险的,我们应该×××"(口述) 2. "小朋友,都明白了吗? 来和我念一个口诀:拐弯处,莫急跑,以防对方来撞倒。莫登高,莫爬树,当心高处稳不住"(口述)	口述不全或口述错误一项扣5分。口述(可自编)不适合年龄段,太难记扣5分		
		3. 让幼儿随机抽取图片,说出图中安全风险点位置,照护者判断结果	20	1. "小朋友,你手里这张图片里有什么呀?这样做是安全的吗" 2. 待幼儿回答后判断结果:"真棒,答对了。"如果幼儿回答不全,告知其还有哪些风险点(口述)	每一项未口述或者口述错误扣2分		
操作后评价(20分)	用物处理	按要求分类整理使用后物品	5		一处不符合要求扣2分		
	工作人员评价	1. 仪态大方,态度和蔼 2. 操作中与幼儿亲切交流 3. 如使用口诀,诵读流畅	6		态度言语不符合要求各扣2分;沟通无效扣2分		
	注意事项3分	1. 准备充分,图文并茂,授课内容通俗易懂,条理清晰 2. 宣教语速合适,普通话标准,教态从容淡定 3. 及时跟幼儿进行互动,了解掌握情况	6		一项不符合要求扣2分		

续 表

程序	考核内容	考核要点	分值	沟通要点	评分要求	扣分	得分
	时间要求	10分钟	3		超时扣3分		
	总分		100				

知识点小结

婴幼儿安全保护基本知识

- 睡眠安全防护
  - 喂奶后，不能立即入睡，防止溢奶
  - 婴幼儿独自入睡时，防其爬出儿童床
  - 婴幼儿入睡困难时不能摇晃使其入睡，防止脑损伤
  - 口欲期幼儿，枕边不放小玩具或小物品，防误食发生意外

- 饮食安全防护
  - 食物要保持新鲜，防止污染变质
  - 保持安静而愉快的进食环境
  - 进食时防过热的食物打翻烫伤幼儿
  - 使用安全带护身的儿童座椅，防摔伤
  - 小颗粒或带骨的食物要妥善保管，防意外吞入气管

- 游戏安全防护
  - 幼儿跌跤时，照护者应双手扶双臂起身
  - 不要把门当成游戏道具，容易发生手指夹伤的意外
  - 户外游戏时不要穿开裆裤
  - 谨防化学药物伤害

- 盥洗时安全防护
  - 洗澡的水温要适宜
  - 洗澡时照护者不可离开幼儿
  - 平时关好浴室门，防幼儿独自进入发生溺水
  - 冬季洗澡时，防取暖器烫伤

测一测

请扫二维码。

测试题

（刘　盈）

任务二 幼儿外伤初步处理

学习目标

1. **素质目标** 处理幼儿跌伤过程中体现人文关怀,操作中关心和保护好幼儿。
2. **知识目标** 能分析幼儿跌伤的危险因素;正确判断幼儿跌伤的情况;能指导家长进行幼儿跌伤的初步处理。
3. **能力目标** 能及时正确对幼儿跌伤进行紧急处理。

案例导入

点点,男,12个月。妈妈带着他用学步车走路,点点不小心从学步车上跌下来,立即大哭,表情恐惧惊慌。检查前额出现皮肤红肿,皮下瘀斑约 1 cm×2 cm 大小。

任务:请问点点发生了什么危险?照护者应如何进行初步处理?

任务描述

正确判断幼儿跌伤的严重程度,并进行初步处理。

学习内容

一、跌伤的因素

随着儿童的生长发育,从会爬到会走,从会走到会跑,这段时间跌伤是很常见的事情。儿童跌伤多发生在 1~3 岁幼儿,50% 的意外跌伤发生在家中,其次是学校、幼儿园、街道和公路,引起幼儿跌伤的因素有多种。

(一) 幼儿因素

幼儿安全意识不足,平衡协调能力发育不完善;幼儿对外界充满好奇心,喜欢攀爬高处,由于步态不稳,容易发生跌伤。

(二) 看护因素

当家长忙于家务时,幼儿无人看管,容易造成幼儿跌伤,老人行动不灵敏,看护幼儿时更易发生跌伤。

(三) 环境因素

不安全的环境因素很多,如台阶、高床、桌椅家具的锐角、地面湿滑等。

二、跌伤的症状

（一）皮肤擦伤

可见表皮破损，创口表面呈现苍白色，并出现许多小出血点以及组织液溢出，疼痛感剧烈。

（二）皮下瘀斑、血肿

跌伤后出现广泛性或局限性皮肤、黏膜下出血，形成红色或暗红色瘀斑，或呈现条索状；局部隆起或有波动感者则为血肿，按压时会有疼痛。

（三）骨折、脱位

共有的特殊体征就是局部的肿胀、疼痛、畸形以及活动受限。

（四）脑损伤

常见的症状有头痛、头晕、恶心、呕吐、肢体瘫痪、感觉异常。

三、跌伤的初步处理

跌伤后，照护者应就地观察婴幼儿意识、生命体征及跌伤的部位、严重程度、皮肤情况，并给予相应的初步处理。

（一）头部跌伤的初步处理

评估幼儿反应，跌伤后的精神、行为与平时有无明显变化。只有哭闹，表明可能是头皮外伤，检查幼儿的头部有无凹陷或肿块，肿块较小时可以用冰敷处理，较大的肿块，切忌用力按压头部和揉搓肿块，以免加重脑组织损伤和出血。同时注意监测病情变化，如出现以下症状之一，怀疑有颅内损伤，应立即就医。

（1）意识不清或躁动不安。
（2）双眼上翻或嘴角歪斜。
（3）抽搐。
（4）频繁呕吐。
（5）肢体活动障碍。

（二）四肢跌伤的初步处理

皮肤擦伤的处理：对小而浅的伤口，轻微的擦伤，可用生理盐水清洗伤口周围皮肤，再用消毒剂对伤口进行消毒。对面积大、有污染、出血量大的伤口，可暂时压迫止血并及时送医。

皮下瘀斑、血肿的处理：当跌伤引起局部组织青紫、肿胀时，先清洁局部皮肤，禁止局部揉搓，再用冰袋冷敷进行局部止血、止痛，每次冰敷时间不超过 30 分钟，以免引起冻伤，24 小时后才可热敷。

骨折脱位处理：若出现明显骨头移位，并伴剧烈疼痛、肢体活动障碍，应立即制动，妥善固定后尽快就医。

（三）腹部损伤的初步处理

幼儿从高处跌落时，很可能伤及内脏器官，应检查腹部有无局部膨隆，评估有无压痛及反跳痛等，及时送医就诊。

问题分析

"案例导入"中点点被确诊为跌伤,是因为其利用学步车走路时不小心跌下来导致受到惊吓,表情恐慌,前额出现皮肤红肿,皮下瘀斑约 1 cm×2 cm 大小。因此评估案例存在以下问题:皮肤红肿、瘀斑的处理、惊吓的应急处理等,其中"跌伤后局部皮肤的处理"作为首优问题。

1. 评估
(1) 婴幼儿生命体征、跌伤的部位、严重程度、皮肤情况、心理状态。
(2) 婴幼儿及家长有无惊恐、焦虑。
(3) 环境整洁、安静、安全、温湿度适宜。
(4) 照护者着装整齐,洗手、戴口罩。
2. 计划
(1) 婴幼儿及家长能配合现场处理。
(2) 婴幼儿跌伤过程中有无受到惊吓。
(3) 家长能说出预防跌伤再发生的照护措施。

措施分析

(1) 大多数患儿家长担心跌伤会对婴幼儿的生长发育造成影响,易产生焦虑心理,表现出惊慌和不知所措,并采取错误的方式如快速抱起患儿、摇晃患儿等。因此,照护员应教会家长在婴幼儿跌伤时正确的处理方法。对跌伤的婴幼儿,应指导家长正确处理伤口,同时做好家长的心理安慰。
(2) 加强对婴幼儿的看护,注意环境的设置,保持地面清洁干燥。

任务实施

一、观察

观察婴幼儿意识、生命体征及跌伤的部位、严重程度、皮肤情况等。

二、急救步骤

1. 操作前准备　签字笔、记录本、消毒剂、棉签、无菌纱布、生理盐水、冰袋等。照护者安抚家长情绪。
2. 跌倒发生时的现场急救　在幼儿跌倒后,不急于抱起孩子,需就地进行初步检查,明确跌伤的部位和损伤的程度,并给予初步处理。点点是头部跌伤,红肿,皮下瘀斑约 1 cm×2 cm,先用生理盐水清洗伤口,再用消毒剂对伤口进行消毒,无菌纱布保护伤口。若伤口出血不止,需压迫止血后再清洁消毒并及时送医。
3. 皮下血肿的处理　先清洁局部皮肤,再用冰袋冷敷,每次不超过 30 分钟,以免引起冻伤,禁止局部揉搓。

4. 就医　如出现以下症状之一,怀疑有颅内损伤,应立即就医。
（1）意识不清或躁动不安。
（2）双眼上翻或嘴角歪斜。
（3）抽搐。
（4）频繁呕吐。
（5）肢体活动障碍。

三、整理记录

（1）整理用物。
（2）洗手。
（3）记录。

任务评价

婴幼儿跌伤现场急救评分标准详见表 7-2-1。

表 7-2-1　婴幼儿跌伤现场急救评分标准(100 分)

程序	考核内容	考核要点	说明要点	评分要求	分值	扣分	得分
操作前准备(20分)	概念考核	(口述)跌伤的因素	引起跌伤的因素有：不安全因素、监护不利、意识不足、平衡力差	每一项未口述扣0.5分	2		
	计划目标	(口述)计划目标	1. 幼儿跌伤能得到妥善处理 2. 幼儿伤口未发生感染	未口述扣4分,口述不完整扣1～2分	4		
	物品准备	签字笔、记录本、消毒剂、棉签、无菌纱布、生理盐水、冰袋		每项口述不正确扣0.5分	2		
	评估	婴幼儿跌伤部位,皮肤情况	"点点妈妈或爸爸,孩子是怎么跌倒的,让我看看跌伤部位的皮肤情况,头部皮肤红肿,皮下有瘀斑"	口述;未评估扣3分,评估不完整扣1～2分	3		
		意识、生命体征	生命体征平稳	口述;未评估扣3分,评估不完整扣1～2分	3		

续 表

程序	考核内容	考核要点	说明要点	评分要求	分值	扣分	得分
		心理状况:有无惊恐、害怕	哭闹,惊慌	未评估扣 2 分,评估不完整扣 1 分	2		
		环境安静,整洁,安全,温湿度适宜		未评估扣 2 分,评估不完整扣 1 分	2		
	操作准备	着装整齐、洗手,戴口罩		不规范扣 1 分	2		
操作流程(60分)	急救处理	就地抢救	"点点妈妈,我们给孩子坐在凳子上,先用生理盐水清洗头上的伤口"	未完成扣 10 分,不完整扣 2~3 分	10		
		体位正确:患儿舒适		未完成扣 10 分	10		
			"现在我用棉签对伤口消毒"	未完成扣 10 分,不完整扣 3~5 分	10		
		冰袋冷敷	处理过后的伤口用冰袋冷敷,每次不超过 30 分钟,禁止揉搓	未口述扣 5 分,口述不全扣 1~2 分	5		
		必要时拨打"120"急救电话,送医院救治(口述)	若跌伤较严重,怀疑颅内损伤、内脏损伤,则立即就医	未口述扣 5 分	5		
		关心、安抚患儿及家长	"孩子头部伤口已经处理好了,您不用太担心,建议在家继续观察"	未完成扣 5 分	5		
	健康指导	面对跌伤,家长易产生焦虑心理,表现出惊慌,并采取错误的方式如快速抱起患儿、摇晃患儿等;加强对婴幼儿的看护,注意环境的设置,保持地面清洁干燥		未完成扣 13 分,不完整扣 5~13 分	13		
	用物处理	洗手,记录		一处不符合要求扣 1 分	2		
		按消毒技术规范要求整理使用后物品		一处不符合要求扣 1 分	2		
操作后评价(15分)	照护者评价	操作规范、动作熟练		不符合要求每一处扣 1~2 分	2		
		救护方法正确、步骤正确		不符合要求每一处扣 1~2 分	3		

续 表

程序	考核内容	考核要点	说明要点	评分要求	分值	扣分	得分
		普通话标准、声音洪亮、仪态大方、操作中语气亲切		不符合要求一处扣0.5分	2		
	注意事项	1. 动作熟练,保持操作连续性,减少伤口污染的时间 2. 动作轻柔,保护患儿,避免不必要伤害 3. 及时跟家属沟通,缓解焦虑情绪		不符合要求每一项扣1分	3		
	时间要求	10分钟		超时扣3分	3		
总分					100		

知识点小结

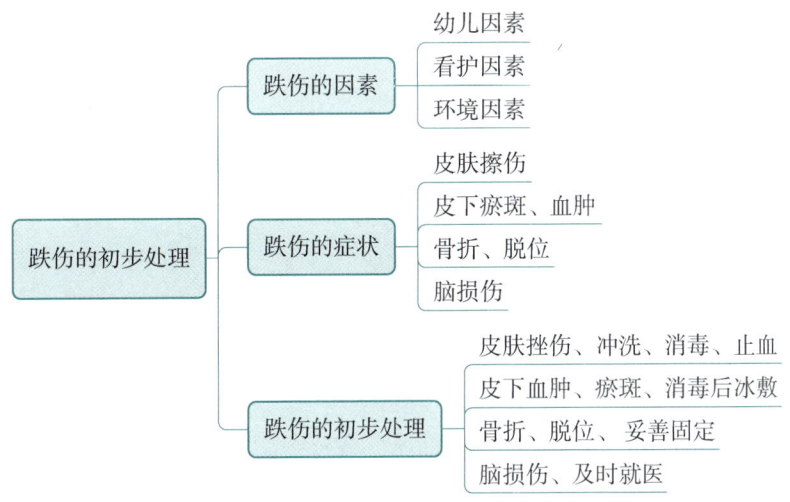

测一测

请扫二维码。

测试题

（阳绿清）

7—13

任务三 幼儿烫伤初步处理

 教学目标

1. 素质目标 能在操作中关心和保护好患儿,具有高度责任感和良好的亲和力。
2. 知识目标 掌握幼儿烫伤的定义;熟悉幼儿烫伤的程度。
3. 能力目标 能快速正确地初步处理幼儿烫伤。

 案例导入

勇勇,2岁,男。在夏季外出游玩时,勇勇趁家长在前台点餐,在饭店里跑窜打闹,不小心撞到服务员使其手中汤锅打翻在地,滚烫的汤水倒在勇勇右侧裸露的小腿上,勇勇立即放声大哭。家长闻声赶来查看,见勇勇小腿皮肤明显红肿,有大小不一的多个水疱形成,内含淡黄色澄清液体。

 任务描述

正确识别幼儿烫伤的程度,并快速正确地初步处理幼儿烫伤。

学习内容

一、如何识别幼儿烫伤的程度

(一)烫伤的定义

烫伤是由无火焰的高温液体(沸水、热油等)、高温固体(烧热的金属等)或高温蒸气等所致的组织损伤,也可能出现低热烫伤,是因为皮肤长时间接触高于体温的低热物体而造成的烫伤。接触70℃的温度持续1分钟,皮肤就可能会被烫伤;接触60℃的温度持续5分钟以上时,也有可能造成烫伤。因幼儿活泼好动,好奇心重,没有安全意识,所以幼儿烫伤事件大多发生在3岁以内的幼儿身上。

(二)不同程度烫伤的临床表现

通常以三度四分法对皮肤烫伤进行分类(表7-3-1)。

1. Ⅰ度烫伤 仅伤及表皮浅层,生发层健在。表面红斑状、干燥,有烧灼感。再生能力强,3~7天脱屑痊愈,短期内可有色素沉着。

表 7-3-1 烫伤的分度及特点

烫伤程度	受伤范围	伤口外观	疼痛感	恢复期
Ⅰ度	表皮	红肿	剧痛、敏感	1周内,无疤痕
浅Ⅱ度	表皮及真皮乳头层	红肿、表层水泡	疼痛、敏感	2周内,轻微或无疤痕
深Ⅱ度	真皮深层	浅红、多层大水泡	稍痛、不敏感	3周以上,有疤痕
Ⅲ度	含表皮及真皮至全层皮肤	蜡白色或焦黑色	失去痛觉	需植皮愈合,伤口有功能障碍

2. 浅Ⅱ度烫伤 伤及表皮的生发层和真皮乳头层。局部红肿明显,有大小不一的水疱形成,内含淡黄色澄清液体,水疱皮若剥脱,创面红润、潮湿、疼痛明显。创面靠残存的表皮生发层和皮肤附件的上皮再生修复,如无感染,创面可于1~2周内愈合,一般不留疤痕,但可有色素沉着。

3. 深Ⅱ度烫伤 伤及真皮乳头层以下,但仍残留部分网状层,深浅不一,也可有水疱,但去疱皮后,创面微湿,红白相间,痛觉较迟钝。

4. Ⅲ度烫伤 又称为焦痂型烫伤。全层皮肤受损,可深达肌肉甚至骨骼、内脏器官等,创面蜡白或焦黄,甚至炭化。硬如皮革,干燥,无渗液,发凉,针刺和拔毛无痛感,可见粗大栓塞的树枝状血管网。皮肤及其附件全部被毁,3~4周后焦痂脱落形成肉芽创面,创面修复有赖于植皮,较小的创面也可由残存的皮肤自行生长修复。

二、怎样快速正确地初步处理幼儿烫伤

(一) 烫伤的处理原则

尽早保护受伤区域,防止外源性污染;预防及治疗因创面渗出而致低血容量性休克;预防和治疗局部及全身感染;防止病理进展而致器官合并症;促使创面早日愈合,尽量减少因瘢痕而造成的功能障碍、畸形。

(二) 烫伤后初步处理

迅速脱离危险环境是烫伤处理的关键措施,保护创面、及时冷疗。冷疗能防止热力继续作用于创面使其加深,并可减轻疼痛、减少渗出和水肿,越早效果越好,一般适用于中小面积烫伤,特别是四肢烫伤。在幼儿烫伤时,可按照"冲、脱、泡、盖、送"5个步骤进行现场初步处理。

冲:用自来水、流动清水等充分淋洗烫伤处,以快速降低皮肤表面热度。一般冲洗15~20分钟,直至疼痛感明显缓解。

脱:小心脱去创面外的衣物,必要时可用剪刀剪开。衣物紧贴创面时,应暂时保留,切忌强行剥脱而损伤创面。

泡:将创面继续浸泡于冷水中30分钟,以进一步降低热度和减轻疼痛。但烫伤面积较大时,不应浸泡过久,以免延误治疗时机。

盖:用干净敷料或布类覆盖创面,保护创面不再污染、不再损伤。避免用有色药物涂抹,以免影响对烧伤深度的判断。切忌涂抹酱油、牙膏等非医用药品,避免刺激创面,加重伤情

或增加感染机会等。

送：照护者应将患儿尽快送至医院，接受进一步检查和治疗。在转送时，应注意保护创面，勿使创面受压。Ⅰ度烫伤创面只需保持创面清洁，不需特殊处理，能自行消退。

问题分析

"案例导入"中，勇勇因被滚烫的汤水浇在其右侧裸露的小腿上发生了烫伤。根据勇勇的创面情况，右小腿皮肤明显红肿，有大小不一的多个水疱形成，内含淡黄色澄清液体，符合浅Ⅱ度烫伤的典型表现。

1. 评估
（1）儿童生命体征、意识状态、心理状态、创面情况。
（2）环境干净、整洁、安全，温湿度适宜。
2. 计划　预期目标如下：
（1）幼儿烫伤创面得到初步处理。
（2）将幼儿转送至医院。

措施分析

根据勇勇的创面情况及配合程度，照护员应立即采取幼儿烫伤的初步处理措施。

任务实施

一、实施

1. 观察情况　检查幼儿的意识状态是否正常，生命体征是否正常，尤其是呼吸是否正常，以评估是否出现吸入性烫伤等。评估烫伤发生原因、时间、部位、深度、程度等。
2. 急救处理
（1）安抚幼儿情绪，找到清水冲淋装置。立即用自来水、流动清水等充分淋洗烫伤处。一般冲洗15～20分钟，直至疼痛感明显缓解。
（2）去除创面外覆盖的衣物，必要时用剪刀剪开。
（3）将创面继续浸泡于冷水中30分钟，以进一步降低热度和减轻疼痛。
（4）用干净敷料或布类覆盖创面，或进行简单包扎。
（5）烫伤面积大、严重烫伤时，照护者应将患儿尽快送至医院，接受进一步检查和治疗。
3. 整理用物。
4. 注意事项
（1）动作熟练，保持操作连续性，创面得到快速处理。
（2）动作轻柔，保护患儿，避免不必要的伤害。
（3）及时跟家属或监护者进行沟通，缓解焦虑情绪。

二、评价

1. 幼儿烫伤创面是否得到初步处理。
2. 幼儿是否转送至医院。

任务评价

幼儿烫伤初步处理评分标准详见表 7-3-2。

表 7-3-2　幼儿烫伤初步处理评分标准

考核内容		考核要点	分值	说明要点	评分要求	扣分	得分
评估 (15 分)	照护者	着装整齐	3	着装整齐,清洗双手,修剪指甲,去掉饰品	不规范扣 2 分		
	环境	干净、整洁、安全	3		未评估扣 3 分,评估不全扣 1 分		
	物品	模拟娃娃、笔、免洗手消毒液、毛巾、面盆、剪刀、胶布、无菌纱布、医疗垃圾桶	3	用物准备齐全	少一项扣 1 分		
	幼儿	生命体征、意识状态	4	幼儿目前生命体征平稳,意识状态清醒	未评估扣 4 分,评估不全扣 1 分		
		心理状态:有无惊恐	2	心里有恐慌、害怕、焦虑感	未评估扣 2 分,评估不全扣 1 分		
计划 (5 分)	预期目标	口述目标:幼儿烫伤得到初步处理	5		未口述扣 5 分		
实施 (60 分)	观察情况	检查烫伤情况,口述烫伤原因、部位等	7	"宝宝让阿姨看一下烫到的地方好吗?阿姨检查了一下,主要是右边小腿被打翻的滚烫汤水烫到了,阿姨这就帮宝宝进行处理,宝宝不要害怕,下次要小心些好吗"	未检查扣 7 分,无口述 3 分		
	创面处理	1. 将幼儿安置于流动水冲淋处,并安抚情绪	5	"宝宝现在有好一点吗?舒服多了是不是"	动作粗暴扣 3 分未安抚幼儿扣 2 分		
		2. 用流动水充分淋洗烫伤处 15~20 分钟	8		未淋洗扣 8 分,时间不够扣 4 分		

续 表

考核内容	考核要点	分值	说明要点	评分要求	扣分	得分
	3. 小心去除烫伤部位衣物，必要时使用剪刀剪开	8		未去除衣物扣8分，方法欠标准扣3～7分		
	4. 检查烫伤创面情况，口述烫伤程度	7	右小腿皮肤明显红肿，有大小不一的水疱形成，内含淡黄色澄清液体，为浅Ⅱ度烫伤	未检查扣7分，未口述扣3分		
	5. 将创面浸泡于冷水中，浸泡时间为30分钟。口述：水疱破裂不可浸泡，采用冰敷伤口周围，保护伤口迅速送医院	7	"宝宝我们再泡一下脚好吗？泡着就不会这么痛了"	未浸泡扣7分，未口述扣3分		
	6. 用干净敷料或布类覆盖创面，简单包扎	5	"宝宝泡完后是不是好些了呀？阿姨帮你擦干包起来噢。取无菌方纱覆盖在伤口，用胶布简单包扎"	未覆盖创面扣5分		
	7.（口述）根据病情转送至医院	3		无口述扣3分		
整理记录	整理用物，终末消毒	5		未整理消毒扣5分，一项不符扣2分		
	洗手	2		未洗手扣2分		
	记录	3		未记录扣3分，记录不全扣1分		
评价(20分)	1. 操作规范，动作熟练	5				
	2. 处理方法、步骤正确	5				
	3. 态度和蔼，操作过程中动作轻柔，关爱幼儿	5				
	4. 与家属沟通有效，取得合作	5				
总分		100				

知识点小结

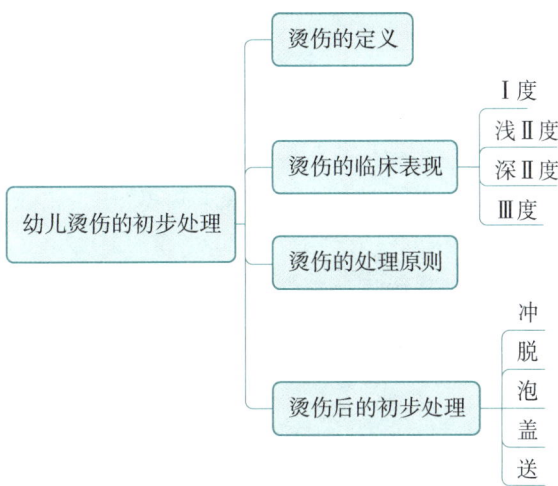

测一测

请扫二维码。

测试题

（朱子烨）

任务四　气管异物初步处理

学习目标

1. 素质目标　在处理气管异物过程中关爱幼儿,具有高度责任感和应急反应能力。
2. 知识目标　能说出幼儿发生气管异物的常见原因;能正确识别幼儿气管异物的主要表现。
3. 能力目标　能快速正确地初步处理幼儿气管异物。

案例导入

维维,女,2岁。某日,家长做了豌豆炒饭,维维一边吃一边观看动画片。动画片里好笑的剧情逗得维维哈哈大笑,突然间维维的小脸憋得通红,并剧烈地咳嗽起来,米饭喷射而出。维维的脸色慢慢由红变紫,家长顿时惊慌失措。

任务描述

正确判断气管异物的发生,并正确处理。

学习内容

一、如何判断是否发生了气管异物

气管、支气管异物大多发生在学龄前幼儿,5岁以下幼儿占80%~90%,尤其在1~2岁极易发生。

（一）气管异物发生的原因

在人体咽喉下,有两个并行的通道,即食道和气管。食物经过食道进入胃中,气体经过气管进入肺泡。在咽喉处,有一块如同叶片的薄片小骨,医学上称为会厌软骨。当食物和水进入时,会厌软骨盖住气管口,使食物和水进入食道,而不会误入气管。然而,幼儿的会厌软骨的工作不如成人的那样快捷敏感,当幼儿吃一些圆滑的物品时,稍不小心,会厌软骨就来不及盖住气管,使食物滑到气管里,产生气管异物。

学龄前幼儿由于白齿(俗称"磨牙")尚未长出,不能细嚼所吃的食物。对于花生、黄豆类的圆滑食物,难以像成人一样咀嚼成糊状,常以整粒或碎片进入食道。幼儿还喜欢将一些小玩具,如玻璃球等含在口中,或自己抓花生米、炒黄豆、瓜子等放到嘴中。当发现幼儿嘴中有

小玩具、花生米、黄豆等时切勿吓唬他,因为幼儿在惊恐深吸气时,极易把异物吸入气管。幼儿哭闹、嬉笑也容易使食物误入气管。重症或昏迷幼儿,由于吞咽反射减弱或消失,也会将呕吐物、食物、牙齿等呛入气管。

幼儿气管异物较多见的是花生米、瓜子、黄豆、核桃仁、玉米粒、图钉、小玻璃球、果冻等。

(二)气管异物的表现

1. 异物进入期的表现　如果幼儿没有发病,进食中却突然出现剧烈呛咳,这是异物吸入气管的表现。异物进入气管后,因气管黏膜受异物刺激而引起剧烈的呛咳,可伴有呕吐、口唇发紫和呼吸困难。如果异物较大,阻塞了喉头或气管,可立即引起窒息死亡。

2. 安静期的表现　剧烈呛咳持续几分钟或十几分钟后,咳嗽缓解、呼吸困难减轻,这是由于异物停在一侧的支气管。此期可以无症状或轻度咳嗽及喘息。

3. 炎症期的表现　异物在支气管存留,刺激气管黏膜,产生炎症,如支气管炎、肺炎、肺脓肿等,出现咳嗽、喘息、呼吸困难加重、发热甚至高热等。异物堵塞支气管,气体不能进入肺泡,还容易引起肺不张。

二、怎样正确处理气管异物

气管异物在幼儿阵发性呛咳时可能会部分咳出,自然咳出的概率为1%～4%,因此大部分情况需要初步急救处理,应采用的方法为:发现幼儿气管有异物,要仔细检查幼儿的口腔及咽喉部,如在可视范围内发现有异物阻塞气管,可试着将手指伸到该处将阻塞物取出,如果此处理失败,则可试用拍背法、推腹法或海姆立克法进行急救。

1. 拍背法　照护者取坐位,将幼儿放在双腿上,幼儿胸部紧贴照护者的膝部,头部略低。照护者以适当力量用掌根拍击幼儿两肩胛骨之间的脊椎部位,异物有时可被咳出。

2. 推腹法　将幼儿仰卧平放在适当高度的桌子或床上,照护者站在幼儿左侧,左手放在幼儿脐部腹壁上,右手置于左手的上方加压,两手向胸腹上后方向冲击性推压,促进气管异物被向上冲击的气流推出。如此推动数次。有时也可使异物吸出。

3. 海姆立克法　照护者站在幼儿背后,用两手臂环绕幼儿的腰部,一手握空心拳,将拇指侧顶住幼儿腹部正中线肚脐上方两横指处,用另一手包住拳头,快速向内、向上挤压冲击幼儿的上腹部,约每秒1次。重复上述步骤,直至异物排出或幼儿失去反应。

以上3种方法如有异物排出,照护者要注意迅速从口腔内清除阻塞物,以防再度阻塞气管,影响正常呼吸。如果无效,应立即抱幼儿到医院治疗。

问题分析

"案例导入"中,维维一边观看动画片一边进食,在大笑时突然剧烈呛咳,脸色由红变紫,判断可能食物被吸入气管,导致异物堵塞而引起呼吸困难,情况非常紧急。

1. 评估　观察情况:检查幼儿的神志意识清楚还是昏迷,面色是否灰白等,观察是否有呼吸、咳嗽,以及气体交换是否充足等,估计气道是否完全阻塞。评估气管异物的种类、大小以及发生呼吸道阻塞的时间等。

2. 计划

（1）幼儿气管异物排出。

（2）幼儿呼吸恢复正常。

措施分析

根据目前维维的情况，照护员在初步估计气道阻塞程度后，应快速正确地给予幼儿气管异物的初步处理。

（1）如果幼儿尚能发音、说话、呼吸或咳嗽，说明气道部分阻塞，气体交换尚充足。此时应尽量鼓励幼儿尽力呼吸和自行咳嗽，部分患儿可咳出异物。

（2）如果幼儿已发生部分气道阻塞，但通气不良，或完全阻塞，照护人员就要迅速采取措施：①拍背推腹法；②海姆立克法，重复直至异物排出或幼儿失去反应。

（3）如果幼儿神志不清，就应立即使幼儿取仰卧位，用仰头举额法打开呼吸道，随即给予 4~6 次拍背和 4~6 次压胸，同时可开始用手指清除异物。若异物清除成功，呼吸道通畅，进行人工呼吸，待自主呼吸恢复后再转送医院；若失败，立即请家长拨打急救电话，同时重复拍背、胸部按压、人工呼吸，直到取出异物。

任务实施

一、实施

1. 操作前准备

（1）幼儿：目前的生命体征、意识状态、心理状态。

（2）环境：干净、整洁、安全、温湿度适宜。

（3）照护者：着装整齐，洗手。

（4）物品：签字笔、记录本、消毒剂。

2. 急救处理

（1）拍背推腹法：可取坐位或单膝跪地将幼儿骑跨并俯卧于照护人员一侧手臂上，头低于躯干，用手握住其下颌，固定头部，并将其胳臂放在照护人员的大腿上，用另一手的掌根部向前下方用力拍击幼儿两肩胛骨之间的背部 4~6 次，每秒 1 次，使气道内压骤然升高，有助于异物松动和排出。然后，用手固定头颈部，两前臂夹住幼儿躯干，小心翻转呈仰卧位，翻转过程中，保持幼儿头部低于躯干。用食指和中指快速，冲击性按压幼儿两乳头连线正下方 4~6 次，每秒 1 次。必要时可与背部拍击法反复交替使用，直到异物排出。

（2）海姆立克法：照护者可站在幼儿背后，用两手臂环绕幼儿的腰部，一手握空心拳，将拇指侧顶住幼儿腹部正中线肚脐上方两横指处，用另一手包住拳头，快速向内、向上挤压冲击幼儿的上腹部，约每秒 1 次。重复上述步骤，直至异物排出或幼儿失去反应。

3. 整理用物、记录。

4. 注意事项

（1）动作熟练，保持操作连续性，减少拍背及按压间歇时间。
（2）动作轻柔，保护患儿，避免不必要的伤害。
（3）及时跟家属或监护者进行沟通，缓解焦虑情绪。

二、评价

1. 幼儿气管异物是否排出。
2. 幼儿呼吸是否恢复正常。

任务评价

气管异物的拍背推腹初步处理评分标准详见表 7-4-1，海姆立克法初步处理评分标准详见表 7-4-2。

表 7-4-1　气管异物的拍背推腹初步处理评分标准

考核内容		考核要点	分值	说明要点	评分要求	扣分	得分
评估 (15分)	照护者	着装整齐	3	着装整齐，清洗双手，修剪指甲，去掉饰品	不规范扣 2 分		
	环境	干净、整洁、安全	3		未评估扣 3 分，评估不全扣 1 分		
	物品	模拟娃娃、记录本、笔、免洗手消毒液	3	用物准备齐全	少一项扣 1 分		
	幼儿	生命体征、意识状态	4	幼儿目前生命体征较平稳，呼吸急促，意识状态清醒	未评估扣 4 分，评估不全扣 1 分		
		心理状态：有无惊恐、焦虑	2	心理有害怕、焦虑、恐慌	未评估扣 2 分，评估不全扣 1 分		
计划 (5分)	预期目标	口述目标：幼儿气管异物排出、呼吸恢复正常	5		未口述扣 5 分，口述不完整扣 1~3 分		
实施 (60分)	观察情况	1. 检查气管异物梗阻状况	2		未观察扣 2 分		
		2.（口述）气管异物种类、大小、发生的情况	3	"宝宝是吃东西时打闹不小心被豆子卡住了是吗？别担心，阿姨这就帮你处理，排出来就没事了，宝宝勇敢一点哦"	无口述或不正确项扣 3 分		
	急救处理	1. 将幼儿骑跨并俯卧于照护人员一侧手臂上，头低于躯干	5		方法不对扣 5 分，欠标准扣 2~3 分		

续 表

考核内容		考核要点	分值	说明要点	评分要求	扣分	得分
		2. 一手握住其下颌,固定头部,并将其胳臂放在照护人员的大腿上	5		方法不对扣5分		
		3. 另一手的掌根部向前下方用力拍击幼儿两肩胛骨之间的背部4～6次,每秒1次	10		位置不对扣10分		
		4. 用手固定头颈部,两前臂夹住幼儿躯干,小心翻转呈仰卧位,翻转过程中,保持幼儿头部低于躯干	10		方法不对扣10分		
		5. 用食指和中指快速,冲击性按压幼儿两乳头连线正下方4～6次,每秒1次	10		方法不对扣10分		
		6. 口述:必要时可与背部拍击法反复交替使用,直到异物排出	5		未完成扣5分		
整理记录		1. 整理用物,清洁环境,安排幼儿休息	5	"宝宝刚才发生了一点小意外,别担心,东西已经咳出来了。以后要养成专心吃东西的好习惯,不能边吃边嬉笑打闹噢。你先在这休息一下吧"	未完成扣2分		
		2. 洗手	2		未完成扣1分		
		3. 记录现场救护措施及转归情况	3		未完成扣2分,记录不全扣1分		
评价(20分)		1. 操作规范,动作熟练	5				
		2. 处理方法、步骤正确	5				
		3. 态度和蔼,操作过程中动作轻柔,关爱幼儿	5				
		4. 与家属沟通有效,取得合作	5				
总分			100				

表 7－4－2 气管异物的海姆立克法初步处理评分标准

考核内容		考核要点	分值	说明要点	评分要求	扣分	得分
评估 (15 分)	照护者	着装整齐	3	着装整齐,清洗双手,修剪指甲,去掉饰品	不规范扣 2 分		
	环境	干净、整洁、安全	3		未评估扣 3 分,评估不全扣 1 分		
	物品	模拟娃娃、记录本、笔、免洗手消毒液	3	用物准备齐全	少一项扣 1 分		
	幼儿	生命体征、意识状态	4	幼儿目前生命体征较平稳,呼吸急促,意识状态清醒	未评估扣 4 分,评估不全扣 1 分		
		心理状态:有无惊恐、焦虑	2	心理有害怕、焦虑、恐慌	未评估扣 2 分,评估不全扣 1 分		
计划 (5 分)	预期目标	口述目标:幼儿气管异物排出、呼吸恢复正常	5		未口述扣 5 分,口述不完整扣 1~3 分		
实施 (60 分)	观察情况	1. 检查气管异物梗阻状况	2		未观察扣 2 分		
		2. (口述)气管异物种类、大小、发生的情况	3	"宝宝是吃东西时打闹不小心被豆子卡住了是吗?别担心,阿姨这就帮你处理,排出来就没事了,宝宝勇敢一点,尽量配合阿姨哦"	无口述或不正确项扣 3 分		
	急救处理	1. 抢救者站在幼儿背后,用两手臂环绕幼儿的腰部,幼儿身体前倾	5		方法不对扣 5 分,欠标准扣 2~3 分		
		2. 一手握空心拳,将拇指侧紧抵幼儿腹部正中线肚脐上方两横指处、剑突下方	10		位置不对扣 5 分		
		3. 用另一手包住拳头	5		方法不对扣 5 分		
		4. 反复快速向内、向上挤压冲击幼儿的上腹部,约每秒一次	20		方法不对扣 20 分		
		5. (口述)重复上述步骤,直至异物排出或幼儿失去反应	5		未完成扣 5 分		

7－25

续 表

考核内容		考核要点	分值	说明要点	评分要求	扣分	得分
整理记录		1. 整理用物,清洁环境,安排幼儿休息	5	"宝宝刚才发生了一点小意外,别担心,东西已经咳出来了。以后要养成专心吃东西的好习惯,不能边吃边嬉笑打闹噢。你先在这休息一下吧"	未完成扣 2 分		
		2. 洗手	2		未完成扣 1 分		
		3. 记录现场救护措施及转归情况	3		未完成扣 2 分,记录不全扣 1 分		
评价(20分)		1. 操作规范,动作熟练	5				
		2. 处理方法、步骤正确	5				
		3. 态度和蔼,操作过程中动作轻柔,关爱幼儿	5				
		4. 与家属沟通有效,取得合作	5				
总分			100				

知识点小结

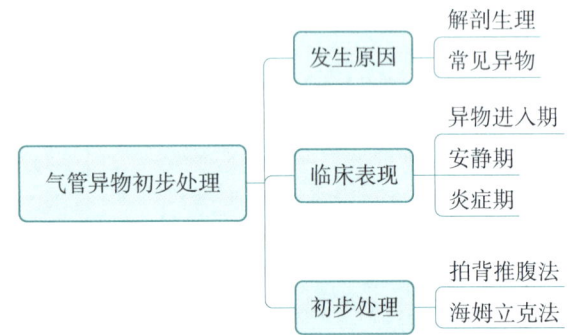

测一测

请扫二维码。

测试题

(朱子烨)

项目七 安全保护

任务五　幼儿关节脱位初步处理

学习目标

1. **素质目标**　具备较强的护患沟通能力及严谨求实的工作态度,具备高度责任感和良好的亲和力。
2. **知识目标**　熟悉关节脱位的临床表现,掌握关节脱位的处理方法。
3. **能力目标**　能对关节脱位的幼儿进行初步处理,防止并发症;能运用所学知识对关节脱位的幼儿实施整体护理。

案例导入

洋洋,2岁,女。某个周末,妈妈带洋洋到附近的公园玩耍,洋洋玩了一天又困又累,在回家的路上就蹲在地上不愿走了。眼看天就要黑了,妈妈一着急,拉起洋洋的左手就往前拽,这时洋洋突然大哭起来,只见洋洋的肘部不能伸直,胳膊无法抬起,洋洋妈妈十分着急。经检查,诊断为桡骨小头半脱位。

任务描述

正确判断关节脱位,并对幼儿进行初步处理。

学习内容

关节脱位亦称脱臼,指由于直接或间接暴力作用于关节,或关节有病理性改变,使骨与骨之间相对关节面失去正常的对合关系;若失去部分正常对合关系则称为半脱位。案例中的洋洋经检查诊断为桡骨小头半脱位,俗称"牵拉肘",此类关节脱位是小儿骨科最常见的一种类型,多发生于5岁以下的儿童,尤其3岁以内的幼儿较多见。

一、病因

多为间接暴力所致,主要原因为1~5岁的孩子桡骨小头及环状韧带发育不全,环状韧带比较松弛而薄弱,桡骨小头较下而柔韧性较大,当外力过度牵拉时桡骨小头滑出环状韧带,造成桡骨小头与环状韧带位置改变,使环状韧带嵌顿于桡骨关节间隙,外力消失后,桡骨小头不能回到正常解剖位置,进而发生桡骨小头半脱位。

二、症状和体征

肘关节多呈轻微屈曲位,前臂旋前下垂直,伤后不愿抬患肢,前臂不能旋后,肘关节无肿胀、畸形,桡骨小头处有明显压痛。

三、辅助检查

X 线检查可以确定是否发生关节脱位,也可以确定脱位的方向、程度、是否合并骨折等。

四、关节脱位的初步处理

关节脱位的处理原则是复位、固定、功能锻炼。

1. 复位　桡骨小头半脱位一般采取手法复位。
2. 固定　复位后,可用石膏托固定 2 周,防止复发。
3. 功能锻炼　2～3 周后除去石膏托,练习肘关节活动。

问题分析

"案例导入"中的洋洋由外力过度牵拉而引发关节脱位,出现伤肢压痛、肘关节多轻微屈曲位、前臂旋前下垂直,伤后不愿抬患肢,前臂不能旋后等,经检查诊断为桡骨小头半脱位。

1. 评估　判断移位的骨端是否压迫邻近的血管及神经,观察伤肢肢端的血运、感觉及活动情况。
2. 计划　为使桡骨小头能回纳到正常的解剖位置,解决幼儿疼痛、活动受限等问题,应尽早为幼儿进行初步处理。

措施分析

根据目前洋洋的情况,应给予复位、石膏托外固定、功能锻炼等初步处理。

任务实施

一、观察情况

观察幼儿受伤情况、皮肤温度及血液循环情况。

二、操作前准备

1. 用物准备　合适规格的石膏绷带、衬垫、纱布卷轴绷带、石膏刀、三角巾、剪刀、记号笔等。
2. 操作者的自身准备　着装整齐,修剪指甲,清洗双手、摘掉饰物。

三、初步处理

1. 复位　桡骨小头半脱位一般采取手法复位。首先触摸肱骨外上髁的体表标志,确定桡骨小头的位置;保持幼儿伤肢屈曲90°位置,以左手拇指在桡骨头的上方向下稍加力量按压,右手握住幼儿伤肢腕部轻柔进行前臂的旋前、旋后动作,反复几次后,会感觉到肘部桡骨小头的弹响,发现幼儿活动受限改善,提示手法复位成功。

2. 固定　复位后使用石膏托固定2周。
(1) 暴露伤肢,清洁皮肤。
(2) 协助幼儿使伤肢保持功能位。
(3) 给予幼儿伤肢包裹衬垫及石膏绷带。
(4) 使用三角巾将伤肢悬吊于胸前。
(5) 观察伤肢末梢血运及感觉、运动功能。

3. 功能锻炼　石膏托固定期间进行关节周围肌肉收缩活动及邻近关节主动或被动运动,防止关节僵硬及肌肉萎缩。

四、整理记录

(1) 整理用物,清洁环境。
(2) 洗手。
(3) 记录。

幼儿关节脱位的初步处理评分标准详见表7-5-1。

表7-5-1　幼儿关节脱位的初步处理评分标准(100分)

程序	考核内容	考核要点	分值	沟通要点	评分要求	扣分	得分
操作前准备(15分)	评估	判断移位的骨端是否压迫邻近的血管及神经,观察伤肢肢端的血运、感觉及活动情况	6	"宝宝,不要害怕,阿姨帮你检查一下,这里疼吗?这里呢?手能像阿姨这样活动一下吗"(口述)幼儿伤肢肢端活动好,皮肤红润,肢端温暖,局部压痛,伤肢活动障碍,无肿胀、畸形	每一项未口述或口述不正确,扣2分		
	物品准备	合适规格的石膏绷带、衬垫、纱布卷轴绑带、石膏刀、三角巾、剪刀、记号笔等	7	"宝宝,等会阿姨帮你初步处理一下,处理好以后你就不那么疼了。请稍等,阿姨去准备用物"	少一件扣1分,未评估一项扣2分		

续 表

程序	考核内容	考核要点	分值	沟通要点	评分要求	扣分	得分
操作流程（65分）	操作准备	照护者着装整齐，修剪指甲，清洗双手，摘掉饰物	2		一项不符合要求扣1分		
	操作实施	1. 向幼儿及家属解释操作的目的	5	"宝宝，为了让你能更好的恢复，阿姨准备给你进行手法复位并用石膏托进行固定等处理，处理好以后你不会感觉那么疼了。你可以配合阿姨吗"	解释不全扣2分；未解释扣5分。最多扣5分		
		2. 手法复位 (1) 触摸肱骨外上髁的体表标志，确定桡骨小头的位置 (2) 保持幼儿伤肢屈曲90°位置，以左手拇指在桡骨头的上方向下稍加力量按压，右手握住幼儿伤肢腕部轻柔进行前臂的旋前、旋后动作，反复几次后，会感觉到肘部桡骨小头的弹响，发现幼儿活动受限改善，提示手法复位成功	10	"宝宝，阿姨准备给你手法复位了，会有一点疼，但是阿姨会轻轻的，不要紧张" "宝宝配合得真好，手法复位很成功。现在感觉怎么样？是不是好些了"	复位方法不正确扣5分；未复位扣10分		
		3. 石膏托固定 (1) 暴露伤肢，清洁皮肤 (2) 协助幼儿使伤肢保持功能位 (3) 给予幼儿伤肢包裹衬垫及石膏绷带 (4) 使用三角巾将伤肢悬吊于胸前 (5) 观察伤肢末梢血运及感觉、运动功能	40	"宝宝，阿姨要给你用石膏托固定左手了，马上要开始了，不要紧张，阿姨会轻轻的，如果你感觉不舒服请及时告诉阿姨，好吗" （口述） (1) 在石膏固定处的皮肤表面覆盖衬垫以防止局部受压形成压疮 (2) 固定石膏时，用手掌托起石膏，切忌使用手指捏、提，使用纱布卷轴绑带将石膏托妥善固定 (3) 石膏固定时将伤肢保持功能位 (4) 使用三角巾将石膏托固定好的伤肢悬	未暴露伤肢扣3分；未清洁皮肤扣2分；未协助幼儿伤肢取功能位扣10分；未使用衬垫扣5分；石膏未干燥时用手指捏、提石膏扣5分；未观察末梢血运、感觉运动情况扣10分；观察不全每项扣2分；未用三角巾悬吊扣5分。最多扣40分		

续 表

程序	考核内容	考核要点	分值	沟通要点	评分要求	扣分	得分
				吊于胸前,2~3周后去除固定 (5)暴露肢体末端,便于观察伤肢的血运、感觉及运动情况			
		4. 功能锻炼:石膏托固定期间进行关节周围肌肉收缩活动及邻近关节主动或被动运动,防止关节僵硬及肌肉萎缩	10	"宝宝,请你像阿姨一样活动。注意看了,我们先握拳,再松拳,非常好,平时要经常像阿姨刚刚教的这样活动,多活动可以帮助你尽快恢复哦"(口述) "洋洋妈妈,平时要经常让洋洋像刚才那样多做伸掌、握手、手指屈伸等运动,如发现受伤肢体出现肢端皮肤苍白、冰凉、肿胀、活动受限等,请及时告诉我们"	指导功能锻炼不正确每项扣5分。未指导功能锻炼扣10分		
操作后评价(20分)	用物处理	按消毒技术规范要求分类整理使用后物品	5		一处不符合要求扣2分		
	工作人员评价	1. 仪态大方,态度和蔼 2. 操作规范,动作熟练 3. 操作中与幼儿亲切交流 4. 与家长沟通有效,取得合作	4		态度言语不符合要求各扣2分;沟通无效扣2分		
	注意事项	1. 行石膏固定的患者应进行床头交接班 2. 石膏未干时,勿在石膏上覆盖被毯,冬天可使用支被架,或用电吹风促进石膏快干;夏天则保持病房通风 3. 固定期间密切观察末梢血运及感觉、运动功能 4. 尽早进行功能锻炼	8		一项回答不全或回答错误扣2分		
	时间要求	10分钟	3		超时扣3分		
总分			100				

知识点小结

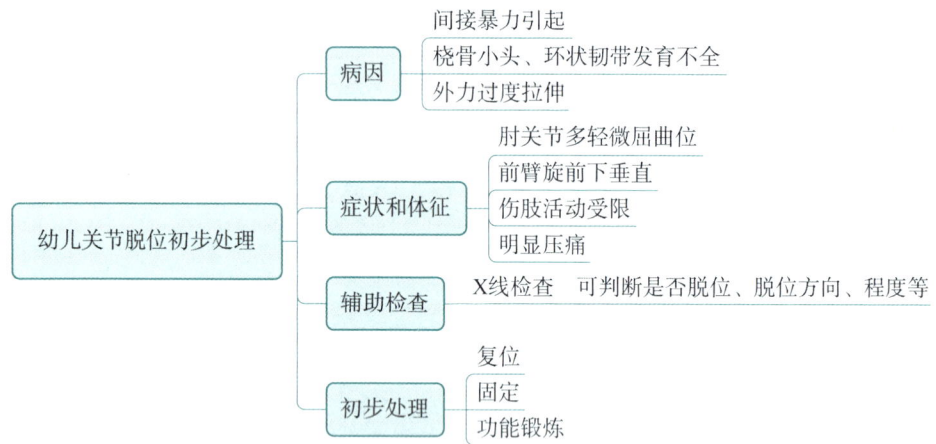

测一测

请扫二维码。

测试题

（任洁娜）

任务六 幼儿骨折初步判断及固定

学习目标

1. 素质目标　具备较强的护患沟通能力及严谨求实的工作态度,具备高度责任感和良好的亲和力。
2. 知识目标　能叙述幼儿骨折的临床表现;能叙述幼儿骨折的固定方法及注意事项。
3. 能力目标　能对骨折的幼儿进行固定,防止并发症;能运用所学知识对骨折的幼儿实施整体护理;能运用所学知识对骨折的幼儿进行功能锻炼指导。

团团,3岁,男。一天早晨,父母带团团一起到小区楼下玩耍,在下台阶的时候团团没站稳突然摔在地上,着地时右手撑地,他当即痛得号啕大哭。爸爸妈妈赶紧跑上前,发现团团的右上臂靠近肘关节的位置明显畸形,肘后凸起,伤肢处于半屈曲位,并伴有肿胀、明显压痛、活动受限,爸爸妈妈十分着急。

正确判断幼儿骨折,并实施初步固定。

一、骨折的判断

骨折是指骨的完整性和连续性发生中断。骨折多数由暴力引起,也可由骨骼疾病等因素引起,例如跌伤、车祸等,常常会伴随周围软组织的损伤。

(一)局部表现

1. 一般表现

(1) 疼痛和局部压痛:骨折合并伤处疼痛,移动时伤肢疼痛加剧。

(2) 肿胀、瘀斑:骨折端若血管破裂出血,软组织损伤导致水肿,使伤肢发生肿胀,出现皮下瘀斑。

(3) 功能障碍:伤侧肢体发生活动受限。

2. 骨折的三大特有体征　畸形、反常活动、骨擦音或骨擦感。

（1）畸形：骨折后断端移位可使伤肢外形发生改变，如缩短、成角畸形、旋转畸形等。

（2）反常活动：肢体非关节部位出现类似于关节部位的活动。

（3）骨擦音或骨擦感：骨折断端相互摩擦，可出现骨擦音或骨擦感。

（二）全身表现

多数骨折一般只会引起局部症状，若严重骨折或多发骨折则可能导致全身反应。如发生骨盆骨折、股骨骨折时出血量较大，严重出血可发生休克甚至死亡，血肿吸收时可出现吸收热，例如有开放性骨折，高热则考虑感染的发生。

（三）辅助检查

1. 实验室检查　血常规检查可了解骨折是否合并感染，大量出血时可出现血红蛋白及血细胞比容降低；尿常规检查可了解骨折后有无泌尿系损伤，发生脂肪栓塞时尿中可出现脂肪球。

2. 影像学检查　X线正、侧位平片检查，以判断是否发生骨折、骨折类型及程度。CT、MRI检查则可以了解结构复杂的骨折及其他组织的损伤。

案例中团团的起病原因及症状均符合骨折的临床表现。

二、骨折的初步固定

骨折的治疗三大原则是复位、固定、功能锻炼，其中固定是愈合的关键，将骨折断端维持在复位后的位置直到骨折愈合，分为外固定及内固定两种，骨折的初步固定选择外固定。外固定常用的方法有小夹板固定、石膏托固定、外展固定、外展支具固定等。

（一）小夹板固定

利用有一定弹性的柳木板、竹板或塑料板制成的长、宽合适的小夹板，在适当部位加固定垫，用横带绑在骨折部肢体的外面固定骨折。此法主要适用于四肢闭合性、无移位稳定性骨折。其优点是固定范围一般不包括骨折的上、下关节，便于及早进行功能锻炼，并发症较少，治疗费用低。缺点是易导致骨折再移位，若使用不当可导致压疮和骨筋膜室综合征等后果。应掌握正确的固定方法，避免绑扎太松或太紧、固定垫应用不当等。

（二）石膏托固定

石膏托可根据肢体形状塑形，固定可靠，维持时间较长。缺点是无弹性，不能调节松紧度，固定范围一般须超过骨折部的上、下关节，无法进行关节活动，易引起关节僵硬。

（三）外展支具固定

可将肩、肘、腕关节固定于功能位，适用于肩关节周围骨折、肱骨骨折及臂丛神经损伤等。外展架使患肢处于抬高位，有利于消肿、止痛，且可避免因肢体重量的牵拉导致骨折分离移位。

问题分析

"案例导入"中的团团由于不慎摔倒，出现伤肢疼痛、肿胀、畸形、功能障碍等，根据以上表现，初步判断为肱骨髁上骨折。

1. 评估　及时判断是否发生骨折，了解伤肢的基本情况，并选择合适的外固定种类。
2. 计划　为防止骨折断端移位而导致对周围血管、神经等组织的损伤，减轻疼痛，应妥善为团团实施伤肢的初步固定。

措施分析

根据目前团团的情况,应给予及时的判断及小夹板固定。

任务实施

一、观察情况

观察幼儿骨折处皮肤外伤情况,触摸皮肤表面检查皮肤温度。

二、操作前准备

1. 用物准备　小夹板、绷带、三角巾、棉垫、棉绳、剪刀、胶布等。
2. 操作者的自身准备　着装整齐,修剪指甲,清洗双手、摘掉饰物。

三、初步固定

（1）向患者及家属解释初步固定的目的。
（2）取合适体位。
（3）复位后使用小夹板妥善固定:①将棉垫放置适当的位置;②放置夹板,系棉绳;③观察:观察夹板的松紧、伤肢血运、皮肤感觉、夹板固定部位肢体远端的运动等;④密切观察伤肢末梢血运及感觉、运动功能;⑤使伤肢保持功能位,并使用三角巾将伤肢悬挂于胸前;⑥指导幼儿进行功能锻炼。

四、整理记录

（1）整理用物,清洁环境。
（2）洗手。
（3）记录。

任务评价

幼儿骨折的初步判断及固定评分标准详见表 7-6-1。

表 7-6-1　幼儿骨折的初步判断及固定评分标准(100 分)

程序	考核内容	考核要点	分值	沟通要点	评分要求	扣分	得分
操作前准备(15分)	评估	骨折的初步判断	6	"小朋友,不要害怕,阿姨帮你检查一下,这里疼吗？这里呢？能活动一下吗"	每一项未口述或口述不正确,扣2分		

续 表

程序	考核内容	考核要点	分值	沟通要点	评分要求	扣分	得分
				(口述)幼儿出现右肘明显后凸畸形,伴疼痛、肿胀、功能障碍,初步判断发生了骨折			
	物品准备	小夹板、绷带、三角巾、棉垫、棉绳、剪刀、胶布等	7	"小朋友,你可能发生骨折了,请不要担心,一会阿姨用小夹板帮你初步固定一下,固定好以后你不会感觉那么疼了。请稍等,阿姨去准备用物"	少一件扣1分,未评估一项扣2分		
	操作准备	照护者着装整齐,修剪指甲,清洗双手、摘掉饰物	2		一项不符合要求扣1分		
操作流程（65分）	操作实施	1. 向幼儿及家属解释操作的目的	5	"小朋友,阿姨准备给你用小夹板固定受伤的肢体,这个固定方法是用几块小夹板横带绑在骨折部位肢体的外面,防止骨折端移位的,固定好以后你不会感觉那么疼了。你可以配合阿姨吗"	解释不全扣2分;未解释扣5分。最多扣5分		
		2. 取合适体位:协助幼儿取坐位,由另一名协助者托住幼儿前臂	10	"小朋友,我们把手慢慢向前抬一下,不用紧张,阿姨会帮你托住手臂的""对的,就是这样,你配合得非常好"	体位不正确扣5分;指导不正确扣5分		
		3. 协助医生复位后使用小夹板固定 (1) 将棉垫放置适当的位置 (2) 放置夹板,系棉绳:助手协助固定夹板,操作者进行棉绳捆扎,先中间,再远端,后近端 (3) 观察夹板松紧度:两块夹板之间能容纳成人一横指或固定夹板的棉绳能上下移动1cm为宜 (4) 密切观察末梢血运及感觉、运动功能。观察幼儿桡	50	"小朋友,我们要开始操作了,不要紧张,阿姨会轻轻的,如果你感觉不舒服请及时告诉阿姨" (口述) (1) 将棉垫放置适当的位置 (2) 放置夹板,系棉绳:助手协助固定夹板,操作者进行棉绳捆扎,先中间,再远端,后近端 (3) 观察夹板松紧度:两块夹板之间能容纳成人一横指或固定夹板的棉绳能上下移动1cm为宜 (4) 密切观察末梢血运及感觉、运动功能。观察幼儿桡动脉有无减弱或消失、幼儿是否能自主活	未放置棉垫扣3分;未能选择合适的夹板选择扣10分;系棉绳方法不对扣2分;松紧度不对扣5分;未观察末梢血运、感觉运动情况扣10分;观察不全每项扣2分,未协助幼儿伤肢取功能位扣5分,未用三角巾悬吊扣5分;未指导功能锻炼扣5分。最多扣50分		

续 表

程序	考核内容	考核要点	分值	沟通要点	评分要求	扣分	得分
		动脉有无减弱或消失、幼儿是否能自主活动手指,手触或针刺手指时感觉是否迟钝或无感觉,末梢皮肤是否出现苍白或发青、皮温较健侧低等现象 (5) 使伤肢保持功能位,并使用三角巾将伤肢悬挂于胸前 (6) 指导幼儿进行功能锻炼		动手指,手触或针刺手指时感觉是否迟钝或无感觉,末梢皮肤是否出现苍白或发青、皮温较健侧低等现象 (5) 使伤肢保持功能位,并使用三角巾将伤肢悬挂于胸前 (6) 指导幼儿进行功能锻炼 "小朋友,阿姨已经帮你固定好了,没有那么痛了吧?接下来阿姨要教你锻炼了,跟着阿姨一起来,先握拳,好,慢慢松开拳头,再来一次,非常好。平时要经常像阿姨教你这样多多活动哦,可以帮你尽快恢复" "团团爸爸妈妈,平时要让团团经常像刚才那样多做功能锻炼,可以促进骨折愈合的,如发现受伤肢体出现肢端皮肤苍白、冰凉,活动受限等,请及时告诉我们"			
操作后评价(20分)	用物处理	按消毒技术规范要求分类整理使用后物品	5		一处不符合要求扣2分		
	工作人员评价	1. 仪态大方,态度和蔼 2. 操作规范,动作熟练 3. 操作中与幼儿亲切交流 4. 与家长沟通有效,取得合作	4		态度言语不符合要求各扣2分;沟通无效扣2分		
	注意事项	1. 如皮肤有擦伤应先进行伤口包扎,再行固定 2. 注意观察夹板松紧度。以两块夹板之间能容纳成人一横指或固定夹板的棉绳能上下移动1 cm为宜	8		一项回答不全或回答错误扣2分		

婴幼儿安全照护

续　表

程序	考核内容	考核要点	分值	沟通要点	评分要求	扣分	得分
		3. 告知幼儿及家属，注意观察是否出现肢体末梢肿胀、青紫、麻木、疼等状况，如发生以上情况应立即告知 4. 告知家属进行初步固定后，将进行进一步的检查及治疗 5. 指导幼儿进行功能锻炼					
	时间要求	10 分钟	3		超时扣 3 分		
总分			100				

知识点小结

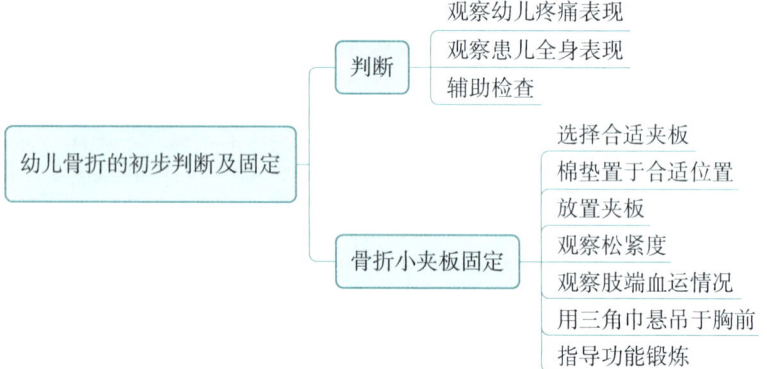

请扫二维码。

测试题

（蒲　莹）

项目七 安全保护

任务七　幼儿动物咬伤初步急救

学习目标

1. **素质目标**　具备对被动物咬伤患儿的初步评估能力和评判性思维能力,具有良好的人文关怀理念。
2. **知识目标**　了解狂犬病病毒的生物学特性;能准确说出狂犬病的症状知识;能正确判断被动物咬伤的程度。
3. **能力目标**　能正确实施幼儿被动物咬伤后的初步急救措施。

案例导入

在阳光明媚的午后,妈妈带着 3 岁的青青在小区里玩耍。有一只中等体型的狗没有拴住,小朋友玩耍过程中的奔跑带动了狗的追逐,青青跑得慢被狗追上,被咬伤小腿,出血不止。青青大声哭起来,妈妈焦急万分,不知所措。

任务描述

1. 正确判断被动物咬伤后伤口严重程度并进行初步急救措施。
2. 对家长进行婴幼儿被动物咬伤后的健康宣教。

学习内容

喜欢小动物是孩子们的天性,而作为孩子的伙伴,宠物确实有助于孩子培养爱心、学会沟通、增强责任感。然而,这些看似可爱的宠物,却成为威胁幼儿身心健康的"隐形杀手",例如未接受过动物检疫的狗,对人体健康存在着极大威胁。在被咬伤、抓伤后,极易感染狂犬病毒威胁生命安全。

被狗咬伤的伤口深浅不一,轻者有牙痕,重者会撕裂皮肉,甚至并发狂犬病,即使健康的狗也有 15%～30% 是带病毒状态,甚至打过疫苗的狗也不例外。

一、狂犬病毒的生物学特性

狂犬病是由狂犬病毒所致的自然疫源性人畜共患急性传染病,属于弹状病毒科狂犬病病毒属。狂犬病流行性广,病毒感染后一旦出现临床症状,病死率几乎为 100%,对生命健康造成严重威胁。狂犬病毒不耐热,在 56℃时 15～30 分钟或 100℃时 2 分钟即可灭活;对酸、碱、新洁尔灭、福尔马林等消毒药物敏感；日光、紫外线、超声波、75%乙醇、0.01%碘液和1%~2%的肥皂水等也能使病毒灭活，但在冷冻或冻干状态下可长期保存。狂犬病毒进入人体，沿周围传入神经而到达中枢神经系统，因此头、颈部、上肢等处咬伤和创口面积大而深者发病机会多。狂犬病毒主要存在于患病动物的延脑、大脑皮层、小脑和脊髓中，唾液腺和唾液中也常含有大量病毒，人被患狂犬病的动物咬伤、抓伤或经黏膜感染均可引起狂犬病，在特定条件下也可以通过呼吸道气溶胶传染。

（一）狂犬病的症状

狂犬病潜伏期通常为2~3个月，短则不到1周，长则1年，这取决于狂犬病毒入口位置和狂犬病毒载量等因素。狂犬病最初症状是发热，伤口部位常有疼痛或有异常或原因不明的颤痛、刺痛或灼痛感（感觉异常）。随着病毒在中枢神经系统的扩散，发展为可致命的进行性脑和脊髓炎症。

（二）可能出现的情况

1. **狂躁性狂犬病患者情况**　狂躁性狂犬病患者的症状是机能亢进，躁动，恐水，有时还怕风。数日后患者因心肺衰竭而死亡。

2. **麻痹性狂犬病患者情况**　麻痹性狂犬病患者约占人类死亡病例总数的20%。与狂躁性狂犬病相比，其病程不那么剧烈，且通常较长。从咬伤或抓伤部位开始，肌肉逐渐麻痹，然后患者渐渐陷入昏迷，最后死亡。麻痹性狂犬病往往会有误诊，造成狂犬病的漏报现象。

二、如何判断被动物咬伤的程度

被动物咬伤对身体造成的损伤大概分为3个等级。动物咬伤后，尤其被狗咬伤后，体表无任何痕迹，皮肤也是相应的比较完整，无任何破损，为Ⅰ级伤口，只需要在家用清水冲洗消毒即可，无须到医疗机构去注射狂犬疫苗；如被咬伤后，有痕迹，但是没出血，为Ⅱ级伤口，这种伤口需要到医疗机构进行判断是否需要注射狂犬疫苗；咬伤后，皮肤出现明显的出血表现为Ⅲ级伤口，需要到医院进行处理，除了对伤口进行冲洗消毒以外，还要注射狂犬病免疫球蛋白、狂犬病疫苗等。

注射狂犬疫苗时间：被咬当日第1针，之后分别在被咬第3日、第7日、第14日及第30日各注射1针，共5针。

如何正确实施动物咬伤后的现场救护？通过学习，正确判断动物咬伤的程度，并能正确实施幼儿被动物咬伤后的初步急救措施。

问题分析

案例中青青的症状符合被犬咬伤后的Ⅲ级伤口表现。

1. 评估

（1）幼儿生命体征正常，意识清楚，有惊恐、害怕、哭闹。

（2）环境干净、整洁、安全，温、湿度适宜。

（3）操作者洗手。

2. 计划　预期目标如下：
(1) 安抚情绪。
(2) 辨别咬伤程度，及时有效冲洗咬伤伤口。
(3) 转送医院，接种狂犬疫苗。

措施分析

依据目前青青的年龄、病情、意识、体位及合作程度，照护员应及时给予以下几项有效处理措施。

(1) 将幼儿带离现场，确保环境安全，防止被疯狗再次咬伤。与幼儿沟通，安抚幼儿，保持其情绪稳定。
(2) 仔细观察辨别咬伤程度。
(3) 幼儿被狗咬伤后，应对咬伤的伤口立即挤血。
(4) 用20%肥皂水或大量清水冲洗伤口15分钟以上，尽可能地清除在伤口里面存留的狂犬病病毒。并特别注意对伤口深处的清洗。清洗后伤口涂碘伏消毒。
(5) 无菌纱布覆盖伤口，转送医院，按医嘱注射狂犬疫苗。

任务实施

一、观察情况

观察咬伤情况，安抚幼儿情绪。

二、急救护理

(1) 将幼儿抱离动物咬伤环境，放在安全、舒适、安静的环境中。
(2) 安抚幼儿，仔细观察辨别咬伤程度，是否有出血，伤口深浅。
(3) 立即挤压出伤口处的血液。
(4) 用20%肥皂水或大量清水反复冲洗伤口15分钟以上，做到全面彻底。
(5) 洗涤后，伤口用40%～70%的乙醇涂擦3遍以上，再用2%的碘酊涂擦伤口，伤口一般不包扎。
(6) 立即送指定医院治疗。
(7) 根据情况遵医嘱注射狂犬病疫苗。
(8) 积极配合医生治疗，做到用药"及时、足量、全程"。
(9) 告知、安抚家长，治疗过程中出现异常反应应立即就医。

三、整理记录

(1) 整理用物，清洁环境。
(2) 洗手。

（3）记录。

 任务评价

幼儿被动物咬伤后的初步急救评分标准详见表 7-7-1。

表 7-7-1　幼儿被动物咬伤后的初步急救评分标准

考核内容		考核要点	分值	评分要求	扣分	得分
评估 (15 分)	幼儿	幼儿生命体征、意识状态及合作程度	4	未评估扣 4 分，评估不全扣 1 分		
		心理状况：有无惊恐、害怕	2	未评估扣 2 分，评估不全扣 1 分		
	环境	干净、整洁、安全，温湿度适宜	3	未评估扣 3 分，评估不全扣 1 分		
	照护者	着装整齐	3	不规范扣 1～2 分		
	物品	用物准备齐全	3	少一项扣 1 分		
计划 (5 分)	预期目标	口述目标：①幼儿情绪稳定；②辨别咬伤程度，及时有效冲洗咬伤伤口；③转送医院，接种狂犬疫苗	5	未口述扣 5 分		
实施 (60 分)	观察情况	1. 检查局部咬伤情况	2	未检查扣 2 分		
		2. 评估其他全身症状	3	未口述或不正确扣 3 分		
	急救处理	1. 将幼儿放在安全、舒适、安静的环境中	5	不正确扣 5 分		
		2. 口述辨别咬伤程度，是否有出血、伤口深浅	10	未检查扣 5 分 未口述扣 5 分		
		3. 挤压出伤口处血液的方法正确	10	不正确扣 10 分		
		4. 冲洗伤口方法正确	5	未口述扣 5 分		
		5. 消毒剂使用方法正确	5	方法不对扣 5 分		
		8. 口述注射狂犬病疫苗时间	10	未口述扣 10 分		
	整理记录	整理用物	5	未整理扣 5 分		
		洗手	2	未洗手扣 2 分		
		记录	3	未记录扣 3 分		

续 表

考核内容	考核要点	分值	评分要求	扣分	得分
评价 （20分）	操作规范，动作熟练	5	实施急救过程中有一项错误扣1分		
	测量方法正确	5			
	态度和蔼，操作过程中动作轻柔，关爱儿童	5			
	与家属沟通有效，取得合作	5			
总分		100			

知识点小结

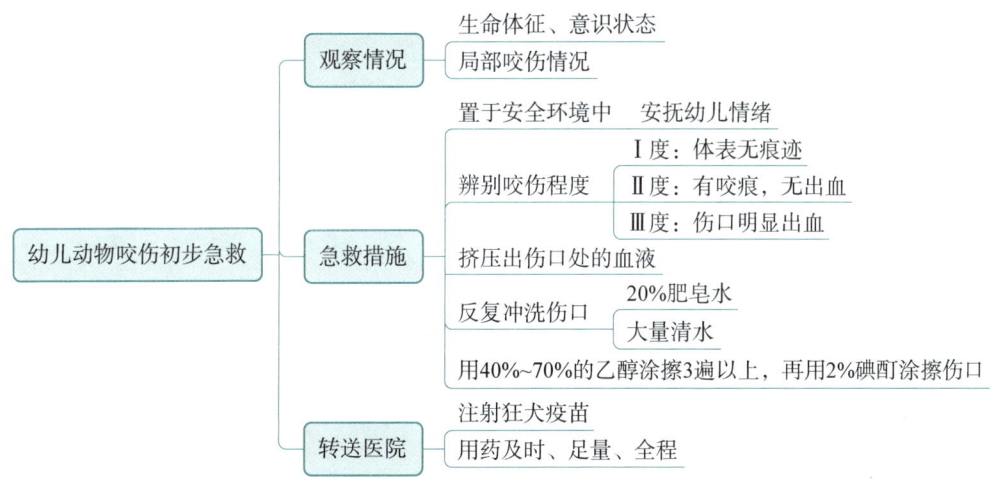

测一测

请扫二维码。

测试题

（张 韵）

婴幼儿安全照护

任务八　幼儿蜂蜇和隐翅虫蜇伤后处理

学习目标

1. 素质目标　能正确实施幼儿被蜂蜇和隐翅虫蜇伤后的急救措施,具有良好的人文关怀理念。
2. 知识目标　熟悉幼儿被蜂蜇和隐翅虫蜇伤后的症状;了解毒蜂、隐翅虫蜇伤的程度。
3. 能力目标　能正确实施蜂蜇和隐翅虫蜇伤后的现场救护。

案例导入

在阳光明媚的午后,妈妈带着3岁的欢欢在公园里玩耍。花坛里的鲜花盛开,蝴蝶、蜜蜂翩翩起舞,欢欢和妈妈一起捉蝴蝶。突然欢欢的胳膊出现一片红肿,大声哭起来。妈妈焦急万分,不知所措。

任务描述

根据毒蜂种类、蜇伤时间、蜇伤部位、幼儿生命体征、神态变化,判断毒蜂、隐翅虫蜇伤的轻重程度,根据蜇伤程度进行正确的处理。

问题分析

婴幼儿在户外玩耍,其自我保护安全意识尚未建立,容易意外被蜂或隐翅虫蜇伤。

隐翅虫身体各段均含有毒素,为一种强酸性毒液。当隐翅虫夜间落在裸露的皮肤表面爬行,虫体受到拍打或被击碎时,会释放毒液,引起皮肤损害。

单个蜂蜇伤一般无关紧要,局部可产生灼痛、红肿,少数会出现水泡,很少引起坏死。但被群蜂蜇伤或毒性极强的黄蜂蜇伤后,会引起发烧、头痛、恶心、呕吐、昏倒、昏迷,以致抽搐、休克、肺水肿、心功能及呼吸功能麻痹,甚至导致呼吸停止而死亡。偶见婴幼儿被蜂蜇伤舌或咽部而发生喉头水肿窒息。此外也有对蜂毒过敏的婴幼儿,虽然是单处局部被拉伤,仍会发生吞咽困难、声门水肿、胸部气闷、腹部疼痛及腹泻,甚至会因过敏休克导致死亡。

如何正确实施蜂蜇和隐翅虫蜇伤后的现场救护?通过学习,正确判断毒蜂、隐翅虫蜇伤的程度,并能正确实施幼儿被蜂蜇和隐翅虫蜇伤后的现场救护。

案例中欢欢的症状符合被蜂蜇伤后的典型皮肤受损表现。

1. 评估
(1) 幼儿生命体征正常,意识清楚,有惊恐、害怕、哭闹。
(2) 环境干净、整洁、安全,温、湿度适宜。
(3) 操作者洗手。
2. 计划　预期目标如下:
(1) 蜂刺被拔出。
(2) 幼儿皮肤红肿、疼痛等不适减轻。
(3) 病情较重者及时送往医院。

措施分析

依据目前欢欢的年龄、病情、意识、体位及合作程度,照护员应及时给予以下几项有效处理措施。
(1) 与幼儿沟通,安抚幼儿,保持其情绪稳定。
(2) 仔细观察辨别是单个蜂蜇伤还是被群蜂蜇伤,以及伤处状况。
(3) 用肥皂水或 2%～3%碳酸氢钠溶液冲洗伤口,中和毒素,用镊子将蜂刺取出,局部伤口涂抹碘伏、抗组胺软膏,保持患肢处于低位。

任务实施

一、观察情况

检查蜇伤部位,有无伤口红肿、荨麻疹、水肿、呼吸困难等过敏反应及其他全身症状。

二、急救护理

(1) 将幼儿抱离蜂蜇环境,放在安全、舒适、安静的环境中。
(2) 安抚幼儿,可发现幼儿皮肤内留有峰刺;皮肤表面有被压碎的隐翅虫虫体。
(3) 用镊子沿着蜂刺的反方向小心拔出毒刺。
(4) 毒刺附近有毒腺囊时,不可用镊子夹取,用针挑出毒腺囊及毒刺。
(5) 用手从近心端向远心端挤出毒液。
(6) 用肥皂水或 2%～3%碳酸氢钠溶液冲洗伤口,中和毒素。
(7) 局部伤口涂抹碘伏、抗组胺软膏,保持患肢处于低位。
(8) 如幼儿蜇伤严重应立即送往医院救治。
(9) 告知、安抚家长,已经为幼儿拔出蜂刺,让幼儿好好休息。

三、整理记录

(1) 整理用物,清洁环境。
(2) 洗手。

(3) 记录。

任务评价

蜂蜇和隐翅虫蜇伤后的现场救护评分标准详见表 7-8-1。

表 7-8-1 蜂蜇和隐翅虫蜇伤后的现场救护评分标准

考核内容		考核要点	分值	评分要求	扣分	得分
评估 (15 分)	幼儿	幼儿生命体征、意识状态及合作程度	4	未评估扣 4 分,评估不全扣 1 分		
		心理状况:有无惊恐,害怕	2	未评估扣 2 分,评估不全扣 1 分		
	环境	干净、整洁、安全,温湿度适宜	3	未评估扣 3 分,评估不全扣 1 分		
	照护者	着装整齐	3	不规范扣 1~2 分		
	物品	用物准备齐全	3	少一项扣 1 分		
计划 (5 分)	预期目标	口述目标:①幼儿蜂刺被拔出;②幼儿皮肤红肿、疼痛等不适减轻;③病情较重者及时送往医院	5	未口述扣 5 分		
实施 (60 分)	观察情况	1. 检查局部蜇伤情况	2	未检查扣 2 分		
		2. 评估有无过敏及其他全身症状	3	未口述或不正确扣 3 分		
	急救处理	1. 将幼儿放在安全、舒适、安静的环境中	5	不正确扣 5 分		
		2. 检查皮肤内是否留有蜂刺	5	未检查扣 5 分		
		3. 拔出蜂刺方法正确	10	不正确扣 10 分		
		4. 处理毒腺囊的方法正确	5	未口述扣 5 分		
		5. 挤出毒液的方法正确	5	方法不对扣 5 分		
		6. 清洗伤口方法正确	5	方法不对扣 5 分,不妥扣 2~4 分		
		7. 选取清洗溶液正确	5	不正确扣 5 分		
		8. 口述严重蜇伤、过敏反应的表现	5	未口述扣 5 分		
	整理记录	整理用物,安排幼儿休息	5	未整理扣 5 分,一项不符扣 2 分		
		洗手	2	未洗手扣 2 分		
		记录	3	未记录扣 3 分		

续 表

考核内容	考核要点	分值	评分要求	扣分	得分
评价(20分)	操作规范,动作熟练	5	实施急救过程中有一项错误扣1分		
	测量方法正确	5			
	态度和蔼,操作过程中动作轻柔,关爱儿童	5			
	与家属沟通有效,取得合作	5			
总分		100			

知识点小结

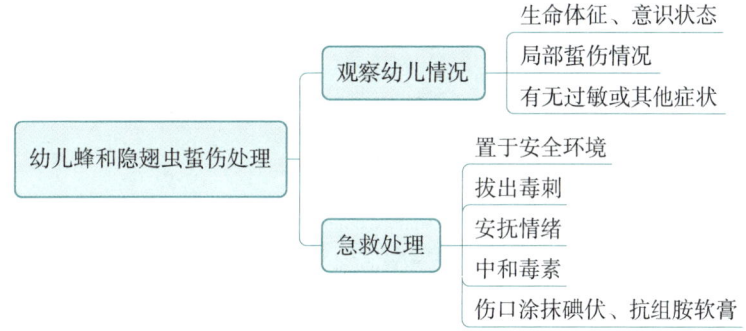

测一测

请扫二维码。

测试题

（张　韵）

项目八
婴幼儿中医特色保健

婴幼儿安全照护

任务一 小儿推拿特定穴位

 学习目标

1. 素质目标 具有与儿童及其家庭有效沟通的能力,以理解、友善、平等的心态,为儿童及其家庭提供帮助。
2. 知识目标 掌握腧穴的定位方法,熟悉小儿推拿特定穴位。
3. 能力目标 能根据小儿不同情况使用小儿推拿特定穴位。

 案例导入

乐乐,2岁,男。近来天气变化,乐乐出现低烧,体温37.5℃,食欲不振,无流涕,无咳嗽,夜间睡觉不安稳,大小便尚可。患儿家长想给孩子用中医的穴位进行调理,这些穴位如何定位呢?

 任务描述

1. 明确腧穴的定位方法。
2. 明确小儿推拿特定穴位。

学习内容

一、腧穴的定位方法

(一)骨度分寸定位法

骨度分寸定位法是指主要以骨节为标志,将两骨节之间的长度折量为一定的分寸,用于确定腧穴位置的方法。常用的骨度分寸见表8-1-1和图8-1-1。

表8-1-1 常用骨度分寸表

部位	起 止 点	折量寸	度量法
头部	前发际正中至后发际正中	12	直寸
	眉间(印堂)至前发际正中	3	直寸
	第7颈椎棘突下(大椎)至后发际正中	3	直寸
	眉间(印堂)至后发际正中第7颈椎棘突下(大椎)	18	直寸

8-2

续　表

部位	起　止　点	折量寸	度量法
	前额两发角(头维)之间	9	横寸
	耳后两乳突(完骨)之间	9	横寸
胸腹胁部	胸骨上窝(天突)至胸剑联合中点(歧骨)	9	直寸
	胸剑联合中点(歧骨)至脐中	8	直寸
	脐中至耻骨联合上缘(曲骨)	5	直寸
	两乳头之间	8	横寸
	腋窝顶点至第11肋游离端(章门)	12	直寸
背腰部	肩峰缘至后正中线	8	横寸
	肩胛骨内缘(近脊柱侧点)至后正中线	3	横寸
上肢部	腋前、后纹头至肘横纹(平肘尖)	9	直寸
	肘横纹(平肘尖)至腕掌(背)侧横纹	12	直寸
下肢部	耻骨联合上缘至股骨内上髁上缘	18	直寸
	胫骨内侧髁下方至内踝尖	13	直寸
	股骨大转子至腘横纹	19	直寸
	腘横纹至外踝尖	16	直寸

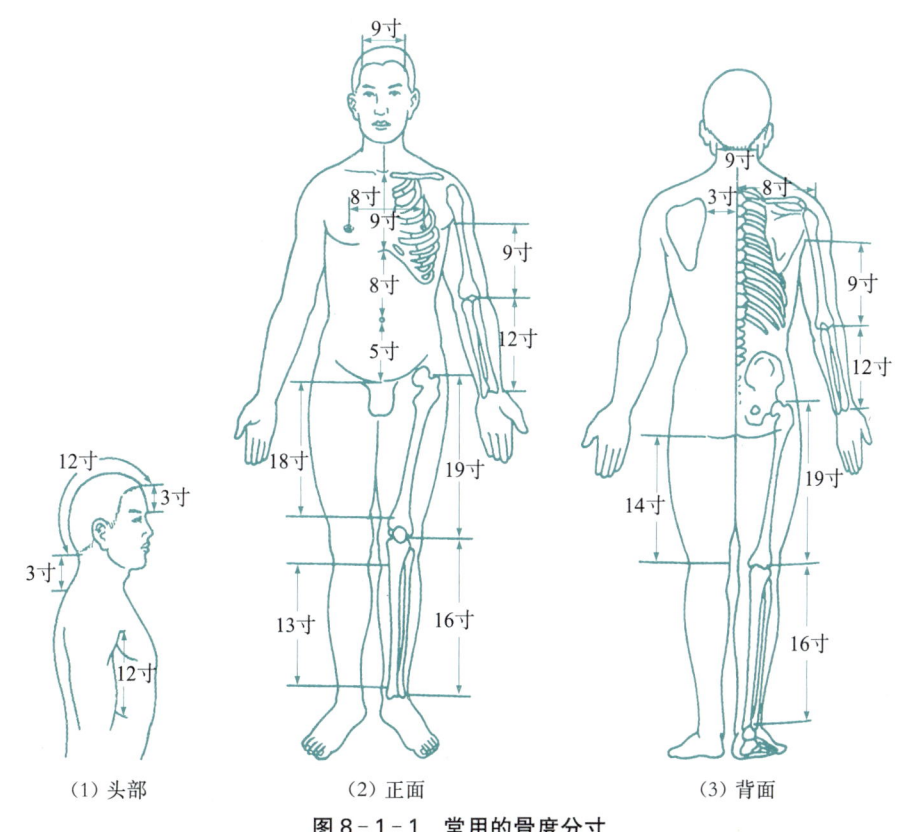

(1) 头部　　(2) 正面　　(3) 背面

图 8-1-1　常用的骨度分寸

(二) 体表解剖标志定位法

1. 固定标志法 借助人体各部的骨节、肌肉所形成的突起和凹陷、五官轮廓、发际、指(趾)甲、乳头、脐窝等在自然姿势下可见的标志,定取腧穴位置的方法。

2. 活动标志法 借助人体各部的关节、肌肉、肌腱、皮肤随着活动而出现的空隙、凹陷、皱纹、尖端等在活动姿势下才会出现的标志,定取腧穴位置的方法。

(三) 手指同身寸定位法

是指依据患者本人手指为尺寸折量标准来量取腧穴的定位方法,又称指寸法。

1. 中指同身寸 是以患者中指中节桡侧两端纹头间的距离作为1寸,见图8-1-2(1)。

2. 拇指同身寸 是以患者拇指的指间关节的宽度作为1寸,见图8-1-2(2)。

3. 横指同身寸 又称"一夫法"。是令患者将食指、中指、无名指及小指四指相并,以中指中节横纹为标准,其四指的宽度作为3寸,见图8-1-2(3)。

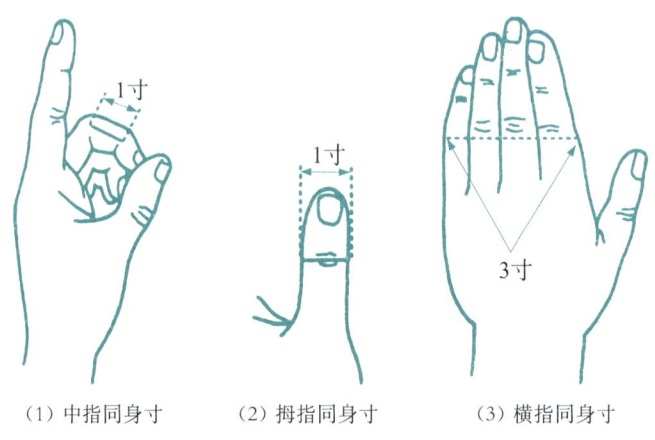

(1) 中指同身寸　　(2) 拇指同身寸　　(3) 横指同身寸

图 8-1-2　手指同身寸定位法

二、小儿特定穴位

(一) 头面颈项部穴位

1. 百会　定位:前发际正中直上5寸,或当头部正中线与两耳尖连线的交点处。

主治:惊风、惊痫、烦躁等症。

2. 耳后高骨　定位:耳后入发际,乳突后缘高骨下凹陷中。

主治:感冒、头痛。

3. 天门　定位:两眉中间至前发际呈一直线。

主治:外感发热、头痛等症。

4. 坎宫　定位:自眉心起至眉梢成一横线。

主治:外感发热、头痛。

5. 太阳　定位:眉后凹陷处。

主治:外感发热、头痛。

6. 迎香　定位:鼻翼旁开0.5寸,鼻唇沟中。

主治:感冒或慢性鼻炎引起的鼻塞流涕、呼吸不畅。

（二）上肢部穴位

1. 四横纹　定位：掌面食、中、无名、小指近侧指间关节横纹处。

主治：胸闷痰喘、疳积、腹胀、消化不良。

2. 掌小横纹　定位：掌面小指根下，尺侧掌纹头。

主治：喘咳、口舌生疮。

3. 板门　定位：手掌大鱼际平面。

主治：乳食停滞、食欲不振。

4. 小天心　定位：大小鱼际交接处凹陷中。

主治：惊风抽搐、夜啼、惊惕不安。

5. 五指节　定位：掌背五指近侧指间关节。

主治：惊惕不安、惊风，促进小儿智力发育。

（三）胸腹部穴位

1. 胁肋　定位：从腋下两肋至天枢穴水平处。

主治：小儿食积、痰壅、气逆所导致的胸闷、腹胀等症。

2. 中脘　定位：前正中线上，脐上 4 寸，或脐与胸剑联合连线的中点处。

主治：泄泻、呕吐、腹胀、腹痛、食欲不振等病症。

3. 腹　定位：腹部。

主治：乳食停滞，胃气上逆之恶心、呕吐、腹胀。

4. 脐　定位：肚脐中。

主治：小儿腹泻、便秘、腹痛、疳积等症。

5. 肚角　定位：脐下 2 寸，旁开 2 寸。

主治：各种原因所致腹痛。

（四）背腰骶部穴位

1. 大椎　定位：后正中线上，第 7 颈椎棘突下凹陷中。

主治：感冒发热、项强等病症。

2. 肺俞　定位：第 3 胸椎棘突下，旁开 1.5 寸。

主治：各种呼吸系统疾病。

3. 脾俞　定位：第 11 胸椎棘突下，旁开 1.5 寸。

主治：各种消化协同疾病。

4. 肾俞　定位：第 2 腰椎棘突下，旁开 1.5 寸。

主治：腹泻、便秘、哮喘、少腹痛、下肢痿软乏力等病症。

5. 脊柱　定位：在后正中线上，自第一胸椎至尾椎端呈一条直线。穴呈线状。

主治：发热、惊风、夜啼、疳积、腹泻、腹痛、呕吐、便秘等病症。

（五）下肢部穴位

1. 足三里　定位：犊鼻穴下 3 寸，胫骨前嵴外 1 横指处。

主治：腹胀、腹痛、呕吐、泄泻等症。

2. 三阴交　定位：内踝尖上 3 寸，胫骨内侧面后缘。

主治：泌尿系统疾病、下肢痹痛、惊风等症。

3. 涌泉　定位:足趾跖屈时,约当足底(去趾)前 1/3 凹陷处。
主治:五心烦热、烦躁不安、夜啼。

问题分析

"案例导入"中的乐乐低烧 37.5℃,根据小儿发热的治疗原则,患儿体温低于 38.5℃ 可暂不用药治疗,可选取小儿推拿特定穴治疗外感发热症状。

措施分析

根据目前乐乐的情况,照护员应给予家长指导小儿发热的干预措施。

任务实施

一、观察情况

幼儿生命体征正常、意识清楚,有低热。

二、干预措施

选取小儿外感发热四大手法:①开天门;②推坎宫;③揉太阳;④运耳后高骨。

三、整理记录

(1) 整理用物,清洁环境。
(2) 洗手。
(3) 记录。

任务评价

儿童外感发热宣教标准详见表 8-1-2。

表 8-1-2　儿童外感发热宣教评分标准

考核内容		考核要点	分值	评分要求	扣分	得分
评估 (15 分)	幼儿	生命体征正常、意识状态	4	未评估扣 4 分,评估不全扣 1 分		
		患儿体温情况,有无身体异常	4	未评估扣 4 分,评估不全扣 1 分		
	环境	干净、整洁、安全、温湿度适宜	4	未评估扣 4 分,评估不全扣 1 分		

续　表

考核内容		考核要点	分值	评分要求	扣分	得分
	照护者	着装整齐	1	不规范扣1分		
	物品	用物准备齐全	2	少一项扣1分		
实施 (65分)	小儿外感治疗	天门：两眉中间至前发际呈一直线	14	未指导扣14分，指导不全扣5分		
		坎宫：自眉心起至眉梢成一横线	14	未指导扣14分，指导不全扣5分		
		太阳：眉后凹陷处	14	未指导扣14分，指导不全扣5分		
		耳后高骨：耳后入发际，乳突后缘高骨下凹陷中	14	未指导扣14分，指导不全扣5分		
	整理记录	整理用物，发放宣教资料	4	未整理扣2分，未发放资料扣2分		
		洗手	3	未洗手扣3分		
		记录	2	未记录扣2分		
评价(20分)		仪态规范，宣教内容熟练	5			
		宣教过程中态度和蔼，语言清晰，语速适中，面带微笑，关爱儿童	10			
		与家属沟通有效，取得合作	5			
总分			100			

知识点小结

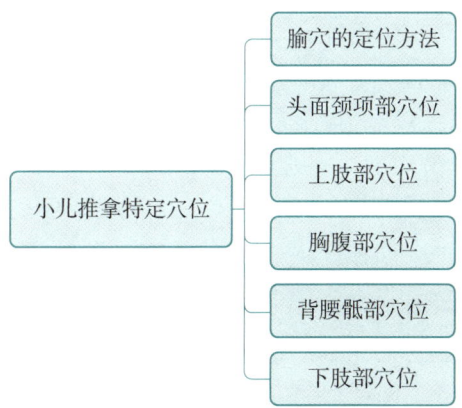

婴幼儿安全照护

 测一测

请扫二维码。

测试题

（吴　双）

任务二　小儿推拿常用手法

学习目标

1. 素质目标　具有与儿童及其家庭有效沟通的能力,以理解、友善、平等的心态,为儿童及其家庭提供帮助。
2. 知识目标　掌握小儿推拿常用手法,熟悉小儿推拿手法注意事项、适应证与禁忌证。
3. 能力目标　能根据小儿不同情况使用小儿推拿常用手法。

案例导入

豆豆,5岁,男。身体瘦弱,身高未达到儿童标准身高范围,容易生病。患儿家长希望通过小儿推拿提高身体抵抗力,增强体质,要如何操作呢?

任务描述

明确小儿推拿常用手法及注意事项。

学习内容

一、小儿推拿常用手法

小儿推拿手法基本要求是均匀、柔和、平稳,从而达到渗透。

（一）推法

以拇指桡侧或指面,或食中二指指面穴位上做直线推动。临床上根据操作方向的不同,可分为直推法、旋推法、分推法、合推法。

（二）揉法

以中指或拇指指端,或掌根,或大鱼际,吸定于一定部位或穴位上,做顺时针或逆时针方向旋转揉动。根据着力部位不同,分为指揉法、鱼际揉法、掌根揉法。

（三）按法

以拇指或中指或掌根在一定的部位或穴位上逐渐向下用力按压。根据着力部位不同,分为指按法和掌按法。

（四）摩法

以手掌面或食、中、无名指指面附着于一定部位或穴位上,以腕关节连同前臂做顺时针或逆时针方向环形移动摩擦,分为指摩法与掌摩法两种。

(五) 掐法

用指甲重刺穴位。

(六) 捏法

以单手或双手的拇指与食、中两指或拇指与四指的指面做对称性着力,夹持住患儿的肌肤或肢体,相对用力挤压并一紧一松逐渐移动,称为捏法。小儿推拿主要用于脊柱,故又称捏脊法。

二、小儿推拿注意事项及适应证与禁忌证

(一) 小儿推拿注意事项

(1) 操作者不可佩戴戒指、手镯,要剪指甲。
(2) 一般操作时间 20～30 分钟。
(3) 上肢穴位习惯只推一次,无男女之分,其他部位推双侧穴位。
(4) 不可过饥或过饱进行推拿。

(二) 小儿推拿适应证与禁忌证

1. 小儿推拿对象　主要适用于 0～6 岁,尤其 3 岁以下的婴幼儿,7～10 岁配合成人手法。
2. 适应证　小儿常见病,及小儿保健与预防。
3. 禁忌证　皮肤破损、感染性疾病、急性传染病、出血倾向疾病。

问题分析

"案例导入"中的豆豆身体瘦弱,身高未达到儿童标准身高范围,容易生病,可选取小儿推拿提高身体抵抗力,增强体质的保健手法。

措施分析

根据目前豆豆的情况,照护员应给予家长指导小儿推拿保健手法。

任务实施

一、观察情况

幼儿生命体征正常、意识清楚。

二、干预措施

1. 揉五指节。
2. 捏脊。

三、整理记录

1. 整理用物,清洁环境。
2. 洗手。
3. 记录。

 任务评价

小儿推拿保健手法宣教标准详见表8-2-1。

表8-2-1 小儿推拿保健手法宣教评分标准

考核内容		考核要点	分值	评分要求	扣分	得分
评估(15分)	幼儿	生命体征正常、意识状态	4	未评估扣4分,评估不全扣1分		
		患儿有无身体异常	4	未评估扣4分,评估不全扣1分		
	环境	干净、整洁、安全,温湿度适宜	4	未评估扣4分,评估不全扣1分		
	照护者	着装整齐	1	不规范扣1分		
	物品	用物准备齐全	2	少一项扣1分		
实施(65分)	小儿保健手法	揉五指节:用指揉法作用于掌背五指近侧指间关节	15	未指导扣15分,指导不全扣5分		
		捏脊:双手的拇指与食、中两指指面作对称性着力,夹持住患儿的肌肤,沿脊柱从尾椎骨端至第一胸椎把皮捏起来,边提捏,边向前推进,操作3遍后,捏3下提1下,重点在肾俞、脾俞、肺俞进行提捏,再操作3遍,之后再重复前3遍的手法,总共操作9遍	42	未指导扣42分,指导不全扣15分		
	整理记录	整理用物,发放宣教资料	3	未整理扣1分,未发放资料扣2分		
		洗手	3	未洗手扣3分		
		记录	2	未记录扣2分		
评价(20分)		仪态规范,宣教内容熟练	5			
		宣教过程中态度和蔼,语言清晰,语速适中,面带微笑,关爱儿童	10			
		与家属沟通有效,取得合作	5			
总分			100			

婴幼儿安全照护

知识点小结

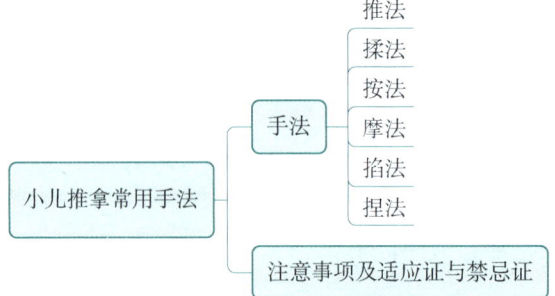

测一测

请扫二维码。

测试题

（吴　双）

任务三　小儿穴位敷贴

学习目标

1. **素质目标**　具有较强的护患沟通能力和严谨求实的工作态度,在护理操作中关心、尊重儿童,正确实施儿童穴位敷贴技术的健康宣教。
2. **知识目标**　掌握常用小儿穴位敷贴腧穴的定位方法。
3. **能力目标**　能根据小儿不同症状使用小儿穴位敷贴技术。

案例导入

乐乐,2岁,半月出现大便次数减少,3～10天1次。每次排便时有用力屏气、哭闹现象,需用开塞露塞肛,排出颗粒样大便,曾在医院行钡灌肠排除先天性巨结肠,肛门指检无异常。患儿家长想给孩子用中医穴位敷贴技术进行调理,如何进行操作?

任务描述

指导正确操作小儿穴位敷贴技术,并可根据不同症状采用合适的小儿穴位敷贴技术。

学习内容

穴位敷贴疗法是以中医经络学说为理论依据把药物研成细末,用水、醋、酒、蛋清、蜂蜜、植物油、清凉油、药液调成糊状,或用呈凝固状的油脂(如凡士林等)、黄醋、米饭、枣泥制成丸剂,再直接贴敷穴位、患处(阿是穴),通过穴位刺激达到治疗疾病的一种无创穴位疗法。

一、小儿穴位贴敷的中医理论

（一）药物的直接作用

贴敷选用具有辛散温通的药物,通过药物对穴位的温热刺激,温煦肺经阳气,驱散内伏寒邪。

（二）经络腧穴的作用

治疗慢性呼吸系统疾病的穴位常在任督二脉及膀胱经选取。如督脉为"阳脉之海",总督诸阳,调节阳经脉气。任脉为"阴脉之海",可任受诸阴、交通阴阳。足太阳膀胱经循行于人体阳位,是阳中之阳,主一身之表,有藏津液、司气化、通水道、利小便、通行阳气的作用。

所选经穴共同发挥益气温阳、理气清热、止咳平喘的作用。

（三）时间治疗学

天地四时对机体生命活动的影响具有时间节律，而机体生命活动对天地四时的变化又具有适应能力，五脏六腑、脉象等与四季寒暑变化存在相应的节律性变化。如"三伏"一年中阳气最旺盛的时节，人体的阳气也在"三伏"达到最高峰，此时腧穴最为敏感，是人体阳气恢复的最佳时机，这时选用补阳助气中药，作用于特定穴位，通过经络，到达脏腑，可扶助人体阳气，躯体内"沉寒痼冷"外出，而达到治疗疾病，防止反复发作之目的。另外还有其他的特殊时间也可以。

（四）穴位贴敷对体质的调节

体质既具有稳定性又具有可调性。小儿患有呼吸系统疾病者多有阳气不足的根本，肺、脾、肾虚，遇冷着凉，即感邪而发，经短时间治疗后虽然病因去除、邪气消退，然病本仍在，遇邪气极易乘虚而入，再次发病。通过一定疗程的穴位贴敷，可以逐渐调节和改善患者阳虚的体质，平衡失调的阴阳以抗御邪气，减少急性发作的次数。

二、小儿穴位贴敷的适应证

1. 呼吸系统　咳嗽、气管炎、支气管炎、支气管哮喘易感冒等。
2. 消化系统　消化不良、慢性胃肠炎、腹泻、厌食等。
3. 泌尿系统　遗尿。
4. 其他　高热、小儿食积、盗汗、鹅口疮等。

三、小儿常见疾病的选穴和药物选择

（一）支气管哮喘缓解期

属于中医"哮病"范畴。小儿为至阳之体，脾胃易受损，导致运化水谷功能失常，若津液输布代谢失常，凝聚成痰，后内伏于肺，成为发病的宿根，易导致哮病迁延不愈，常因四时寒温变化、变应原刺激等诱发，秋冬季多见。

1. 药物选方　白芥子（炒至微黄）、延胡索（醋制）、甘遂（醋制）、细辛；使用生姜汁或者蜂蜜制成糊状备用。
2. 常选穴位　大椎、肺俞、心俞、膈俞。

（二）过敏性鼻炎

过敏性鼻炎属中医"鼻鼽"范畴，多与肺、脾、肾亏虚有关，而小儿先天禀赋不足，脏腑娇嫩，肺气素亏，加上脾常不足，营卫固护无力，风寒外袭，造成阳气亏损，即会发病，儿童是高发人群。

1. 药物选方　肉桂、甘遂、延胡索、白芥子、细辛、白芷等，使用生姜汁或者蜂蜜制成糊状备用。
2. 常选穴位　大椎、神阙、足三里、脾俞、胃俞、肺俞。

（三）小儿消化道疾病

1. 小儿腹泻　小儿腹泻归属至"泄泻"范畴，认为小儿先天体质不足，脾胃虚，在湿、热、寒、风四邪作用或饮食不洁等影响下，易出现肠胃受损、升降失调，进而引起腹泻。

(1) 药物选方：取厚朴、丁香、白胡椒、炙甘草、吴茱萸、紫苏、半夏、白芷、陈皮、茯苓、苍术等，使用生姜汁或者蜂蜜制成糊状备用。

(2) 常选穴位：神阙、足三里。

2. 小儿便秘 便秘是儿科常见的功能性胃肠疾病，以儿童功能性便秘常见，以实证居多，其病因主要有饮食不节、胃肠燥热、七情内伤等，基本病机为大肠传导失常，与胃、肾、肺、脾、肝脏腑功能失调有关。

(1) 药物选方：大黄、芒硝、枳实、厚朴、火麻仁、陈皮、木香、苍术、藿香、茯苓、槟榔、神曲、桃仁等，使用生姜汁或者蜂蜜制成糊状备用。

(2) 常选穴位：神阙、足三里。

问题分析

"案例导入"中的乐乐患功能性便秘，根据小儿便秘的治疗原则，可选取小儿穴位敷贴调理便秘症状。

措施分析

根据目前乐乐的情况，照护员应给予小儿便秘的干预措施。

任务实施

一、观察情况

幼儿生命体征正常、意识清楚，腹软。

二、干预措施

选取小儿穴位敷贴技术：①辨证选敷贴方；②选择相关穴位；③贴敷。

三、整理记录

1. 整理用物，清洁环境。
2. 洗手。
3. 记录。

任务评价

儿童穴位敷贴宣教标准详见表 8-3-1。

表 8-3-1 儿童穴位敷贴宣教评分标准

考核内容		考核要点	分值	评分要求	扣分	得分
操作前准备（20分）	操作准备	仪表大方、举止端庄、态度和蔼、洗手	5	一处不符合要求扣1分		
	评估	1. 儿童年龄、病情、意识、体位及合作程度 2. 环境干净、整洁、安全、温湿度适宜	10	未评估扣10分；评估不全一项扣1分		
	物品准备	用物准备：治疗盘、遵医嘱配制药物、敷料、毛巾或者纱布、治疗单、表、笔、盛污物容器，必要时备胶布、屏风	5	用物少一件扣1分		
操作过程（52分）	体位	携用物至患者床旁，核对床号、姓名、诊断，取合适体位，暴露贴敷部位，注意保暖	2	一处不符合要求扣0.5分		
	操作	1. 定位：遵医嘱确定贴敷的穴位 2. 清洁皮肤 （1）再次核查患者、贴敷的穴位 （2）用毛巾/纱布擦净皮肤 3. 敷药 （1）再次核对药物 （2）根据敷药面积，选择大小合适的药膏，干湿适宜 （3）将药膏置于敷料内面，贴在相应的穴位上 （4）观察患儿的感受 （5）必要时用胶布贴于敷料的四周，防止药物溢出污染衣被，注意保暖 （6）敷药时间一般根据医嘱及所贴药物而定	50	未再次核对扣2分；药丸大小、干湿度适宜，不符扣10分；其余一处不符合要求扣2分		
操作后评价（8分）	整理	贴药毕 （1）协助患儿衣着，予舒适体位，整理床单位 （2）询问患儿对操作的感受，告知注意事项，致谢 （3）洗手	8	体位不舒适扣3分；未询问患者感受、告知注意事项各扣5分；一处不符合要求扣2分		
评价（20分）		仪态规范，宣教内容熟练	5			
		宣教过程中态度和蔼，语言清晰，语速适中，面带微笑，关爱儿童	10			
		与家属沟通有效，取得合作	5			
总分			100			

项目八　婴幼儿中医特色保健

知识点小结

```
                          ┌─ 药物选方：大黄、芒硝、枳实、厚朴、火麻仁、陈皮、木
                    小儿便秘    香、苍术、藿香、茯苓、槟榔、神曲、桃仁
                          └─ 常选穴位：神阙、足三里

                          ┌─ 药物选方：白芥子（炒至微黄）、延胡索
                    支气管哮喘缓解期  （醋制）、甘遂（醋制）、细辛
小儿穴位敷贴技术              └─ 常用穴位：大椎、肺俞、心俞、膈俞

                          ┌─ 药物选方：肉桂、甘遂、延胡索、白芥子、细辛、白芷
                    过敏性鼻炎    
                          └─ 常选穴位：大椎、神阙、足三里、脾俞、胃俞、肺俞

                          ┌─ 药物选方：厚朴、丁香、白胡椒、炙甘草、吴茱萸、
                    小儿腹泻     紫苏、半夏、白芷、陈皮、茯苓、苍术
                          └─ 常选穴位：神阙、足三里
```

测一测

请扫二维码。

测试题

（陈　静）

8—17

任务四　小儿中药泡洗技术

1. 素质目标　具有与儿童及其家庭有效沟通的能力，以理解、友善、平等的心态，为儿童及其家庭提供帮助。
2. 知识目标　掌握小儿中药泡洗技术，熟悉小儿中药泡洗技术注意事项、适应证与禁忌证。
3. 能力目标　能根据小儿不同情况使用小儿中药泡洗技术。

案例导入

豆豆，5岁，患儿"脐周皮疹2周"，以脐周部为甚，皮疹色鲜红，抚之碍手，局部可见些许淡黑色结痂、皮屑皮疹，肤温稍高，有瘙痒感。患儿家长想给孩子用中药泡洗技术进行调理，如何进行操作？

指导实施小儿中药泡洗技术，明确注意事项。

中药泡洗技术是借助泡洗时洗液的温热之力及药物本身的功效，浸洗全身或局部皮肤，达到活血、消肿、止痛、祛瘀生新等作用的一种操作方法。

一、适用范围

（1）黄疸（新生儿黄疸、母乳性黄疸、婴儿病理性黄疸）。
（2）感冒（鼻塞、流清涕、发热、咳嗽无其他并发症）。
（3）湿疹、荨麻疹、风疹、蚊虫叮咬、皮肤瘙痒、疮疖、过敏性皮炎等。
（4）便秘、消化不良、腹泻、厌食、腹痛、腹胀、食积等。

二、评估

（1）病室环境，温度适宜。
（2）主要症状、既往史、过敏史。

(3) 体质、对温度的耐受程度。
(4) 泡洗部位皮肤情况。

三、告知

(1) 在中医辨证基础上,由专业儿科医生开具处方。
(2) 运动后、饭前、饭后半小内不宜进行全身药浴。
(3) 药浴时应有家人陪护,沐浴温度应适宜,避免烫伤;沐浴时间不宜过长,以10～15分钟为宜。
(4) 全身泡洗时水位应在膈肌以下,以微微出汗为宜,如出现心慌等不适症状,应停止药浴,并卧床休息。
(5) 药浴场地应注意通风,不可太过密闭导致缺氧。
(6) 起浴后皮肤表面发红,并持续30分钟至1个小时的发汗均属正常的药效作用,可适当补充温水。
(7) 起浴后,在皮肤发红、发热状况没有消退之前,请勿使用任何护肤品。不可蓄意吹风,以免受寒。

四、物品准备

治疗盘、药液及泡洗装置、一次性药浴袋、水温计、毛巾、病服。

五、基本操作方法

(1) 核对医嘱,评估患儿,做好解释,调节室内温度嘱患儿排空二便。
(2) 备齐用物,携至床旁根据泡洗的部位,协助患儿取合理、舒适体位,注意保暖。
(3) 将一次性药浴袋套入泡洗装置内。
(4) 常用泡洗法
1) 全身泡洗技术:将药液注入泡洗装置内,药液温度保持37～40℃左右,将患儿浸入药液中,操作者一手托住患儿躯干及头部,一手在药液中轻轻揉捏患儿身体患处。先行全身揉捏,由轻到重,再作上下推揉,水位在患者膈肌以下,全身浸泡10～15分钟。
2) 局部泡洗技术:将40℃左右的药液注入盛药容器内,将患儿上身用毛毯裹好,将患部浸入药液中,操作者一手托住患儿躯干,一手在药液中轻轻揉捏患儿患部。先行环形揉捏,由轻到重,待局部皮肤及皮下脂肪松软后,再作上下推揉将浸洗部位浸泡于药液中,浸泡10～15分钟。
(5) 观察患儿的反应:若感到不适,应立即停止,协助患儿卧床休息。
(6) 操作完毕:清洁局部皮肤,协助着衣,安置舒适体位。

六、注意事项

(1) 药浴温度要适宜,治疗用水温度不可过高,以免烫伤;亦不可过低,以免达不到治疗效果,同时还容易造成患儿受寒影响治疗周期。
(2) 安全操作,谨慎风寒,药浴室温应调节至24～26℃,保暖避风。

（3）药浴过程中，患儿易体能消耗过大，应注意对患儿水分、食物的补充，药浴结束后，切不可马上离开现场，应于适当的环境中进行充分的休息，待状态稳定，注意保暖，方可离开。

（4）泡洗过程中护士应加强巡视，注意观察患者的面色、呼吸、汗出等情况，出现头晕、心慌等异常症状，停止泡洗，报告医师。

问题分析

"案例导入"中的豆豆患有脐周皮疹，可选取小儿中药泡洗技术，既可避免打针之痛、吃药之苦，又为治病提供新的给药途径，可以弥补内治的不足，同时减少药物破坏；药物外用，不经消化道吸收，可以避免对消化酶和肝脏代谢功能的影响，保证用药安全。

措施分析

根据目前豆豆的情况，照护员应给予家长指导小儿中药泡洗技术。

任务实施

一、观察情况

幼儿生命体征正常、意识清楚。

二、干预措施

1. 中药药浴常用处方及药物

（1）新生儿黄疸药浴处方：赤芍9g、当归9g、川芎9g、天花粉15g、生地15g、猪苓15g、泽泻15g、茯苓15g、茵陈蒿30g。

（2）小儿感冒中药药浴处方：金银花31g、连翘30g、薄荷40g、黄芩30g、板蓝根31g、淡竹叶30g、大青叶60g。

（3）湿疹等皮肤科疾病药浴处方：黄檗30g、黄芩30g、黄连30g、苍术30g、白芷30g、白鲜皮10g、五倍子10g、生大黄10g、白矾5g。

（4）便秘等消化系统疾病：枳实12g、厚朴10g、连翘10g、天花粉10g、六神曲10g、炒决明子10g、胡黄连1g、鸡内金3g。

2. 泡浴方法　将上述中药加水煎煮，沸腾后文火熬煮30～40分钟后制成每包250mL的药液，随后将药液倒入坐浴盆中，加入适量温热水混合，控制水温35～36℃，嘱患儿坐浴10～15分钟。持续坐浴3次，每2天进行1次。

三、整理记录

（1）整理用物，清洁环境。

(2) 洗手。

(3) 记录。

 任务评价

小儿中药泡洗技术宣教标准详见表8-4-1。

表8-4-1 小儿中药泡洗技术宣教评分标准

考核内容		考核要点	分值	评分要求	扣分	得分
操作前准备(20分)	操作准备	仪表大方、举止端庄、态度和蔼、洗手	5	一处不符合要求扣1分		
	评估	1. 儿童年龄、病情、意识、体位及合作程度 2. 环境干净、整洁、安全、温湿度适宜	10	未评估扣10分；评估不全一项扣1分		
	物品准备	中药药液、浴缸（小儿用浴桶/浴盆）或电脑控温的全身泡浴装置、一次性药浴袋、水温计、浴巾、毛巾、治疗单、笔、时钟	5	用物少一件扣1分		
操作过程(70分)	体位	协助患儿脱去衣裤，指导其取合理、舒适体位	2	一处不符合要求扣0.5分		
	操作	1. 再次核对患儿、药液、室温及通风情况 2. 泡洗装置内套入一次性药浴袋，将药液倒入泡洗装置内，根据病症选择水温，使药液温度保持在37~40℃ 3. 协助患者将躯体及四肢浸泡于浴盆中10~15分钟，水位在患者膈肌以下 4. 协助或指导患儿用毛巾随时将药液淋于未浸泡部位	25	未再次核对扣2分；药浴温度不符扣10分；其余一处不符合要求扣2分		
	观察	1. 观察室温、药温是否符合要求，询问患儿温度是否适宜，随时测温调节 2. 观察患儿面色、呼吸、汗出等情况，询问患者有无头晕、胸闷、心慌、恶心欲吐等不适	20	一处观察不到位扣0.5分		
	整理	1. 协助患儿擦干皮肤、穿衣 2. 询问患儿对药浴的感受，观察患者皮肤情况 3. 协助取舒适卧位，整理床单位，致谢 4. 洗手	8	一处不合要求扣0.5分		
	交代注意事项	泡洗后如出现汗出、面赤、心慌等表现，宜卧床休息半小时，及时擦干汗液并饮用适量温开水，注意保暖	8	未指导扣5分；一项指导不全扣1分		

续 表

考核内容	考核要点	分值	评分要求	扣分	得分
观察	询问患儿药浴感受,观察患者面色及皮肤情况	5	一处不符合扣1分		
整理记录	在治疗单执行者及时间栏上签名、签时间	2	一处不符合要求扣0.5分		
操作后评价(10分)	1. 目的:将中药煎剂浸洗全身,借药力和热力使药物的有效成分通过体表毛窍吸收、经络传导,由表及里而达五脏六腑,散布洒陈于百脉,以达到治疗疾病的目的 2. 注意事项 (1) 药浴温度要适宜,治疗用水温度不可过高,以免烫伤,亦不可过低,以免达不到治疗效果,同时还容易造成患儿受寒影响治疗周期 (2) 安全操作,谨慎风寒,药浴室温应调节至24~26℃,保暖避风 (3) 药浴过程中,患儿易体能消耗过大,应注意对患儿水分、食物的补充,药浴结束后,切不可马上离开现场,应于适当的环境中进行充分的休息,待状态稳定,注意保暖,方可离开 (4) 泡洗过程中护士应加强巡视,注意观察患儿的面色、呼吸、汗出等情况,出现头晕、心慌等异常症状,停止泡洗,报告医师	10	一项内容回答不全或回答错误扣1分		
总分		100			

 知识点小结

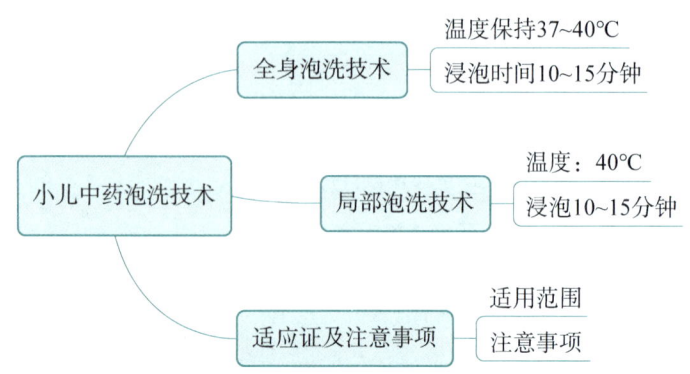

 测一测

请扫二维码。

测试题

（陈　静）

参考文献

1. 崔焱,张玉侠.儿科护理学[M].北京:人民卫生出版社,2021.
2. 崔焱,仰曙芬.儿科护理学[M].北京:人民卫生出版社,2019.
3. 王卫平,孙锟,常立文.儿科学[M].北京:人民卫生出版社,2021.
4. 李小寒,尚少梅.基础护理学[M].北京:人民卫生出版社,2021.
5. 孙秋华.中医临床护理学[M].北京:中国中医药出版社,2016.
6. 韩新明,熊磊.中医儿科学[M].北京:人民卫生出版社,2020.
7. 徐东娥.中医适宜技术与特色护理实用手册[M].北京:中国中医药出版社,2021.
8. 国家卫生健康人口家庭司编.婴幼儿照护服务文件汇编[M].北京:中国人口出版社,2021.
9. 李曼丽.0~3岁婴幼儿照护服务人员实用手册[M].北京:北京师范大学出版社,2022.
10. 曹惠容,郭殷.托育机构环境创设[M].上海:复旦大学出版社,2022.
11. (美)劳拉.威廉.史瑾,译.0~3岁婴幼儿托育机构环境创设[M].北京:中国轻工业出版社,2023.
12. 洪阳,陈文凯,刘玉华.婴幼儿卫生与保健[M].北京:中国人口出版社,2022.
13. 徐冉,汪鸿.婴幼儿行为观察与记录[M].北京:中国人口出版社,2022.
14. 彭英.幼儿照护职业技能教材(初级)(基础知识)[M].长沙:湖南科技出版社,2020.
15. 中国就业技术培训中心.育婴员(高级)[M].北京:中国劳动社会保障出版社,2013.
16. 中国就业技术培训中心.育婴员(中级)[M].北京:中国劳动社会保障出版社,2013.
17. 中国就业技术培训中心.育婴员(初级)[M].北京:中国劳动社会保障出版社,2013.
18. 中国就业技术培训中心.育婴员(基础知识)[M].北京:中国劳动社会保障出版社,2013.
19. 卓长立.母婴护理(基础知识、初级)[M].北京:高等教育出版社,2020.
20. 卓长立.母婴护理(中级、高级)[M].北京:高等教育出版社,2020.
21. 卓长立.母婴护理职业技能实训手册[M].北京:高等教育出版社,2020.

图书在版编目(CIP)数据

婴幼儿安全照护/徐航,廖喜琳主编. —上海:复旦大学出版社,2023.6
护理专业双元育人教材
ISBN 978-7-309-16863-1

Ⅰ.①婴… Ⅱ.①徐… ②廖… Ⅲ.①婴幼儿-安全-中等专业教育-教材②婴幼儿-哺育-中等专业教育-教材 Ⅳ.①TS976.31

中国国家版本馆 CIP 数据核字(2023)第 094139 号

婴幼儿安全照护
徐 航 廖喜琳 主编
责任编辑/高 辉

复旦大学出版社有限公司出版发行
上海市国权路 579 号 邮编:200433
网址:fupnet@fudanpress.com http://www.fudanpress.com
门市零售:86-21-65102580 团体订购:86-21-65104505
出版部电话:86-21-65642845
上海四维数字图文有限公司

开本 787 毫米×1092 毫米 1/16 印张 20.25 字数 480 千字
2023 年 6 月第 1 版第 1 次印刷

ISBN 978-7-309-16863-1/T·735
定价:50.00 元

如有印装质量问题,请向复旦大学出版社有限公司出版部调换。
版权所有 侵权必究